Digital Logic Circuit Experiments with PSpice and Breadboard

디지털 논리회로 실험

저자 **정동호**

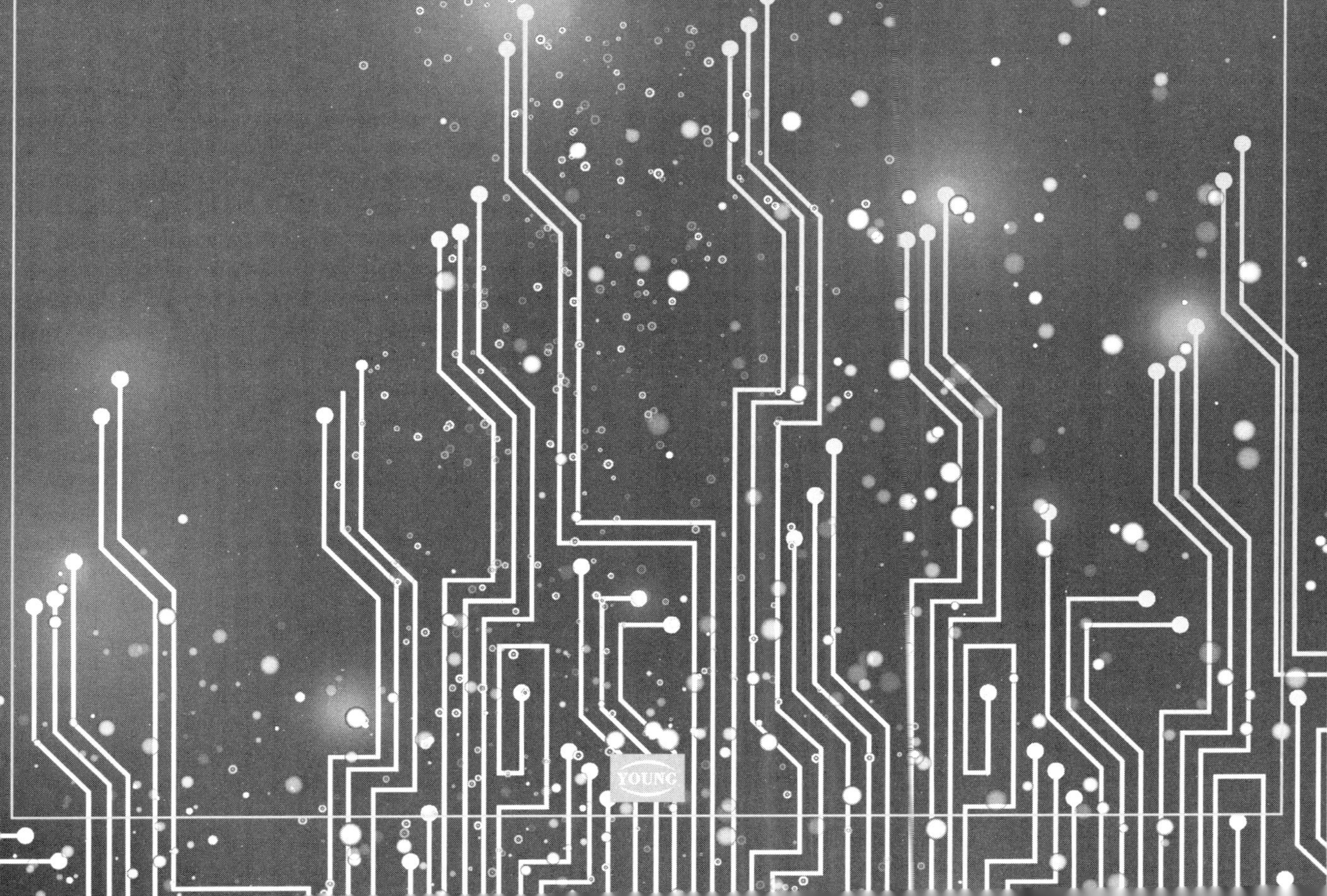

머리말

지능화한 디지털 기술의 실현을 위해 공학 전반에 걸쳐 각종 디지털 논리회로의 응용이 날로 늘어나고 있다. 그래서 일반 공학자 및 예비 공학자들은 기본적인 학문을 배경으로 디지털 논리회로 제작능력이 요구된다. 디지털 논리회로는 알기 쉽게, 제대로 이해하기 위해 실험이 필수적이다.

미래 세상을 바꿀 디지털기술의 특징은 사물과 환경까지 사람과 실시간으로 연결, 소통되는 사회를 만드는 초연결화(hyper-connection), 사물, 기기, 알고리즘들이 인간 대신 필요한 일들을 수행하게 되는 초자동화(hyper-automation), 언제 어디서나 물과 전기처럼 인공지능을 가져다 쓸 수 있는 세상인 초지능화(hyper-intelligence), 그리고 사회와 기술의 융합, 인간과 기술의 융합까지 초융합화(hyper-convergence)로 발전할 것으로 예상된다.

호기심은 모르는 것을 알고 이해하고 싶어하는 욕구이다. 디지털기술 산업에 종사할 융합적인 공학도를 꿈꾼다면 새로운 일에 도전하고 행동하고 기본기를 배양하는 일은 매우 중요하다.

본 실험교재는 집적회로(IC, integrated circuits) 칩 등을 사용하여 간단한 디지털 논리회로를 제작함으로써 디지털회로의 기본적인 원리를 습득하고자 한다. 각 실험은 연관성이 적어 독립적으로 수행할 수 있도록 구성했다. 효과적인 실험을 위해 브레드보드를 이용하며 실험 전 보편적인 회로 시뮬레이터인 SPICE(Simulation Program with Intergrated Circuit)을 이용하길 추천한다. 실습할 논리회로를 먼저 해석해 보면 더욱 실험 결과를 잘 예측할 수 있다.

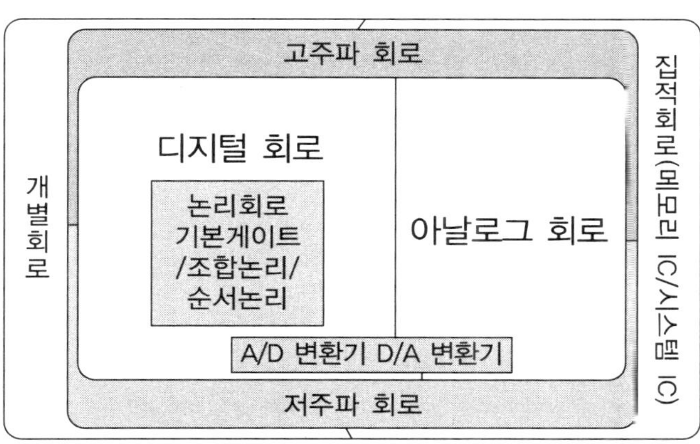

① 논리회로 : 두 개의 상태(논리적 0, 논리적 1)로 표현되는 입력신호들에 대하여 논리적 연산을 수행하는 전자회로이다.
- 기본논리게이트(AND, OR, NOT, NOR, NAND, XOR, XNOR 등),
- 조합논리회로(반가산기, 전가산기, 인코더, 디코더, 멀티플렉서, 디멀티플렉서 등)
- 순서논리회로(플립플롯, 래치, 레지스터, 카운터 등)

② 디지털회로 : 논리회로들을 조합하여 만들어지며, 기능에 따라 CPU, 메모리회로, 위상 동기회로, 디지털-아날로그 변환회로, 아날로그-디지털 변환회로 등을 포함한다.

책의 구성

① **실험 목적** : 실험에서 이루려고 하는 목표를 기술하여, 실험의 전체 내용을 파악할 수 있게 한다.

② **예비 이론** : 매 실험마다 가장 기초가 되는 개념을 이해할 수 있도록 쉬운 내용으로 기술했으며, 책을 통해 실험을 하기 위한 예비지식을 얻을 수 있도록 구성되었다. 그래서 실험하기 전에 예비이론을 이해함으로써 한층 실험에 흥미를 유발할 수 있다.

③ **실험 준비물** : 실험에 사용되는 부품 및 장비를 준비하게 하며, 실험은 보편적인 부품과 장비를 사용하지만 최신장비를 사용하면 좋을 결과를 기대할 수 있다.

④ **PSpice 시뮬레이션** : 보편적인 전자회로 시뮬레이터인 PSpice를 이용하여 실험할 회로를 먼저 해석해서 실험 결과를 예측하도록 한다.

⑤ **실험 과정** : 실험자가 스스로 결정할 수 있도록 구성되었으며, 단계별로 수행하면 결과를 얻을 수 있도록 구성되어 있다.

⑥ **실험 결과** : 실험과정에서 얻은 실험 데이터를 모아두어 결과고찰 및 질문에 답하기 용이하게 하였고, 매 실험을 마치고 결과 고찰 및 질문과 함께 제출할 수 있도록 했다.

⑦ **결과고찰 및 질문** : 실습을 한 후 결과고찰 및 질문은 실험 후 생각하고 분석하도록 했다. 그리고 매 실험을 마치고 실험결과와 함께 제출할 수 있도록 했다.

◖ 실험 순서도 ◗

실험 숙지 ⇨ 부품 및 장비 준비 ⇨ 브레드보드에 부품 및 선 연결 ⇨ 전원 연결 ⇨ 측정점 선정 ⇨ 측정 장비 연결 ⇨ 출력 관찰 ⇨ 실험 결과 분석

끝으로 자료를 제공해 주신 모든 분에게 고마움을 전하고, 이 책을 출판해 주신 영출판사 사장님께 감사드리며, 편집에 수고해 주신 여러분께 감사드립니다.

2018년 8월

저 자

차 례

제 4 부
순서논리회로

부 록

실험 01

실험 준비 및 PSpice 사용법

1 실험 목적

- 논리회로 실험을 위한 디지털 기술에 대한 지식을 이해한다.
- TTL, CMOS 등 IC의 표기법을 익힌다.
- PSpice를 사용하여 디지털회로를 시뮬레이션 하는 방법을 익힌다.

2 예비 이론

게이트

게이트(gate)는 디지털 시스템에서 가장 기본적인 디지털 소자이며 디지털 정보의 흐름을 통과하거나 저지하는 기능(gating)을 가진다. 그림 1.1과 같이 하나의 게이트는 하나 이상의 입력을 가지고, 현재 입력값들의 함수로 된 하나의 출력을 만든다. 게이트에는 AND, OR, NOT, NAND, NOR, XOR 등이 있다.

입력과 출력이 전압 혹은 전류 등과 같은 아날로그 조건일 수도 있지만, 두 이산값 '0(참)' 혹은 '1(거짓)'로 취하고 저항, 다이오드 등과 같은 수동소자와 바이폴라 트랜지스터 혹은 CMOS 트랜지스터와 같은 반도체 소자를 이용하여 기본 게이트를 구현한다.

> 디지털 시스템이란 이산적인 '0' 혹은 '1'의 정보를 입력하여 가공하고 처리해서 최종 목적으로 하는 '0' 혹은 '1'의 디지털 정보를 출력하는 모든 형태의 장치이다.

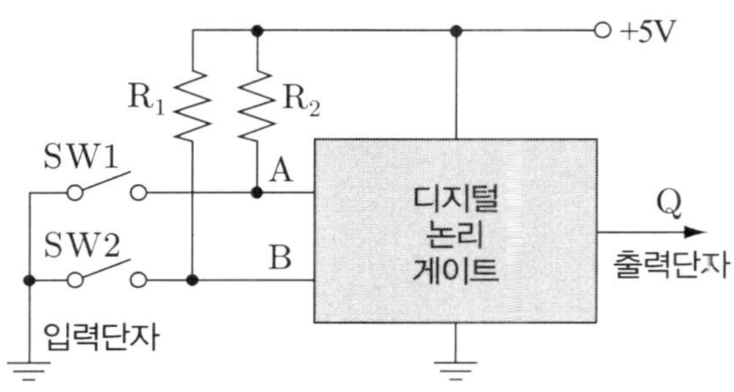

그림 1.1 디지털 논리게이트 연결

- 아날로그 신호 : 연속시간/연속크기로 연속적이며, 정보량이 많고 잡음의 영향이 큼.
- 디지털 신호 : 이산시간/이산크기로 비연속적이며, 정보량이 적고 잡음의 영향이 작음.

기본적인 논리 게이트는 OR, AND, NOT 게이트가 있고 이들을 적절히 조합한 NAND, NOR, XOR 등이 있다. 실제 많이 사용하는 게이트는 NAND, NOR, XOR 게이트 등이다.

표 1.1은 기본 디지털 논리게이트이고 표 1.2는 주요 디지털 논리게이트의 심벌, 대수식, 진리표 등을 요약하였다. 심벌은 전 세계적으로 디지털 엔지니어가 많이 사용하고 인식하기 쉬운 MIL/ANSI 심벌이다.

표 1.1 기본 디지털 논리 게이트(변수 : A, B)

이름	심벌	대수식	진리표	기타
OR	A B F	$F = A + B$	A B F 0 0 0 0 1 1 1 0 1 1 1 1	모두 '0'이면 '0'
AND	A B F	$F = AB$	A B F 0 0 0 0 1 0 1 0 0 1 1 1	모두 '1'이면 '1'
NOT (인버터)	X F	$F = \overline{X}$	X F 0 1 1 0	보수화 연산, 반전

표 1.2 주요 디지털 논리 게이트

이름	심벌	대수식	진리표	기타
NOR	A B F	$F = \overline{A + B}$	A B F 0 0 1 0 1 0 1 0 0 1 1 0	모두 '0'이면 '1'
NAND	A B F	$F = \overline{AB}$	A B F 0 0 1 0 1 1 1 0 1 1 1 0	모두 '1'이면 '0'

XOR	A, B → XOR → F	$F=\overline{A}B+A\overline{B}$ $=A\oplus B$	A B F 0 0 0 0 1 1 1 0 1 1 1 0	다르면 '1'
XNOR	A, B → XNOR → F	$F=AB+\overline{A}\,\overline{B}$ $=A\odot B$	A B F 0 0 1 0 1 0 1 0 0 1 1 1	같으면 '1'

IC 디지털 논리회로

(1) TTL 디지털 논리회로

TTL(transistor-transistor logic)은 바이폴라 IC에서 많이 사용된다. TTL은 가장 많이 사용되고 있는 논리이고, DTL(diode transistor logic)로부터 성능향상을 위해 다이오드를 트랜지스터로 바꾼 것이다. TTL 게이트는 CMOS(complementary MOS) 게이트보다 전력소비가 많지만 속도가 빠르다.

- TTL : 바이폴라 트랜지스터, NAND
- ECL(Emitter-coupled Logic) : 바이폴라 트랜지스터, NOR
- MOS(Metal-Oxide Semiconductor) : 유니폴라 트랜지스터, 고집적도
- CMOS(Complementary MOS) : 저전력 특성

DRL의 논리레벨 천이문제는 DTL과 TTL 게이트에서는 발견하지 않아 직렬로 무한히 연결할 수 있다. 그러나 여러 유사한 게이트들을 병렬로 연결 시 구동할 수 있는 게이트의 최대수(팬아웃, fanout)가 있다.

- DRL(diode resistor logic)는 다이오드의 순방향과 역방향 특성을 이용한다. 이 형태는 게이트들을 직렬로 연결했을 때 논리레벨 천이로 제한되고, 집적회로 추가없이 복잡한 회로에 한두 개 게이트를 추가하는데 유용하다. 이런 논리회로는 집적형에서는 드물게 사용한다.
- RTL(resistor transistor logic)는 1960년대 초기에 페어차일드에서 만들어졌고, 팬아웃과 잡음 특성이 나쁘다.
- DTL는 1962년 시그네틱스의 베이커(Orville Baker)에 의해 고안되었다. 입력에는 다이오드를 사용하고 출력단에는 BJT를 사용한다. 출력 BJT는 논리 '1'과 '0'를 만들기 위해 각각 차단과 포화영역 사이에서 동작하고 DTL은 오늘날 IC에서 드물게 사용한다.

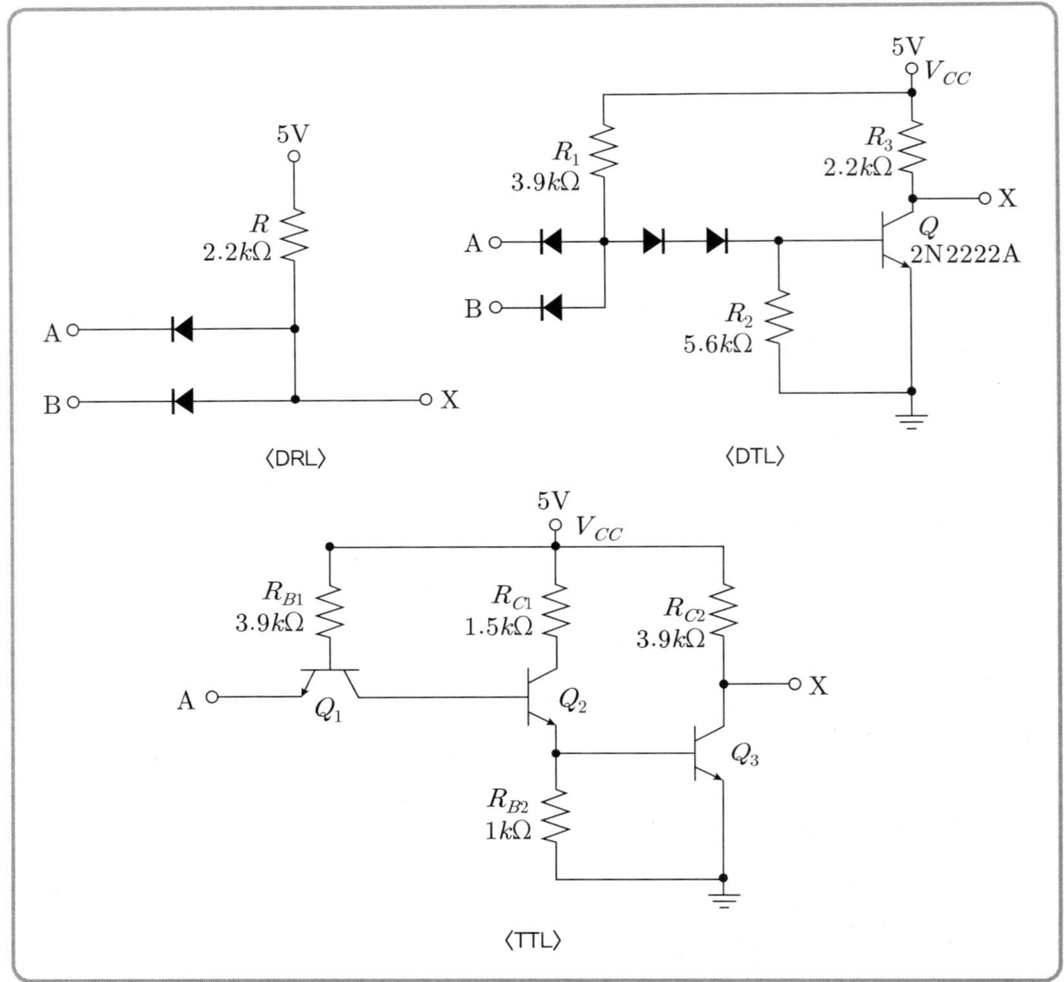

TTL은 1961년 퍼시픽 반도체의 뷰예(James Buie)에 의해 특허출원했고 1963년 SUHL (Sylvania Universal High-level Logic)의 롱고(Thomas Longo)가 TTL를 처음으로 설계했다.

74xx는 텍사스 인스트루먼트사에 의해 붙여진 이름이며 DTL과 TTL에 의해 +5V 논리의 시대가 열리게 되었고, 25MHz의 속도와 10 팬아웃을 갖게 되었다. 74H 계열은 고속 TTL로 2배의 속도로 빠르지만 전력소모가 2배이다.

논리게이트 IC의 제품은 다양하고 저렴한 TTL IC를 주로 사용한다. 표 1.3은 기본 게이트로 사용하는 주요 TTL IC를 나타내었다.

TTL 논리게이트 5400계열은 군용이고, 동작온도는 −55°C∼125°C이며 TTL 7400계열은 민수용이고, 동작온도는 0∼75°C이다.

표 1.3 TTL 제품 종류

계열명	특징	비고	예
74	표준 TTL		7400
74L	Low power TTL		74L00
74H	High speed TTL		74H00
74S	Schottky TTL - high speed		74S00
74LS	Low power Schottky TTL	많이 사용	74LS00
74AS	Advanced Schottky TTL		74AS00
74ALS	Advanced Low power Schottky TTL		74ALS00
74F	Fast Schottky	페어차일드사	74F00

표 1.4는 TTL IC의 기본 게이트 종류부터 시작하여 디코더, 플립플롭, 레지스터, 카운터 등 다양한 종류를 분류한다. 현재 74 계열은 0번부터 시작하여 600번 대까지의 제품이 있다.

표 1.4 TTL 분류

분류	종류
0～30	게이트류
41～48	디코더류
70번대	플립플롭류
80번대	가산기류
90번대	카운터, 레지터류
200번, 300번대	100번대 이하 개량품

(2) CMOS 디지털 논리회로

CMOS란 NMOS와 PMOS를 기판 상에 상보적으로 연결하여 서로 그 동작을 보완하도록 한 것이다. CMOS는 입력신호가 변화하였을 때만 전류가 흐르므로 소비전력이 적고, 저전압으로 동작하는데도 동작 속도가 빠르고 열을 적게 내는 장점 때문에 많은 소자로 집적하는 VLSI와 대용량 메모리 칩 등 회로에 사용한다. CMOS 회로는 고밀도로 회로를 집적시켜도 열에 의한 오동작이나 고장이 일어나지 않는 장점이 있다.

MOSFET를 사용하여 논리게이트를 구성하므로 소비전력이 매우 적고 잡음 여유도가 크지만 동작속도가 TTL에 비해 느리고, 사용주파수가 TTL에 비해 낮으며, 정전기에 약해 정전기 보호회로를 내장해야 하고, 온도 변화에 약하다. 표 1.5는 CMOS 74계열 종류를 나타낸다.

CMOS 논리게이트 7400/5400는 TTL 7400/5400 계열과 호환되고 CMOS 4000계열은 TTL과 호환되지 않음.

표 1.5 CMOS 74계열 종류

계열명	특징	전파지연 시간	예
HC	High speed CMOS, 전력소모가 적고, LS TTL과 동등한 속도성능, 정전류시 $I_G = 1\mu A$, 최근 많이 사용	$8ns$	74HC00
HCT	High speed CMOS, TTL-voltage compatible, 기본적인 HC형, TTL과 호환성의 입력특성, 정전류시 $I_G = 1\mu A$	$18ns$	74HCT00
AC	Advanced CMOS, TTL의 ALS급과 동등의 속도성능	$5ns$	74AC00
ACT	Advanced CMOS, TTL-output compatible, 기본적인 AC형, TTL과 호환성의 입력특성	$7ns$	74ACT00

TTL 및 TTL 호환 CMOS 게이트의 표기법

형식번호 : ##74**@@@

(1) ## : 제조사를 나타내는 영문자 코드를 나타냄. K-(Samsung), GD(LG), F(Fairchild), H(Harries), SN(Texas Instrument), P(Intel), MC(Motorola), N(Signetics), DM(National Semiconductors), CD(RCA), TC(Toshiba), MB(Fujitsu), HD(Hitach)

(2) 74 : 규격을 나타냄. 7400시리즈(민수용), 5400시리즈(군수용)

(3) ** : 동작속도와 전력소비 패밀리를 나타냄 (TTL : S, H, L, LS, ALS, AS, F CMOS : HC, HCT, AC, ACT 등)

(4) @@@ : 멤버로서 게이트의 기능과 패키지 종류를 나타냄. 00(Quad 2 입력 NAND), 02(Quad 2 입력 NOR), 04(Hex Inverters), 20(Dual 4 입력 NAND), N(플라스틱 DIP), P(8핀 DIP), J(세라믹)

예제 1.1 **DM74LS283N 게이트의 표기의 의미를 나타내어라.**

풀이 Digital Monolithic, TTL74계열, 저전력 Schottky, 4-비트 binary 가산기, 플라스틱 DIP

그림 1.2는 2-열 핀(DIP : dual-in-line package) 패키지 IC를 나타내고, N번 핀은 +5V인 V_{CC} 단자이며 N/2번 핀은 접지(GND) 단자이다. 칩은 노치(notch)방향에 작은 점(dot) 가까이 핀-1이 있다. 핀 번호의 순서는 점에서 출발하여 반시계방향이다.

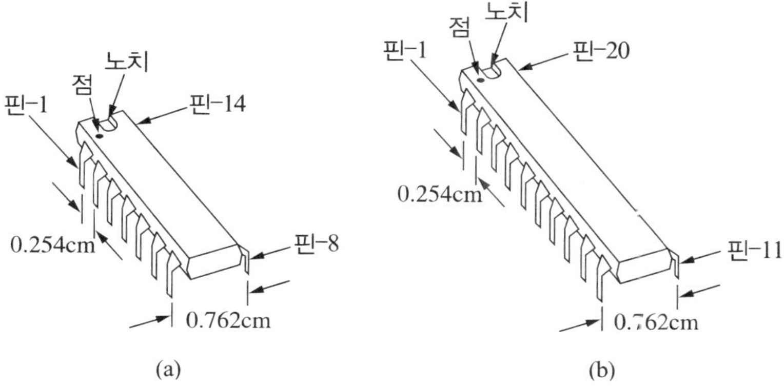

그림 1.2 DIP 패키지 (a) 14핀 (b) 20핀

그림 1.3은 입력과 출력 핀이 연결되고 고정된 논리기능을 수행하는 칩을 장착한 IC 패키지의 내부를 나타내고 있다.

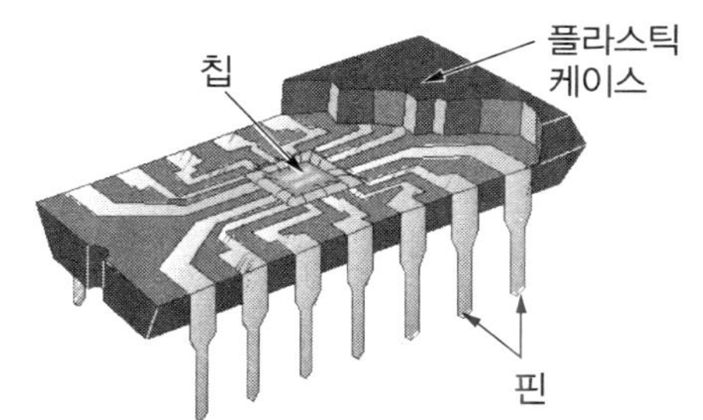

그림 1.3 논리회로 칩을 장착한 IC 패키지의 내부

한 개의 IC에 들어 있는 논리 게이트의 개수를 나타낸 수량에 따라 Dual(2개), Triple(3개), Quad(4개), Hex(6개)라 한다. 논리 IC는 대부분 14핀 또는 16핀으로 되어 있다. 14핀인 경우 GND와 V_{DD}를 제외하면 최대 12핀이 사용가능하므로 NOT 게이트에서 최대로 6개 넣을 수 있어 Hex라고 한다. 그림 1.4와 같이 7408 IC는 Quad 2-입력 AND 게이트라고 한다. 표 1.6은 집적도에 따른 IC의 이름과 게이트 수, 응용분야를 분류하였다.

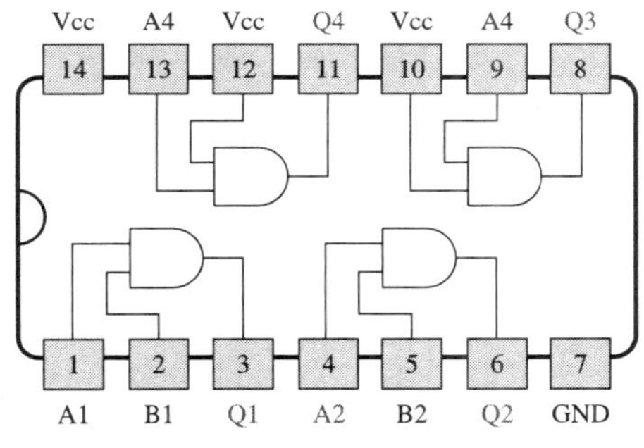

그림 1.4 7408 Quad 2-입력 AND 게이트

표 1.6 집적도에 따른 분류

이름		IC 당 게이트 수	응용
SSI	Small-Scale Integration	10개 이하	논리 게이트 (AND, OR, NAND, NOR)
MSI	Medium-Scale Integration	10~100개	플립플롭, 가산기, 카운터, MUX, DEMUX
LSI	Large-Scale Integration	100~10,000개	작은 메모리칩, 프로그래머블 논리소자
VLSI	Very Large-Scale Integration	10,000~100,000개	큰 메모리칩, 복잡한 프로그래머블 논리소자
ULSI	Ultra Large-Scale Integration	100,000~1,000,000개	8 혹은 16비트 마이크로프로세서
GSI	Giga-Scale Integration	1,000,000개 이상	펜티엄 Ⅳ프로세서

디지털 신호 및 논리 게이트

논리회로에서 사용되는 두 가지 논리값 '0'과 '1'은 전압의 높이로 표시하고 '0'과 '1'의 상태는 전압의 차이 혹은 펄스의 유무로 나타낸다. 전압으로 논리를 표현할 때 그림 1.5와 같이 높은 전압을 '1'로 나타내는 양논리(positive logic)와 낮은 전압을 '1'로 표시하는 음논리(negative logic)가 있다.

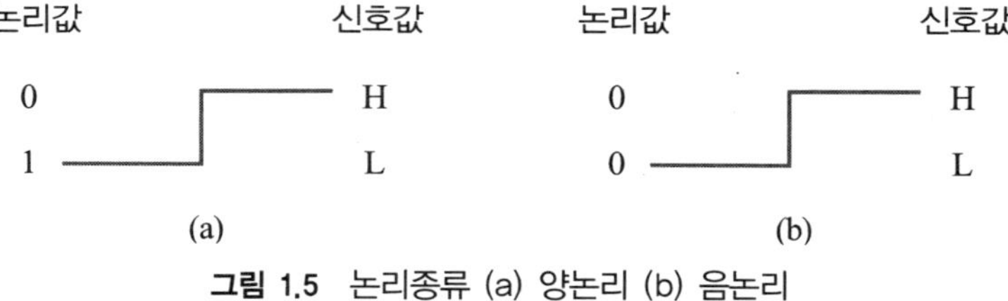

그림 1.5 논리종류 (a) 양논리 (b) 음논리

양논리 NAND 게이트는 음논리로 OR게이트와 같고, 양논리 NOR 게이트는 음논리의 AND 게이트와 같다. 표 1.7은 게이트들의 양논리와 음논리를 나타내고 있다.

$$\overline{\overline{A}} = A,\ \overline{\overline{A \cdot B}} = \overline{\overline{A}} + \overline{\overline{B}} = A + B,\ \overline{\overline{A + B}} = \overline{\overline{A}} \times \overline{\overline{B}} = A \times B$$

표 1.7 게이트들의 양논리와 음논리

종류	양논리	음논리
Buffer	A, Y	$\overline{A}$, $\overline{Y}$
NOT	A, $\overline{Y}$	$\overline{A}$, Y
AND	A, B, Y	$\overline{A}$, $\overline{B}$, $\overline{Y}$
NAND	A, B, $\overline{Y}$	$\overline{A}$, $\overline{B}$, Y
OR	A, B, Y	$\overline{A}$, $\overline{B}$, $\overline{Y}$
NOR	A, B, $\overline{Y}$	$\overline{A}$, $\overline{B}$, Y

active-high 신호와 active-low 신호

active-high 신호는 대부분의 회로처럼 값이 '1'이 될 때 정의된 기능을 수행하는 것으로 보는 신호이다. PR로 표기된 active-high 신호는 PR이 '1'일 때 출력이 '1'이 되면서 동작한다.

active-low 신호는 '0'이 될 때 정의된 기능을 수행하는 것으로 플립플롭, 카운터, 시프트 레지스터, 마이크로프로세서의 제어신호 등에 셋(set) 또는 프리셋(preset), 리셋(reset) 또는 클리어(clear) 신호에 작은 원(o)의 심벌을 붙여 사용한다.

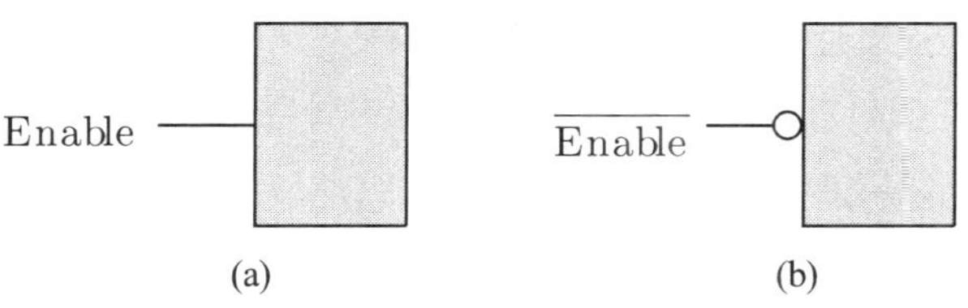

그림 1.6 논리의 종류 (a) 양논리 (b) 음논리

그림 1.6과 같이 Enable 신호가 active-low 신호일 경우 $\overline{\text{Enable}}$와 같이 바(bar) 기호를 신호 이름 위에 붙여서 나타낸다. 그림 1.6(a)는 '0'이면 disabled, '1'이면 enabled한 active-high 신호이고, 그림 1.6(b)는 '0'이면 enabled, '1'이면 disabled한 active-low신호를 나타낸다.

게이트의 논리 전압레벨

그림 1.7은 TTL게이트와 CMOS게이트의 허용 입력/출력 전압레벨을 나타내고 있다. TTL 논리게이트의 특징은 일반적인 소비전력은 게이트 당 $10mW$이고, $15pF/400\Omega$ 부하가 구동 시 전파지연은 $10ns$이다. 그리고 V_{CC}는 4.75V～5.25V(보통 5V)이며 전압레벨은 0부터 V_{CC}까지 이다. 0V～0.8V 전압 레벨은 논리 '0'을 의미하며 2V～V_{CC} 전압레벨이 논리 '1'이다. 보통 0V를 논리값 '0'으로 +5V를 논리값 '1'로 취급한다.

CMOS 논리게이트의 특징은 $1MHz$ 및 $50pF$의 부하에서의 소모전력은 게이트 당 일반적으로 $10nW$이다. 전압레벨은 0V에서 전원전압 V_{DD}까지 이고, V_{DD}는 3～18V 범위의 값이다. 낮은 레벨은 0부터 1/3 V_{DD} 사이 값(0～1.5V)이며, 높은 레벨은 2/3 V_{DD}부터 V_{DD}까지(3.5～5V)이다.

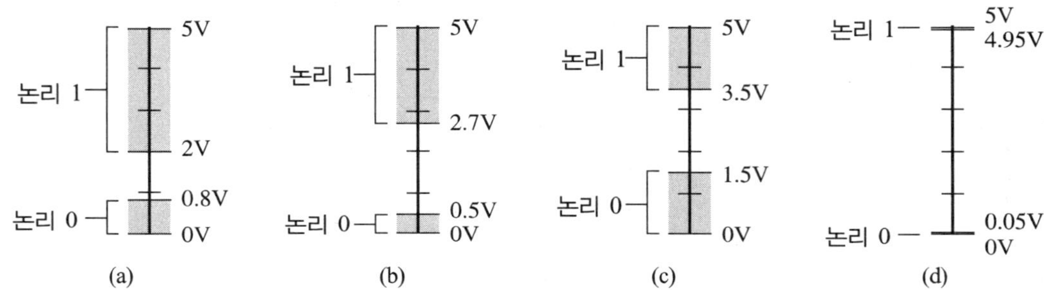

그림 1.7 게이트별 허용 전압레벨과 논리값 관계 (a) TTL 입력신호 레벨 (b) TTL 출력신호 레벨 (c) CMOS 입력신호 레벨 (d) CMOS 출력신호 레벨

수와 진법

실생활에서 주로 10진법을 사용하고, 컴퓨터를 비롯한 대부분의 디지털 회로에서는 '0'과 '1'의 두 개 숫자로 구성된 2진법이 사용된다. 그러나 2진법은 수를 표현하기 위해 많은 자릿수가 필요하기 때문에 2진수를 주로 16진수(또는 8진수)로 표현하기도 한다. 표 1.8은 디지털회로에 많이 사용하는 진법과 코드를 나타낸다. 2진 코드는 8-4-2-1 BCD 코드, 6-3-1-1 코드, 초과-3 코드, 2-out-of-5 코드(모든 코드조합에서 2비트만 '1'을 갖는다), 그레이 코드 등이 있다.

BCD 표기법(2진화 10진수 표기법)는 각 자리의 10진 숫자를 동등한 2진수(보통, 4비트 2진)로 대체하여 표기하는 것이다. 예로 57.3은 0101 0111.0011으로 표현되며 전체를 2진으로 변환하는 경우와 매우 다르므로 2진기 덧셈기 등을 사용할 수 없고 10개의 10진수가 있기 때문에 1010에서 1111까지는 존재하지 않는다.

그레이 코드(Gray code)는 이진법 부호의 일종으로, 연속된 수가 한 개의 비트만 다른 특징을 가진다. 연산에는 쓰이지 않고 주로 데이터 전송, 입출력 장치, 아날로그-디지털 간 변환과 주변 장치에 쓰인다.

One-hot 코드는 한 자리만 '1'인 코드이다. 즉 2진수 0000은 0000 0000 0000 0001이고 2진수 1111은 1000 0000 0000 0000이다.

표 1.8 진법과 코드

10진법 (Decimal)	0	1	2	3	4	5	6	7	8	9	10	11	12	13	14	15
2진법 (Binary)	0000	0001	0010	0011	0100	0101	0110	0111	1000	1001	1010	1011	1100	1101	1110	1111
16진법 (Hexadecimal)	0	1	2	3	4	5	6	7	8	9	A	B	C	D	E	F
BCD code	0	1	2	3	4	5	6	7	8	9	---	---	---	---	---	---
2-out-of-5 code	00011	00101	00110	01001	01010	01100	10001	10010	10100	11000						
Gray code	0000	0001	0011	0010	0110	0111	0101	0100	1100	1101	1111	1110	1010	1011	1001	1000

음수는 2의 보수체계로 나타낸다. n-비트로 $-N$를 표현하면 2^n-N의 2진수 표기로 표현할 수 있다. 4비트에서 -5을 표현하면 $2^4-5=11=1011_2$이므로 -5을 1011로 표현할 수 있다. n 비트인 경우 $-2^{n-1} \sim 2^{n-1}-1$ 범위의 수를 표현하며 4비트인 경우 7(0111), 6(0110), 5(0101), 4(0100), 3(0011), 2(0010), 1(0001), 0(0000), −1(1111), −2(1110), −3(1101), −4(1100), −5(1011), −6(1010), −7(1001), −8(1000)로 나타낸다. 이럴 경우 0을 기준으로 양과 음의 수가 대칭이고 MSB가 0이면 양수, 1이면 음수로 양수와 음수 구분이 쉽다.

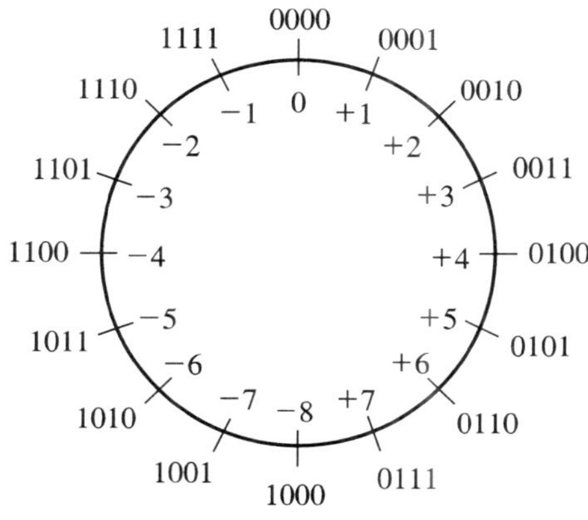

그림 1.8 4비트 숫자 표현

2의 보수를 사용하면 장점은 연산이 2진수 연산과 동일하고 음수, 양수 구별이 쉽고, 0의 표현이 한 개다. 2의 보수를 만드는 다른 방법에는 절대값을 2진수 바꾸고 -> 각 자리 보수화 -> 1를 더하면 된다. 예로 4비트로 −6의 보수 만들면 0110 -> 1001 -> 1010이 된다. 음수의 2진수의 절대값을 아는 방법은 보수화를 한 후 1를 더하면 된다. 1010 -> 0101+0001 = 0110이므로 −6임을 알 수 있다.

디지털 정보 표현

디지털 정보를 표현하기 위해 2진수 체계를 사용하며, '0'과 '1' 만의 두 종류의 디지트(digit)를 사용한다. 비트(bit)는 바이너리 디지트(binary digit)의 약자로 2진수의 '0'과 '1'로 표현되는 자료의 최소 단위이고, 1니블(nibble)은 4비트, 1바이트(byte)는 8비트이며 문자표현의 최소단위가 된다.

> 영어는 1바이트로 한 문자 표현하고, 한글은 2바이트가 필요하다. 1word는 컴퓨터에서 사용하는 연산의 기본 단위 즉 CPU에서 취급하는 명령어나 데이터의 길이에 해당하는 기본단위이고 half word는 2바이트, full word는 4바이트이다.

표 1.9는 국제전기기술위원회(International Electrotechnical Commission, IEC)에서 규정하는 디지털정보와 10진 변환 크기를 나타낸다.

표 1.9 SI 단위와 IEC 단위 비교

SI(10진)				IEC(2진)			
값	이름	발음	기호	값	이름	기호	10진 변환크기
10^{12}	tera	테라	T	$2^{40} \simeq 10^{12.04}$	tebi-	Ti	1,099,511,627,776
10^{9}	giga	기가	G	$2^{30} \simeq 10^{9.03}$	gibi-	Gi	1,073,741,824
10^{6}	mega	메가	M	$2^{20} \simeq 10^{6.02}$	mebi-	Mi	1,048,576
10^{3}	kilo	키로	k	$2^{10} \simeq 10^{3.01}$	kibi-	Ki	1,024

팬인과 팬아웃

한 논리소자에 연결될 수 있는 입력의 수와 출력의 수(다음 단에 연결될 수 있는 입력의 수)를 각각 팬인(fan-in), 팬아웃(fan-out)이라 부른다. 팬인은 IC를 만드는데 따라서 그 수가 다양하며 2~4개의 경우가 많다. 팬아웃은 대개 10개 정도이며 그 이상의 숫자가 필요한 경우에는 그림 1.9와 같이 NOT 게이트를 연결해서 사용하면 거의 두 배에 가까운 팬아웃을 얻을 수 있다.

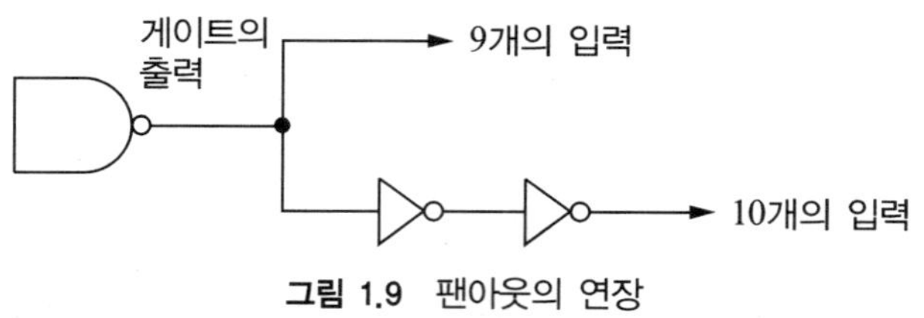

그림 1.9 팬아웃의 연장

펄스 파형

펄스파형은 그림 1.10과 같이 Low 상태와 High 상태를 반복하는 전압레벨로 구성한다. 이상적인 주기 펄스는 리딩 엣지(leading edge) 혹은 상승 엣지(rising edge)와 트레일링 엣지(trailing edge) 혹은 하강 엣지(falling edge) 두 개의 엣지로 구성한다.

주파수는 주기적인 파형이 1초 동안에 진동한 횟수이며 단위는 헤르츠(Hz)이고 주기는 주기적인 파형이 1회 반복하는데 걸리는 시간(초), T이다.

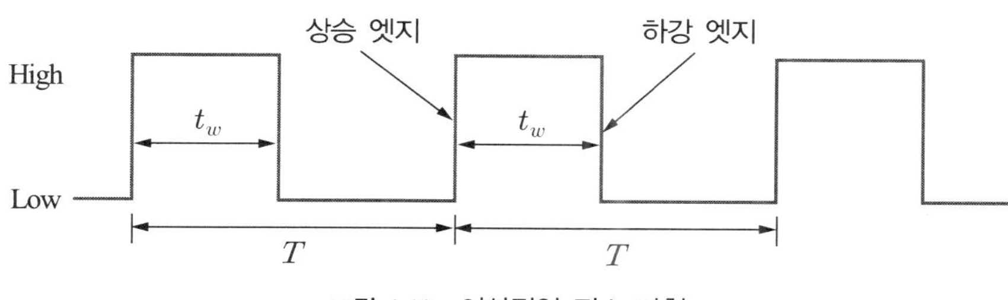

그림 1.10 이상적인 펄스 파형

그림 1.11과 같이 이상적인 펄스파는 기저준위에서 진폭준위까지 빠르게 상승하고 펄스폭 시간 후 다시 기저준위로 하강하는 주기파이다. 비이상적인 펄스파인 경우 진폭의 10%에서 90%까지 상승하거나 하강하는 시간인 상승시간(rise time) t_r과 하강시간(fall time) t_f를 가진다.

펄스폭은 진폭의 50% 상승해서 하강하는 시간 간격이다. 펄스의 대응하는 점에서 한 펄스와 다음 펄스 사이 시간은 T이고, 주파수는 $f = 1/T$이다. 펄스폭이 t_w인 펄스의 듀티 사이클(duty cycle)은 $(t_w/T) \times 100$이다.

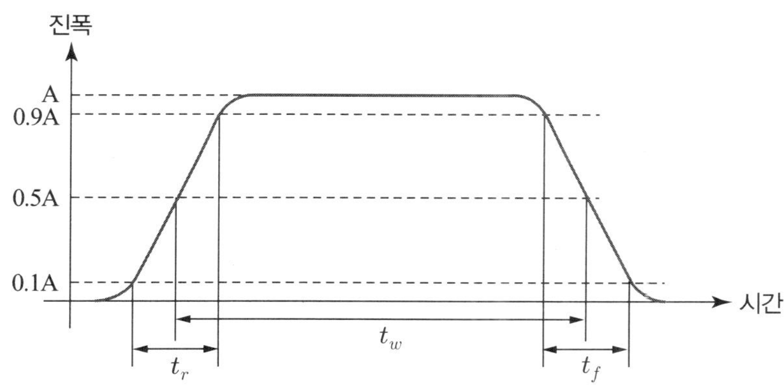

그림 1.11 펄스파의 펄스폭

그림 1.12와 같이 실행(enable)신호가 '1'이면 출력 X의 클럭신호가 나타나고, '0'이면 출력의 클럭신호가 멈춘다(disable).

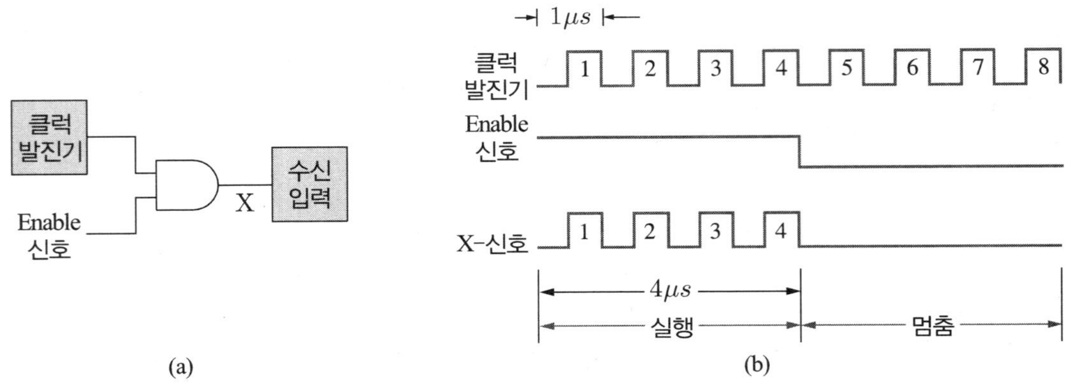

그림 1.12 실행과 멈춤 기능을 가진 회로 (a) 회로도 (b) 파형

(1) 게이트 전달지연시간

게이트에 입력이 가하고 게이트의 종류에 따른 논리연산 결과가 게이트의 출력으로 나올 때까지의 시간을 게이트의 전달지연시간(gate propagation delay)이라 한다. 게이트의 종류에 따라 다르고 대략 수 ns 또는 수십 ns 정도의 시간의 지연이 걸린다.

(2) 셋업시간과 홀드시간

그림 1.13과 같이 클럭엣지가 발생했을 때 적절하게 반응하기 위해서는 제어입력은 적어도 클럭엣지 전 셋업시간(setup time)과 클럭엣지 후 홀드시간(hold time) 동안 변하지 않아야 한다. 플립플롭의 안정동작을 위한 타이밍 조건은 다음과 같다.

① **셋업시간,** t_s : 클럭 신호의 엣지가 검출되기까지 제어입력이 검출 가능한 레벨을 유지해야 하는 시간이며 보통 $5 \sim 50ns$ 범위이다. 이 시간을 만족하지 않으면 클럭엣지가 발생하더라도 적절한 응답을 하지 못한다.

② **홀드시간,** t_h : 클럭 신호의 엣지가 발생한 다음 동기제어신호가 검출 가능한 적정한 레벨을 유지해야 하는 시간, 보통 $0 \sim 10ns$ 범위이다.

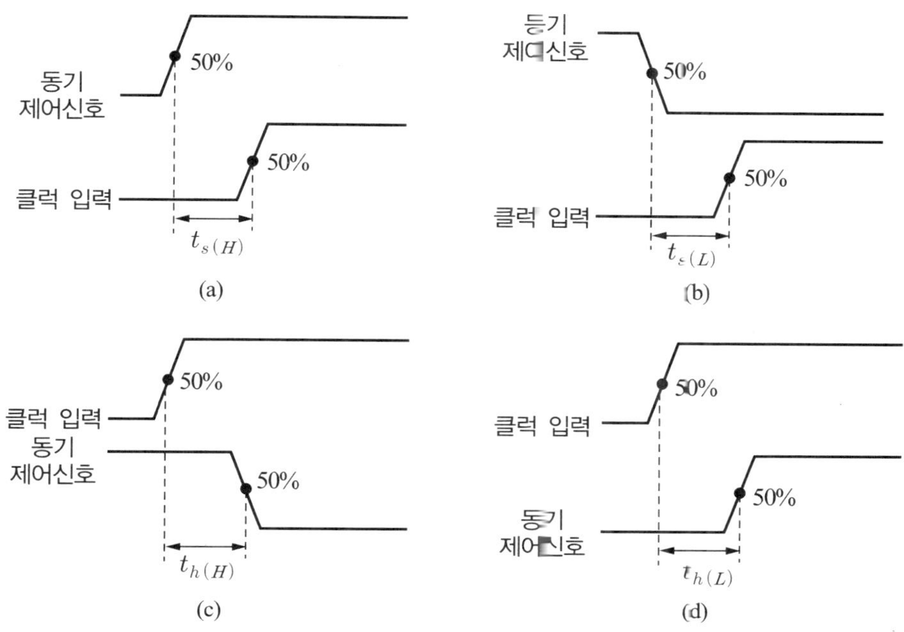

그림 1.13 셋업시간과 홀드시간 (a) High 셋업시간 (b) Low 셋업시간 (c) High 홀드시간 (d) Low 홀드시간

디지털회로 PSpice 시뮬레이션

SPICE(Simulation Program with Integrated Circuit Emphasis)는 1972년에 개발한 Berkely SPICE에 의한 PC 기반의 Analog/Digital 혼합회로 시뮬레이션 프로그램이다. PSpice(Professional Spice)는 회로의 설계와 편집, 시뮬레이션 그리고 그래픽 출력 등을 볼 수 있는 Capture, Stimulus editor, PSpice A/D, Probe로 구성되어 있다.

1. PSpice 프로그램 설치 후 시작/모든 프로그램/OrCAD Family/Capture를 클릭한다. 왼쪽 상단 메뉴에서 File/New/Project를 클릭하면 New Project창이 나온다. 프로젝트 이름을 영문으로 입력하고 Analog or Mixed A/D를 선택하고 OK를 클릭하면 Create PSpice Project 창이 나오고 Create a blank project를 선택하여 OK를 클릭한다. 새로운 Schematic이 열려 빈 그리드 화면과 툴바와 객체들이 나타난다.

> PC에 PSpice 설치를 위해 OrCAD사(www.orcad.com)에서 무료로 다운 받아 설치한다.

> Analog or Mixed A/D(Analog/Digital Simulation), PC Board Wizard(PCB 기판설계), Programmable Logic Wizard(PLD 설계), Schematic(회로설계)

• Create based upon an existing project : 기존 OrCAD 환경을 인계받는다.
• Create a blank project : 새로운 환경에서 시작한다.

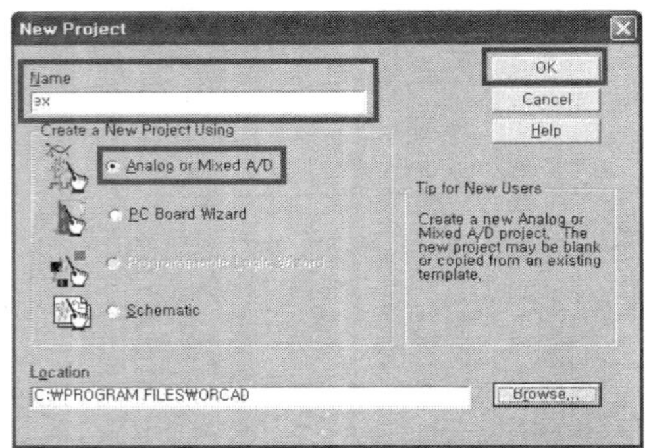

그림 1.14 New Project 창

그림 1.15 Create PSpice Project 창

2. Library를 등록한다. 메뉴에서 Place/Part를 선택하고, 창에서 Add Library를 클릭하고 PSpice의 7400, sourcestm.olb, analog.olb, eval.olb 그리고 필요한 라이브러리를 추가하여 등록한다.

analog.olb(R, L, C를 포함한 수동부품), eval.olb(상용반도체 라이브러리), source.olb(아날로그 신호원), breakout.olb(전류나 전압의 한계가 없는 이상적인 반도체소자), sourcestm.olb(디지털/아날로그 신호원)

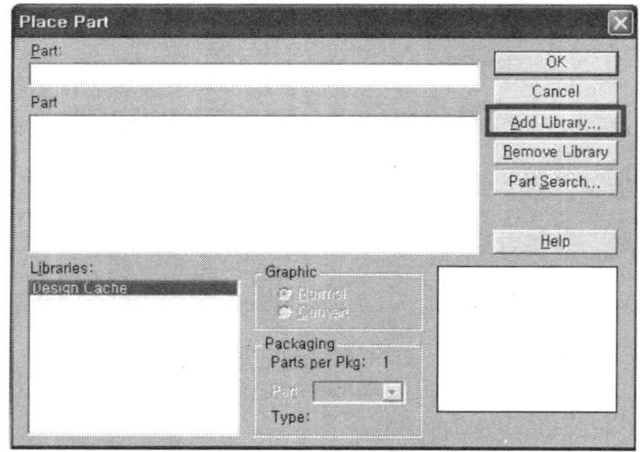

그림 1.16 Place Part 창

그림 1.17 Library 파일

3. 회로를 구성하기 위해 부품을 선택한다. 입력 클럭은 Place/Part를 선택하여 sourcstm library의 DigStim1, Digclock 등을 고른다. Place/Power에서 $D_HI 등을 선택하여 배치

한다. source가 없으면 Add Library를 클릭하여 추가한다. Part:에 부품의 번호 혹은 부품 식별을 입력하거나 스크롤 혹은 클릭으로 항목을 선택할 수 있다. 혹은 Place/Part에서 Analog library에서 저항 R을 선택하여 저항값을 바꾼다. Part Browser dialog에 와일드 카드를 이용할 수 있다. 4000이 포함된 심벌을 찾고 싶을 때 *4000*와 같이 입력하면 된다. 키보드의 Esc를 누르면 마우스를 따라다니던 소자가 사라진다.

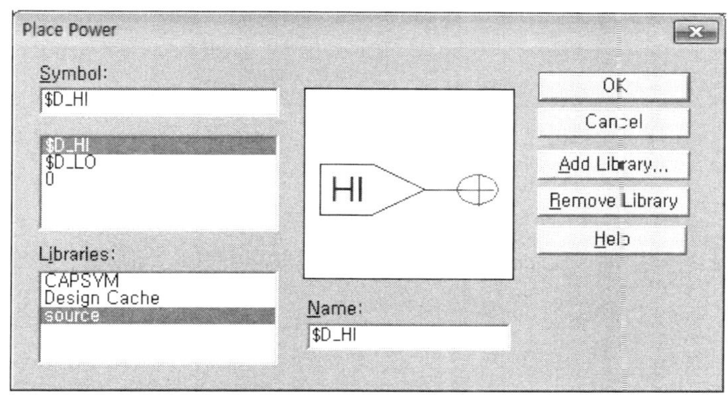

그림 1.18 Place Power 창

PSpice는 대소문자를 구별하지 않는다. m, M은 같은 의미이고 저항인 경우 5k, 5K 모두 $5k\Omega$을 의미하며 5*MHz*를 위해 5MEG(5Meg, 5meg), 5*m*A는 5m(5M)로 입력한다. 인덕터와 커패시터의 용량단위는 사용하지 않는 것이 편리하다. 전기용량 단위를 사용할 경우 1F(1f)는 1Farad이 아니고 1femto로 읽혀진다.

- **게이트** : NOT 7404, OR 7432(2-입력) 4075(3-입력), AND 7408(2-입력) 7411(3-입력), NAND 7400(2-입력) 7410(3-입력) 7420(4-입력), NOR 7402(2-입력), XOR 7486(2-입력)

4. 출력단자는 Place/Off-Page Connector를 선택하여 OFFPAGELEFT-L 등을 배치하고 Schematic을 연결시킨다. CAPSYM이 없으면 Add Library를 클릭하여 추가한다. 필요할 경우 전압과 전류 프로브를 위치시킨다. Place/Net Alias를 선택하여 단자 이름을 설정한다.

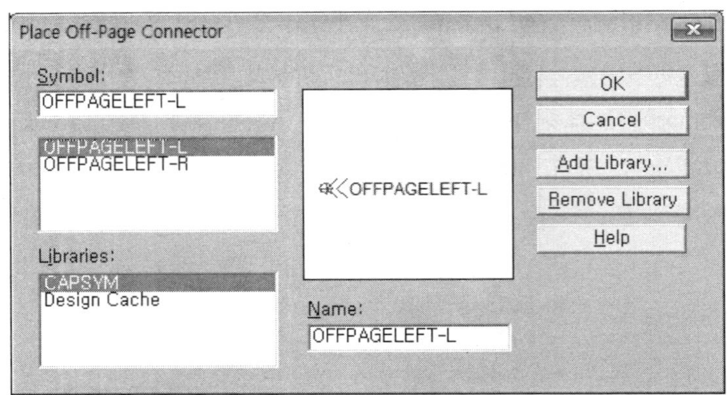

그림 1.19 Place Off-Page Connector 창

• 디지털회로가 동작할 때 PSpice에서 디지털 노드의 값이나 출력 상태 종류

논리상태	의미
0	low, false, off, no
1	high, true, on, yes
R	rising(0에서 1로 변함)
F	falling(1에서 0으로 변함)
X	모름
Z	고 임피던스

5. 시뮬레이션을 설정한다. 메뉴에서 PSpice/New Simulation Profile 선택한다. 대화창에서 이름을 입력한다. 시뮬레이션 설정 대화창에서 Analysis Type를 선택한다. 분석 종류는 Time domain(transient), DC Sweep, AC Sweep/Noise 그리고 Bias point 등이다.

• Time domain(transient)에서 ⓐ Run to time : 시뮬레이션 실행시간이다. ⓑ Start saving data after : 시뮬레이션 데이터가 많을 경우, 화면에 보여주는 시간을 이 시간 이후부터 저장하여 data 저장시간과 저장용량을 줄인다. ⓒ Maximum step : 시뮬레이션을 수행하는 최소단위로 작게 설정하면 정밀한 시뮬레이션 파형을 얻을 수 있으나 시간이 많이 걸린다. 비워두면 자동적으로 계산한다.

6. 메뉴에서 PSpice/Run을 선택하여 시뮬레이션 하고 결과를 본다. 프로브 창이 자동으로 나타나고 표시된 전류, 전압 프로브의 결과가 나타난다. 필요하면 프로브 창에서 메뉴의 Trace/Add trace 혹은 Trace/Evaluate Measurement 혹은 Plot/Add Plot to window 혹은 Plot/Axis setting을 선택한다.

PSpice 디지털 입력신호

(1) DigStim1 디지털 파형

1. DigStim1를 선택하여 그림 1.20을 배치한다. Place/Net Alias를 선택하여 IN1을 설정한다. DSTM1 표시된 아이콘을 클릭하고 오른쪽 버튼을 누르던 나타나는 팝업창에서 Edit PSpice Stimulus를 선택한다. 이것은 사용자가 임의로 파형을 만들 수 있는 기능이고, New Stimulus창에서 Name : IN1을 입력하고, Digital : Clock을 선택한다. OK를 누른 후 Clock Attributes 창에서 Period and on times를 선택하고 Period(sec) : 1us, On time(sec) : 0.5us, Initial value : 1, Time delay : 1us 입력한 후 OK를 누른다. 그림 1.23과 같이 Stimulus Editor 창에 입력파형이 나타난다.

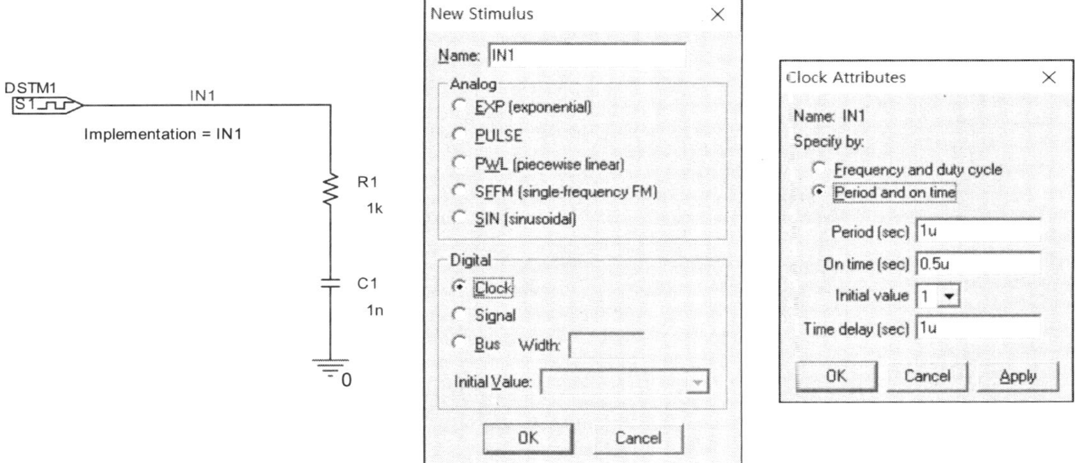

그림 1.20 DigStim1 회로도 **그림 1.21** New Stimulus창 **그림 1.22** Clock Attributes 창

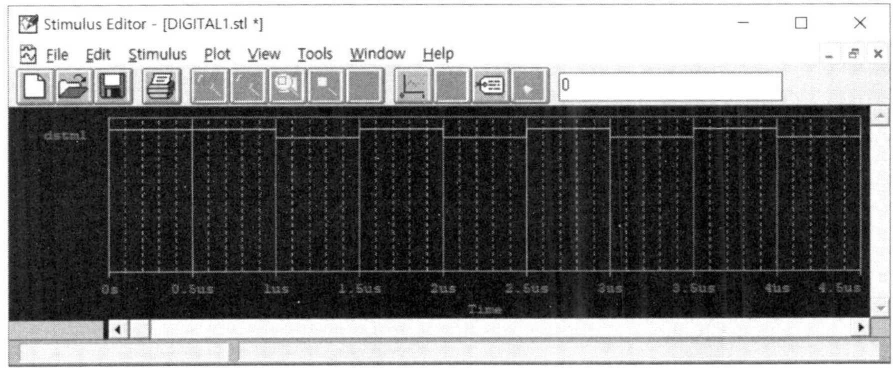

그림 1.23 Stimulus Editor 창

2. 설정 후 시뮬레이션하면 그림 1.24와 같이 출력파형이 나타난다.

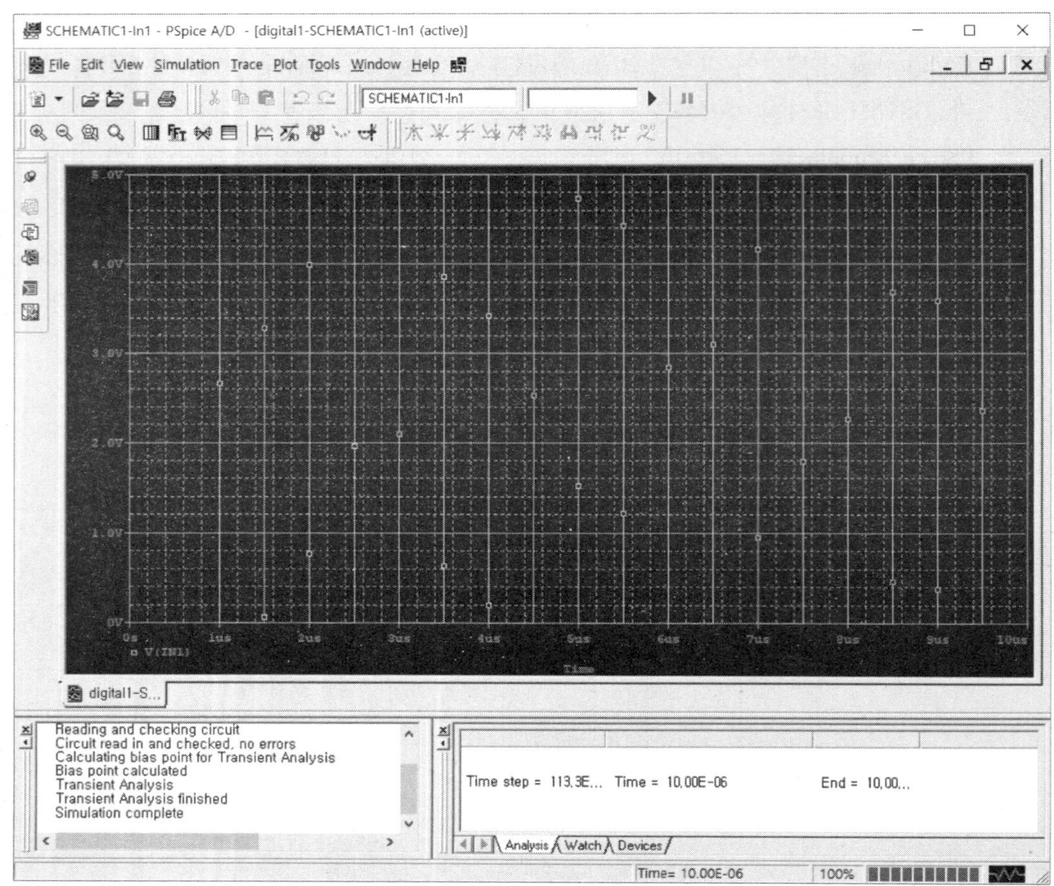

그림 1.24 DigStim1 시뮬레이션 한 출력파형

(2) Digclock의 속성 설정 및 파형

- DELAY : 펄스가 시작하기 전 시간 지연
- ONTIME : OPPVAL에서 설정한 전압에서 펄스의 시간 길이
- OFFTIME : STARTVAL에서 설정한 전압에서 펄스의 시간 길이
- STARTVAL : 0s 시간에 출력되는 전압, 0V를 위해 '0', 5V를 위해 '1' 값을 사용한다.

OFFTIME = .5uS
ONTIME = .5uS
DELAY =
STARTVAL = 0
OPPVAL = 1
DSTM1
CLK

- OPPVAL : DELAY가 끝나거나 DELAY 설정이 없을 때 첫 OFFTIME 끝날 때 출력하는 전압이고, STARTVAL에서 기록한 반대 논리값이며 0V를 위해 '0', 5V를 위해 '1' 값을 사용한다.

1. 그림 1.25에서 2μs까지 연속적인 펄스열이 시작하지 않고(DELAY=2us), 초기전압이 0V(STARTVAL=0), 펄스가 일단 시작하면 0V에서 펄스길이 0.5μs (OFFTIME=0.5us), 5V에서 펄스길이 0.5μs(ONTIME=0.5us)로 설정한 후 시뮬레이션 한 파형은 그림 1.26과 같이 나타난다.

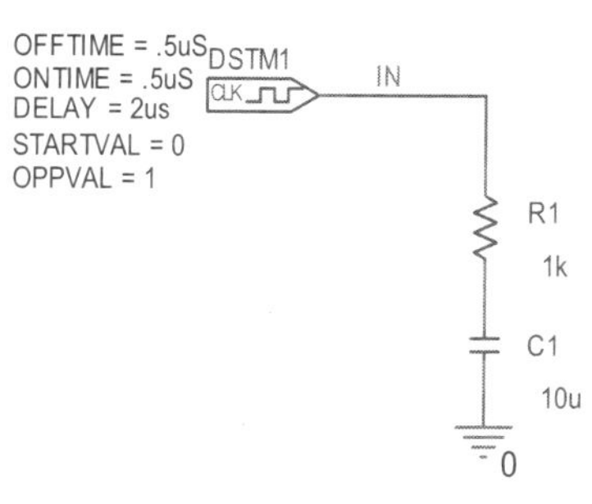

그림 1.25 Digclock 회로도 1

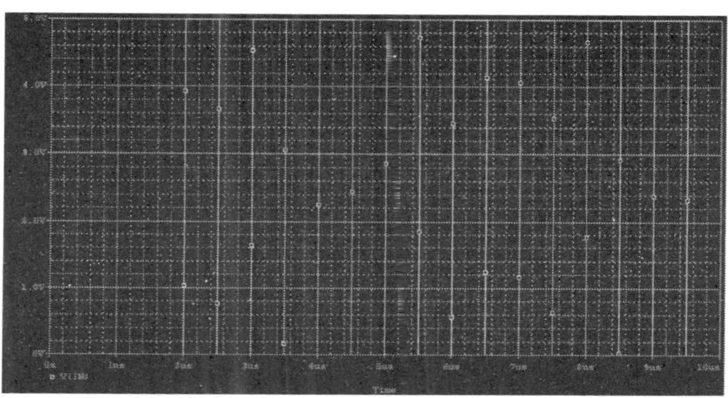

그림 1.26 Digclock 시뮬레이션 한 출력파형

2. 그림 1.27에서 연속적인 펄스열이 시작하는 지연이 0s이고(DELAY=0), 초기전압이 5V(STARTVAL=1), 펄스가 일단 시작하면 0V에서 펄스길이 1μs(OFFTIME=1us), 5V에서 펄스길이 0.5μs(ONTIME=0.5us)로 설정한 후 시뮬레이션 한 파형은 그림 1.28과 같이 나타난다.

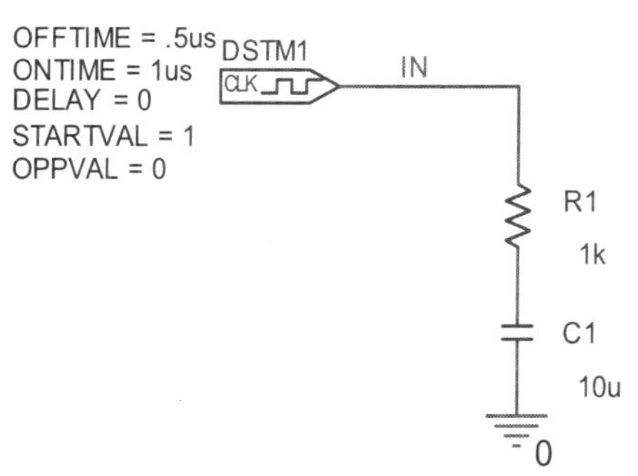

그림 1.27 Digclock 회로도 2

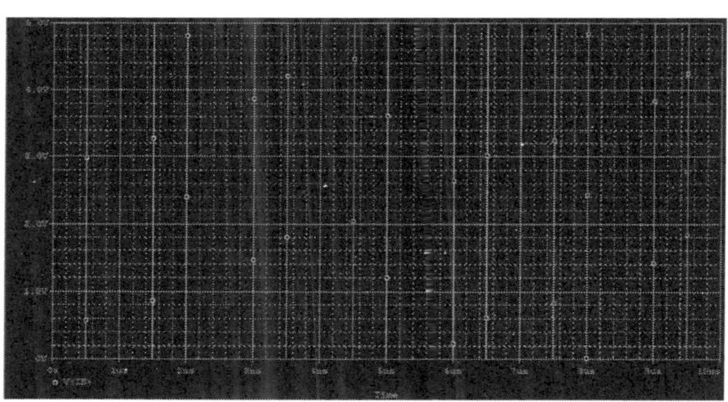

그림 1.28 Digclock 시뮬레이션 한 출력파형

(3) Vpulse의 속성 설정 및 파형

- V1 : 펄스의 처음 전압 레벨
- V2 : 펄스가 바뀌는 전압 레벨로 1V보다 클 수도 있고 작을 수도 있다.
- TD : 펄스가 시작하기 전 시간지연
- TR : 펄스의 전압이 V1에서 V2로 올라가는데 걸리는 시간길이, 보통 0s이다.
- TF : 펄스의 전압이 V2에서 V1으로 내려가는데 걸리는 시간길이, 보통 0s이다.
- PW : 출력전압이 V2인 시간길이
- PER : 연속적인 펄스의 출력 주기 시간길이이며, 비워두면 1개의 펄스가 출력된다.
- DC : 바이어스 점을 계산할 때 사용하는 값이며 DC Sweep에서 DC 전원으로 사용한다. 펄스열에 DC offset를 추가하지 못한다.
- AC : 전압원으로 사용하여 AC Sweep 수행할 때 사용하는 값이다.

V1 =
V2 =
TD =
TR =
TF =
PW =
PER =

V1

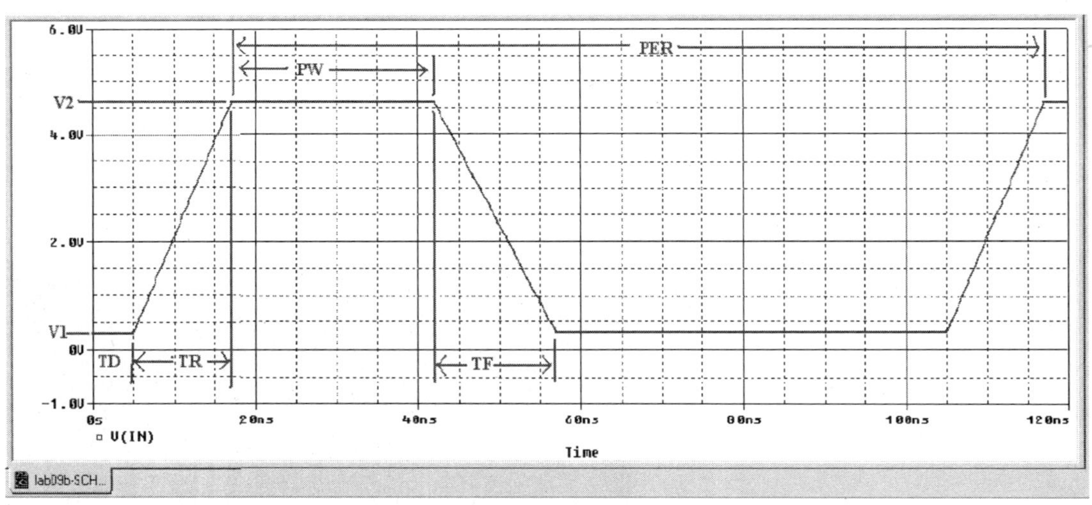

그림 1.29 펄스파형

1. 그림 1.30에서 단일 펄스(PER=), 지연시간=3μs (TD=3us), 초기전압 0V(V1=0), 지연 후 1μs 동안(TR=1us) 출력이 5V 상승(V2=5V), 5μs 동안 5V 유지 (PW=5us), 2μs 동안 0V로 떨어지게(TF=2us) 설정한 파형은 그림 1.31에 나타난다.

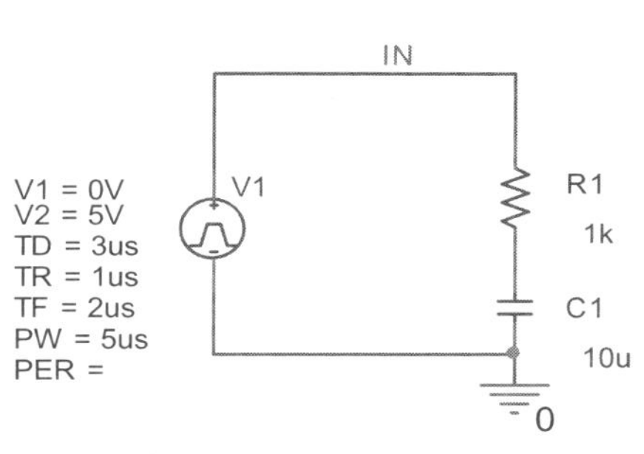

그림 1.30 Vpulse 회로 1

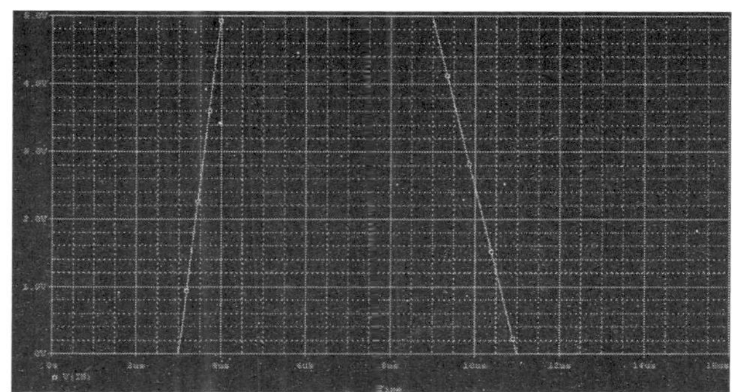

그림 1.31 Vpulse 시뮬레이션 한 출력파형

2. 그림 1.32에서 매 5μs 반복 연속 주기 펄스(PER=5us), 지연시간=0s (TD=0), 초기전압 5V(V1=5V), 지연 후 0μs 동안(TR=0us) 출력이 -5V 상승(V2=-5V), 2μs 동안 5V 유지 (PW=2us), 즉시 5V로 돌아가는(TF=0us)설정을 한 파형은 그림 1.33에 나타난다.

3. 상승시간과 하강시간을 0s로 설정해도 PSpice에서 사용하는 기본값(default)이 있다. 펄스주기를 일정하게 하기 위해 펄스폭이 변경된다.

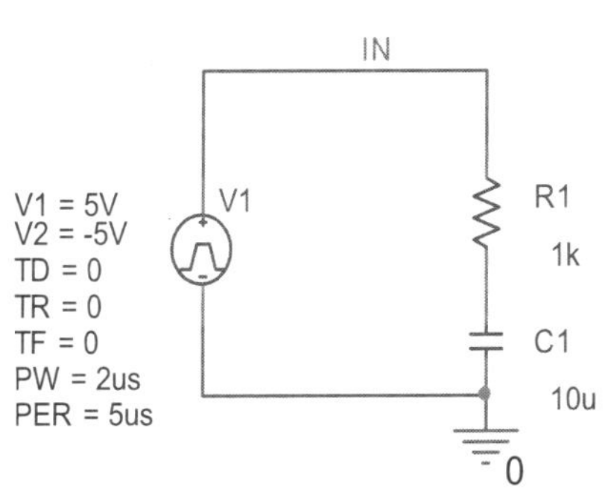

그림 1.32 Vpulse 회로 2

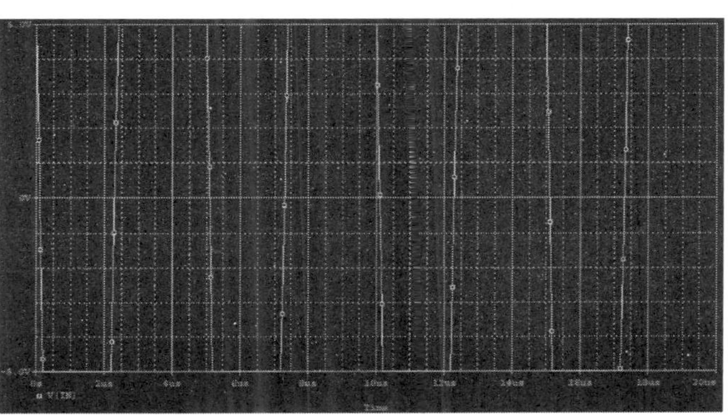

그림 1.33 Vpulse 시뮬레이션 한 출력파형

3 실험 준비물

- 소프트웨어 : PSpice 프로그램(OrCAD 등)
- IC 부품 : 7402, IC 7408

4 PSpice 시뮬레이션

NOT 게이트 시뮬레이션

1. 라이브러리에 7400, Capsym, sourcstm을 추가한다. NOT 게이트 7404, DigStim1 선택하고, Place/Off-Page Connector를 선택하여 OFFPAGELEFT-L을 선택하여 배치한 후 선으로 연결한다.

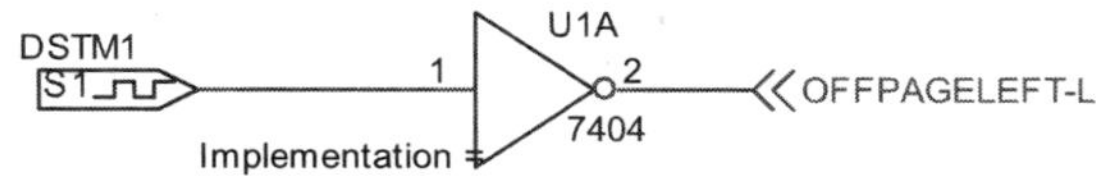

그림 1.34 NOT 게이트 부품배치

2. NOT 게이트에 입력 설정 : DSTM1 표시된 아이콘을 클릭하고 오른쪽 버튼을 누르면 나타나는 팝업창에서 Edit PSpice Stimulus를 선택한다. 이것은 사용자가 임의로 파형을 만들 수 있는 기능이고, New Stimulus창에서 Name : In1을 입력하고, Digital : Clock을 선택한다. OK를 누른 후 Clock Attributes 창에서 Period and on times를 선택하고 Period(sec) : 0.4us, On time(sec) : 0.2us 입력한 후 OK를 누른다. Stimulus Editor 창에 두 입력 파형이 나타난다.

3. DSTM1에서 Implementation이라는 항목에 In1은 설정되어 있다. OFFPAGELEFT-L 표시된 아이콘을 클릭하고 오른쪽 버튼을 누르고 Edit Properties를 선택해서 Display Properties창에서 Name : Output으로 바꾼다. Place/Net Alias를 선택하여 In1을 설정한다.

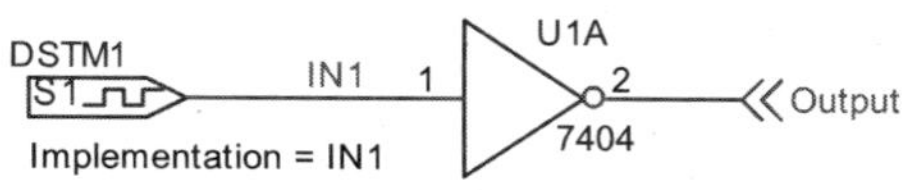

그림 1.35 NOT 게이트 부품 설정

4. PSpice/New Simulation Profile을 실행하고 New Simulation창에서 Name : NOT 게이트를 입력하고, Simulation Settings 창에서 Analysis type : Time Domain, Run to time ; 1us 선택 혹은 입력한다.

5. PSpice/Run 수행한다. Trace/Add Trace한 후 IN1, Output를 선택한다. 그림 1.37과 같은 입력과 출력 파형을 확인한다. 직접 시뮬레이션 한 입력과 출력파형을 시뮬레이션그림 1.1에 첨부한다.

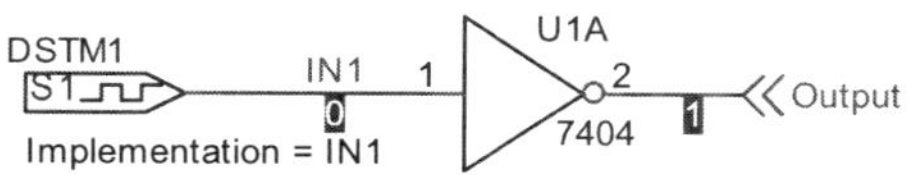

그림 1.36 시뮬레이션 후 NOT 게이트

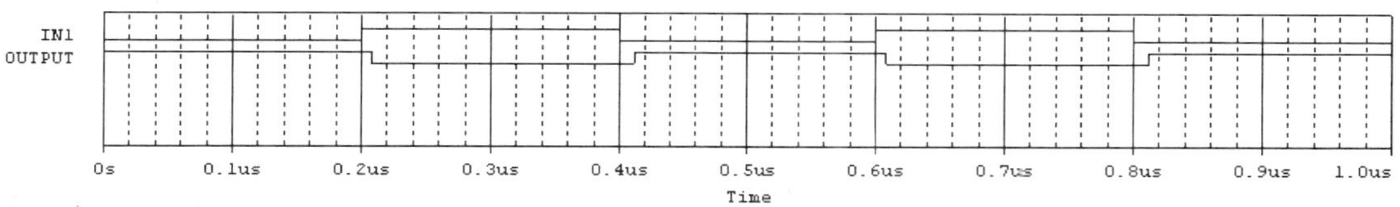

그림 1.37 NOT 게이트 입력과 출력 파형

6. 입력과 출력파형의 시뮬레이션 결과를 시뮬레이션그림 1.1에 첨부하고 그 결과를 설명하며 입력과 출력신호의 지연시간을 기록한다.

버퍼 회로 시뮬레이션

7. 7404 부품 두 개를 이용하여 그림 1.38과 같은 회로를 구성하고 입력과 출력파형을 시뮬레이션그림 1.2에 첨부한다. 그리고 출력과 입력의 관계를 설명하고 지연시간을 구하여라.

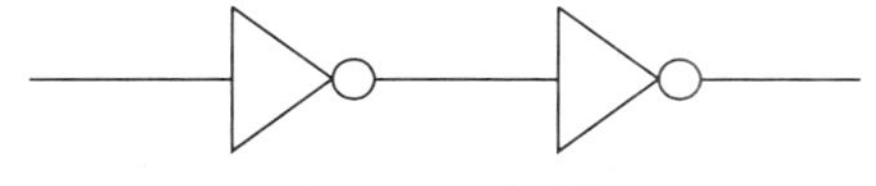

그림 1.38 버퍼회로

5 실험 과정

디지털 논리게이트 읽기

1. 준비된 디지털 논리게이트 1을 읽고 실험 표 1.1에 기록한다.

2. 준비된 디지털 논리게이트 2를 읽고 실험 표 1.1에 기록한다.

AND/ OR 게이트 파형

3. 입력 A, B가 그림 1.39와 같을 때 $X_1 = A + B$, $X_2 = AB$, $X_3 = \overline{AB}$, $X_4 = A \oplus B$를 실험그림 1.1에 나타낸다.

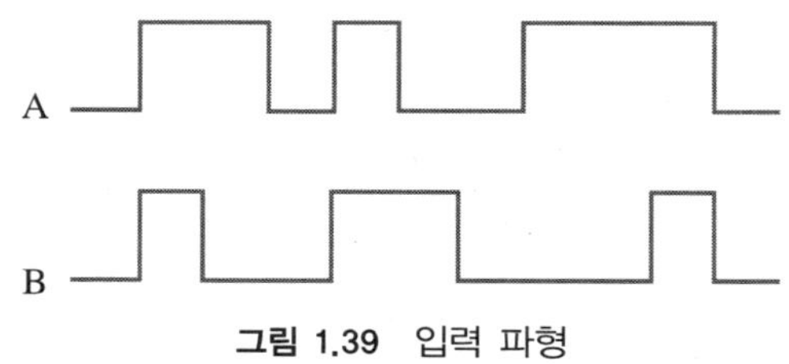

그림 1.39 입력 파형

4. 실험 표 1.2에 제시한 IC 규격의 이름과 핀 배치도를 실험 표 1.2에 적고 그린다.

5. 논리식 $X = AB + B\overline{C} + \overline{A}C$를 기본 게이트(7404 NOT, 7408 AND, 7432 OR)와 LED, $1k\Omega$, 240Ω, $+5V$, 접지, 토글스위치를 이용하고 예를 참고하여 실험 표 1.3에 회로도를 구성하고 진리표를 작성하여라.

수의 표현

6. -13을 8비트 2진수로 부호와 절대값으로 나타내고 1의 보수, 2의 보수를 각각 실험 표 1.4에 기록한다.

〈절취선〉

6 실험 결과

실험 결과 보고서					
실험제목	실험 (　　) ______				
학과 및 학년		학 번		확인	
이 름		실험조			
실험일		담당교수			

설명 : 　　　　지연시간 :

시뮬레이션그림 1.1 NOT 게이트 입력과 출력 시뮬레이션 결과

설명 : 　　　　지연시간 :

시뮬레이션그림 1.2 버퍼회로 입력과 출력 시뮬레이션 결과

실험 표 1.1 디지털 논리게이트 읽기

과정		제조사	규격	패밀리	멤버	팩키지종류
1	논리게이트-1					
2	논리게이트-2					

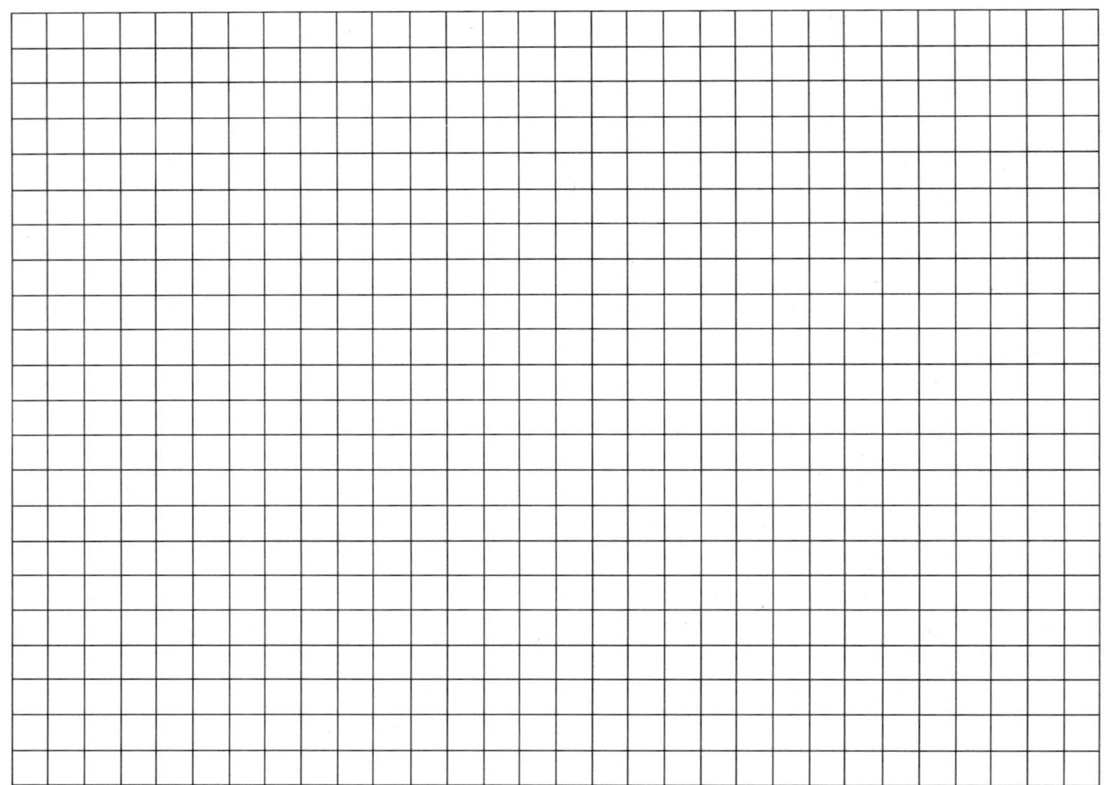

실험그림 1.1 과정 3에서 게이트 출력파형

실험 표 1.2 논리게이트 이름 및 핀 배치도

규격	7400	7402	7404	7408	7432
이름	Quad 2-input NAND				
핀 구성도	Vcc 4B 4A 4Y 3B 3A 3Y 14 13 12 11 10 9 8 1 2 3 4 5 6 7 1A 1B 1Y 2A 2B 2Y GND				

〈절취선〉

실험 표 1.3 회로도 및 진리표

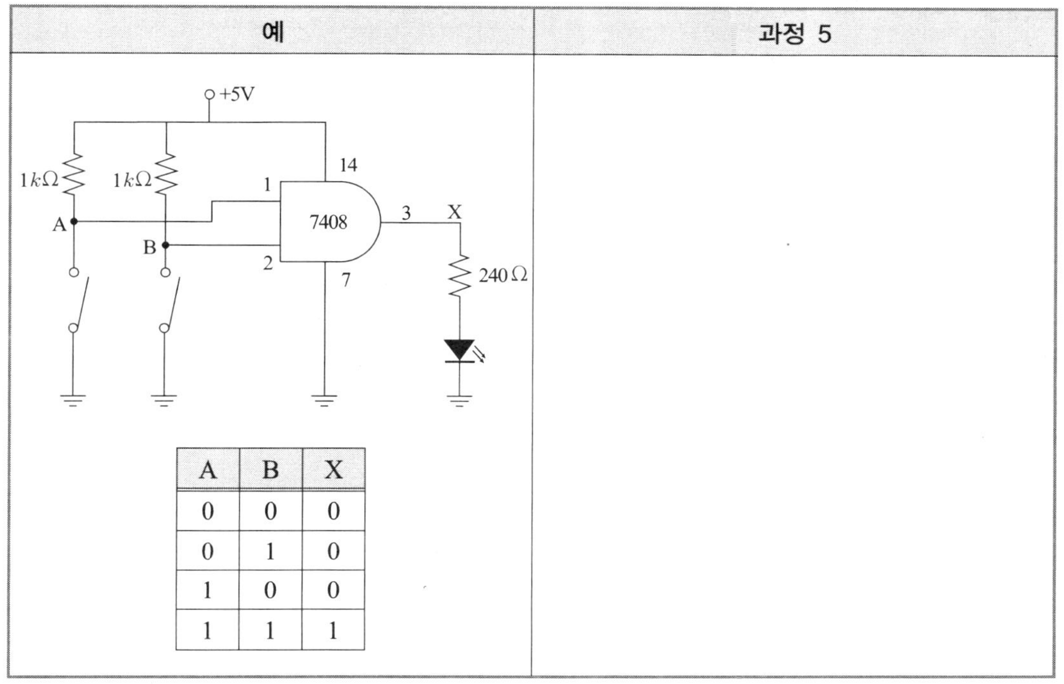

A	B	X
0	0	0
0	1	0
1	0	0
1	1	1

실험 표 1.4 수의 표현

과정	수	부호와 절대값	1의 보수	2의 보수
6	−13			

〈절취선〉

7 결과고찰 및 질문

1. ECL(emitter coupled logic) NOR 논리게이트에 대해 기술하여라.

2. PSpice에서 DigStim1, Digclock, Vpulse의 차이점을 설명하여라.

3. 과정 5에서 출력이 '1'인 5V일 때 LED에 흐르는 전류를 구하여라.

4. 본 실험에서 느낀 점을 기술하여라.

〈절취선〉

실험

02 기초 디지털실험

1 실험 목적

- 논리 테스트 회로 동작 및 실험에 이용하는 방법을 숙지한다.
- 논리실험 입력/출력 연결회로와 날카로운 상승 혹은 하강엣지펄스 발생기를 숙지한다.
- 상용화된 전문 디지털장비 사용법을 숙지한다.

2 예비 이론

디지털 실험 부품

(1) 발광다이오드

발광 다이오드(light emitting diode : LED)는 그림 2.1과 같이 순방향으로 전압을 가했을 때 빛을 발생하는 PN 반도체 소자이다. $10mA$ 이하의 동작전류가 흐를 때 적색 LED는 1.7V, 초록 LED는 2.1V 전압강하가 일어난다.

N층의 전자가 P층으로 이동해 정공과 결합하면서 빛의 형태로 방출되며, N층의 전자와 P층의 정공이 결합하면서 전도대 E_C와 가전자대 E_V 사이의 에너지 준위(eV) 차인 밴드갭 에너지(E_g)에 따라 빛의 색이 정해진다. 에너지의 차이가 크면 단파장인 보라색 계통의 빛을 나타내고, 에너지 차이가 작으면 장파장인 붉은색 계통의 빛이 나온다.

LED는 주로 화합물반도체인 GaAs, GaP, GaAsP, GaN 등으로 만들어지며, 화합물에 따라 LED 빛의 색깔이 달라진다. 적외선 LED는 우리가 자주 사용하는 리모콘이나 적외선통신, CCTV 적외선 카메라 등에 사용되고 있으며, 자외선 LED는 살균, 피부치료 등으로 사용되고 있다.

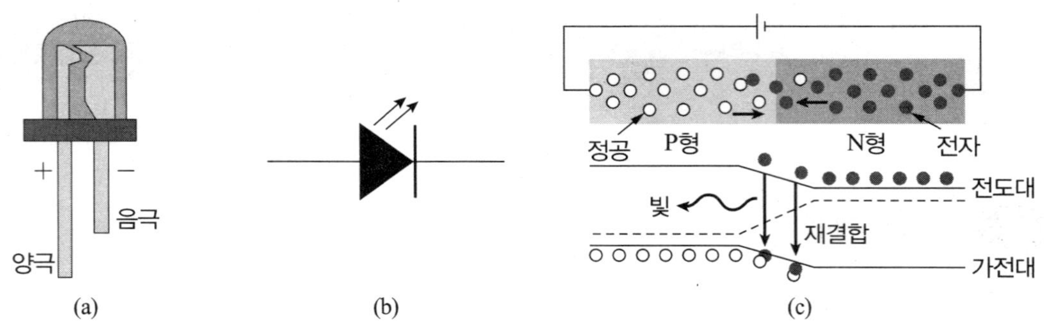

그림 2.1 발광 다이오드 (a) 구조 (b) 심벌 (c) 동작

(2) 토글 스위치

토글(toggle) 스위치는 SPDT(single pole double throw) 스위치이며 그림 2.2와 같이 스위치가 한 개이고 접촉 갯수가 두 곳이다. 이 스위치는 개폐 조작을 하면 스프링이 그 동작을 가속시키는 구조로 되어 있다.

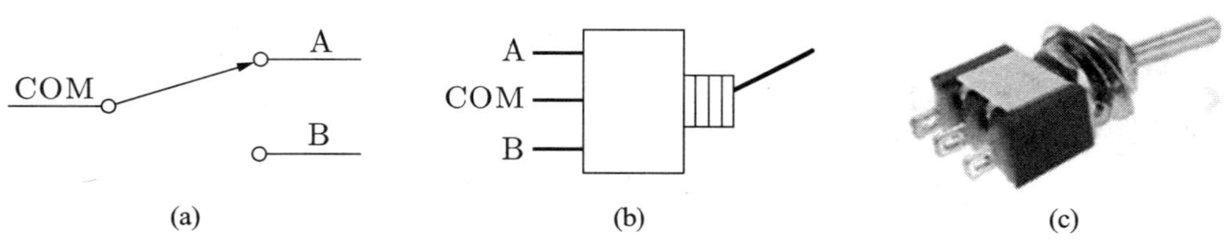

그림 2.2 토글 스위치 (a) 구조 (b) 외관 (c) 실제 모습

(3) DIP 스위치

DIP(dual in-line package) 스위치는 그림 2.3과 같이 표준 DIP으로 패키지 된 전기적인 스위치 세트이다. 이 스위치는 PCB 혹은 다른 전자소자와 함께 브레드보드에 사용되도록 만들어졌고 디지털회로 입력을 공급한다. 8개 스위치를 패키지 되어 256개의 조합이 가능하고 '0'은 Off 상태 '1'은 On 상태로 사용된다.

그림 2.3 16핀 DIP 스위치

논리 테스트 회로

그림 2.4와 같이 디지털회로에서 입력 혹은 출력이 '1'이면 LED가 도통되어 불이 켜지고, '0'이면 LED에 전류가 흐르지 않아 LED가 끄진 상태를 유지한다. 디지털 출력이 '0'과 '1'인지 논리 상태를 판별할 수 있으며 이를 논리 프로브라 한다. 스위치가 닫히면 입력은 '0'이고 열리면 디지털회로에 전류를 공급한다.

디지털회로의 입력은 DIP 스위치를 이용하고 출력은 LED와 전류제한 저항을 각 논리회로 출력에 연결한다. 입력도 LED와 전류제한 저항을 연결하면 입력상태를 확인할 수 있다. 출력 LED는 논리식의 함수 동작을 나타낸다.

입력에 전류제한 저항이 없으면 디지털회로가 손상을 받고 LED에 전류제한 저항이 없으면 LED가 손상을 받는다.

다른 두 개의 디지털 출력을 같은 노드에 연결하면 디지털회로에 손상될 수 있어 따로 연결하지만 디지털 출력은 다수의 디지털 입력에 연결할 수 있다.

> 다수 출력은 같은 입력에 연결할 수 없고 출력은 다수 입력에 연결할 수 있다.

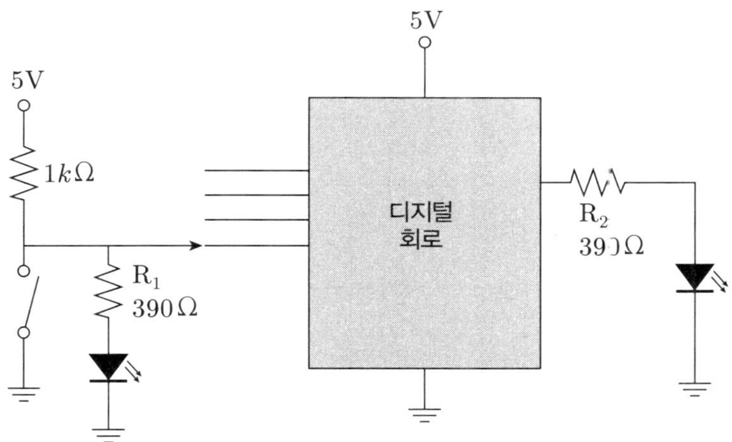

그림 2.4 디지털 회로 입력 및 출력연결

그림 2.5는 LED(정격전류= $8 \sim 10mA$, 전압강하 $1.2 \sim 1.6V$)의 연결에 따라 양의 논리 프로브와 음의 논리 프로브이며 여기에 사용하는 저항값은 $R = \dfrac{5-1.6}{5 \sim 10mA} = 340 \sim 680\Omega$ 정도이다. 정격전류에 따라 다르지만 보통 $330\Omega \sim 1k\Omega$ 저항을 사용하면 된다.

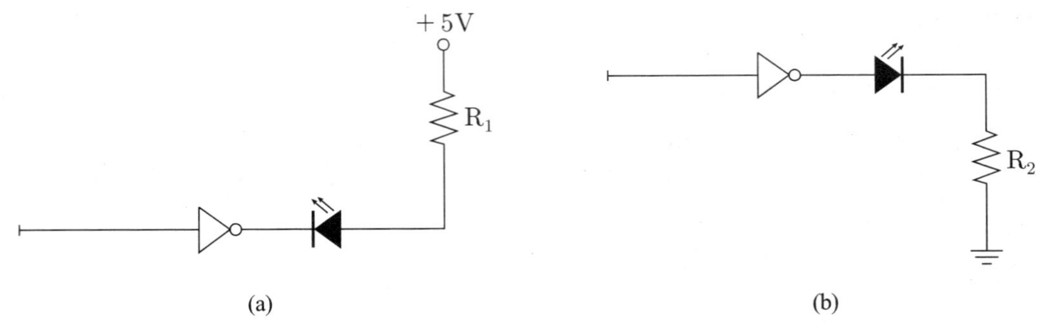

그림 2.5 논리 프로브 (a) 양의 논리 프로브 (b) 음의 논리 프로브

그림 2.6은 실험에서 사용할 수 있는 4비트의 입력을 High/Low를 선택하여 입력할 수 있고, 1번 단자(A_1, B_1, C_1, D_1)와 2번 단자(A_2, B_2, C_2, D_2)는 반대의 상태를 나타내는 논리 스위치를 나타낸다. 여기서 저항은 $1k\Omega$ 을 사용하면 된다.

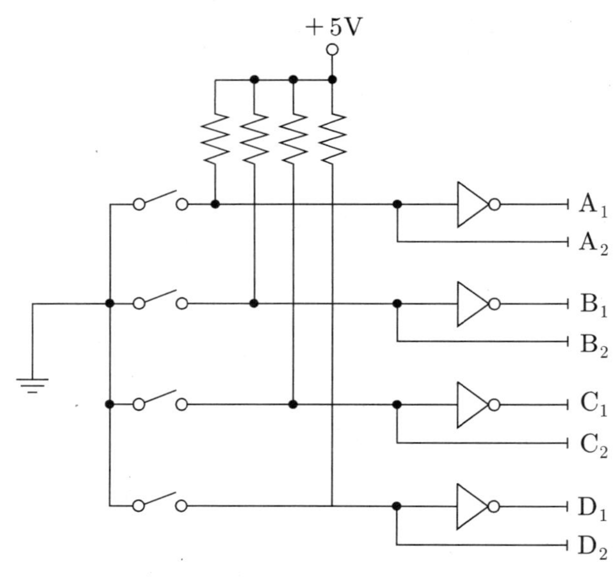

그림 2.6 논리 스위치

그림 2.7과 같이 비교기와 V_{DD}, V_{SS}, 가변저항기를 이용하여 각 게이트의 '1'과 '0' 전압범위를 조절할 수 있다. 측정 디지털 단자에서 '1' 영역에 존재하면 위의 LED가 불이 켜지고, '0' 영역에 존재하면 아래의 LED가 불이 켜진다.

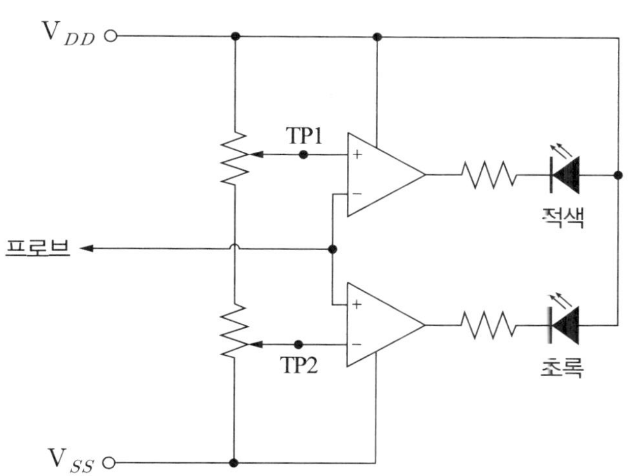

그림 2.7 상태에 따라 전압영역이 있는 논리 프로브 회로

그림 2.8은 실제 NAND 게이트에 입력을 인가하고 출력 상태(LED의 소등과 점등)를 확인하기 위해 논리 프로브 연결한 예를 나타내고 있다.

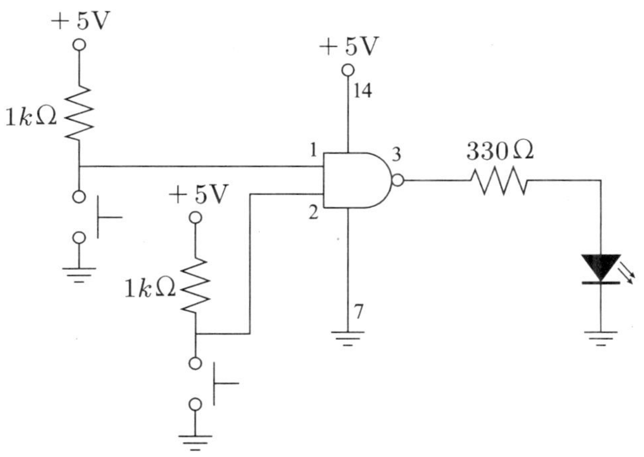

그림 2.8 NAND 게이트 논리실험 입력/출력 연결회로

그림 2.9와 같이 커패시터에 충전하는 RC 시상수를 작게(펄스폭의 0.1배 이하) 만들면 엣지 트리거(edge trigger) 회로가 된다. 엣지 트리거 플립플롭에서 클럭펄스의 상승 혹은 하강엣지에서 플립플롭의 상태는 바뀐다. 사각파 클럭펄스를 차동회로에 인가하여 날카로운 상승 혹은 하강엣지펄스를 만들기 위해 시상수에 의존한다. 엣지 트리거링은 같은 클럭펄스 동안에 입력이 여러 번 변할 때 상태가 여러 번 변하는 것을 막을 수 있다. 실제 칩에 커패시터 제작이 어려워서 RC 회로 대신 NAND게이트를 이용한다.

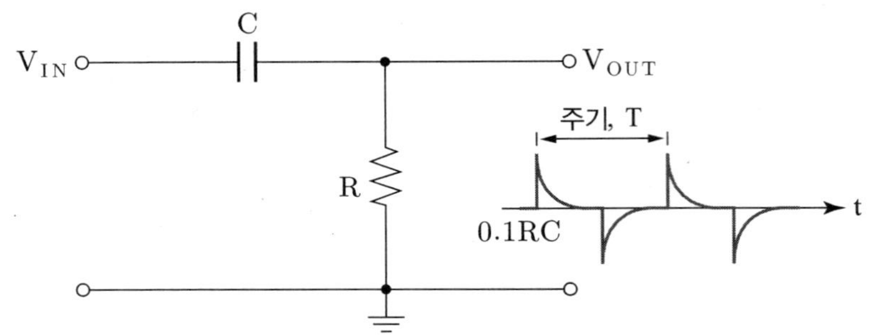

그림 2.9 날카로운 상승 혹은 하강엣지펄스 발생기

클럭 입력단에 클럭 엣지를 검출 해 짧은 시간 동안만 그 레벨을 유지해 주는 펄스 전이 검출기를 사용한다. 그림 2.10과 같이 펄스 전이검출기는 플립플롭에 입력되는 펄스가 상승엣지 혹은 하강엣지에서 짧은 전이만 일어나도록 하며 게이트 지연시간(수 ns 정도)을 이용하여 좁은 폭의 펄스를 생성한다. NAND 게이트로 NOT과 AND 게이트를 대체할 수 있다.

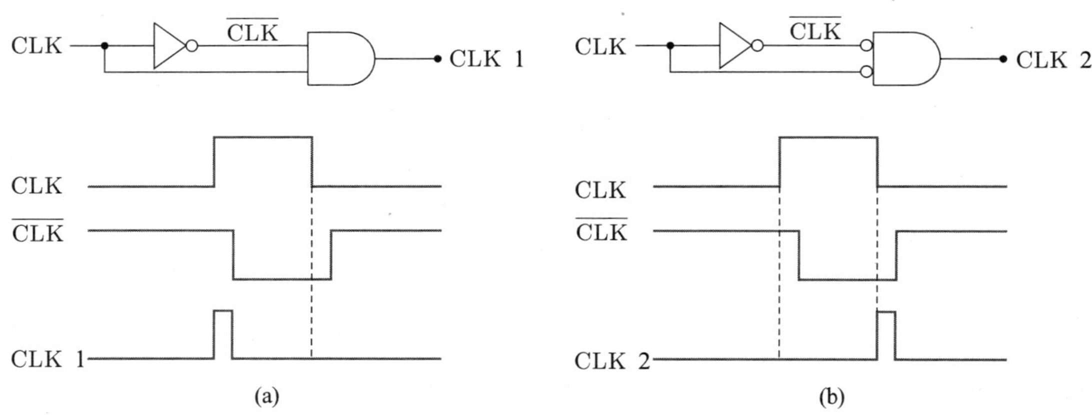

그림 2.10 펄스 전이검출기 (a) 상승엣지펄스 (b) 하강엣지펄스

게이트의 두 입력이 같은 값을 인가하는 동안에 출력은 '0'이다. 그림 2.11과 같이 핀 2번의 신호는 RC 저역통과 필터로 약간의 지연이 생긴다. 입력이 바뀌면 지연만큼 출력이 '1'인 상승펄스가 되고 이것은 트리거에 사용할 수 있다. NOR 게이트 대신에 XNOR 게이트를 사용하면 하강펄스를 만들 수 있다.

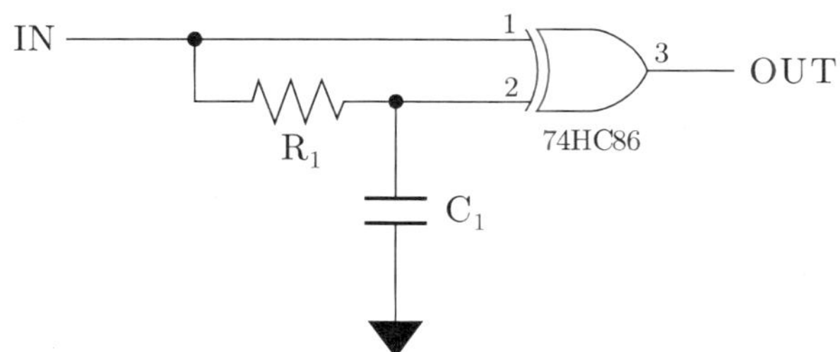

그림 2.11 지연을 이용한 상승펄스 발생회로

브레드보드

브레드보드(breadboard, 빵판)는 가로 및 세로 방향으로 서로 연결된 소켓(socket)이라 불리는 작은 구멍들에 회로 부품을 꽂고 부품을 가는 도선으로 서로 연결하여 유동적으로 회로를 구성할 수 있는 판이다. 회로의 개발 또는 원형판을 위하여 사용하는 기판이라는 뜻이고, breadboard는 원래 빵 자르는 도마라는 뜻이다. 특징은 납땜이 필요하지 않고, 수정이 가능하며, 빠른 원형판을 만들어 볼 수 있다. 그림 2.12는 브레드보드를 나타낸다.

브레드보드는 전기가 통하도록 금속으로 내부 배선이 되어 있는 판이고, 선이 쉽게 빠지지 않도록 조여 주는 장치도 함께 설계되었다. 연결된 곳과 단절된 곳이 있어 이를 이용하여 회로를 구성할 수 있다. 브레드보드를 이용하여 회로를 구성할 경우 전원은 왼쪽에 부하는 오른쪽에 위치시키면 편리하다.

① 수평 방향의 5개씩 조를 이룬 홈들은 내부에서 상호 연결되어 있으나 칸 분리를 가로지르는 수평선의 홈은 연결되지 않고 다른 칸의 홈은 독립적이다.

② 세로로 길게 연결된 홈들은 전력선(양 전압, 음 전압)과 접지선을 제외하고 전기적으로 연결되지 않는다. +5V 전원을 전력선에 있는 핀의 한 곳에 연결하면 브레드보드 전력선 세로줄 전체가 +5V가 된다. 신호접지도 접지선의 어느 한 개의 핀에 연결한다.

③ IC는 칸 분리를 가로질러 배치하고 한 칸에 배치하면 핀이 단락되어 파손될 수 있다. 디버깅을 위해 도선은 수직 혹은 수평으로 연결하고 대각선 연결을 지양한다. 신호를 구분하기 위해 다양한 색의 도선을 사용한다.

④ 브레드보드에 부품을 배치하기 전에 연결선을 최소로 하기 위해 IC 배치도를 계획한다. 좋은 연결성을 위해 서로 관련이 있는 부품은 가깝게 위치시킨다.

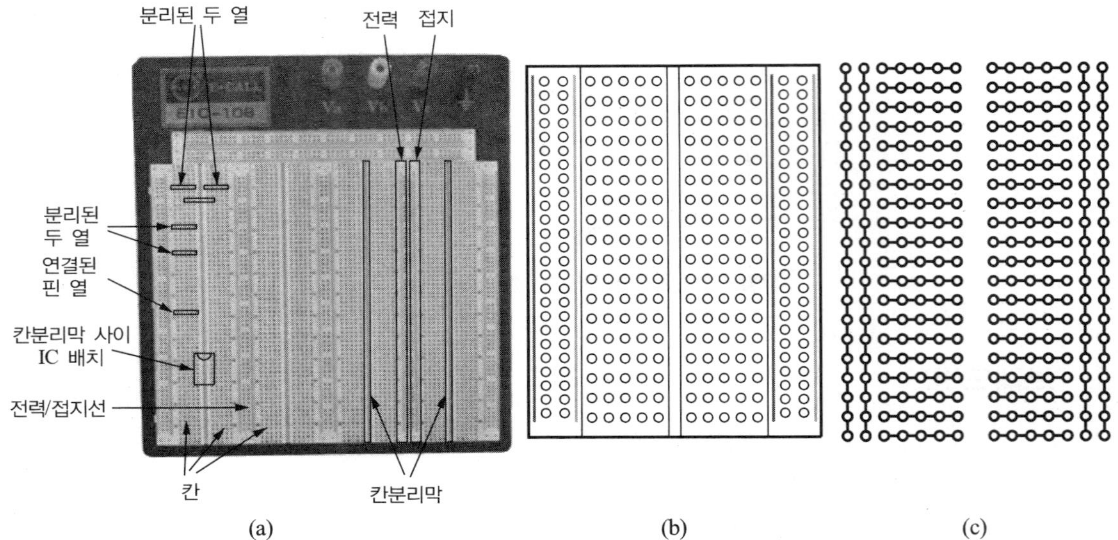

그림 2.12 브레드보드 (a) 외양 (b) 한 조각 확대도 (c) 한 조각 내부 배선도

논리회로 실험장비

(1) 디지털 멀티미터

그림 2.13과 같이 전류, 전압, 저항 등을 측정하는 디지털 멀티미터(DMM)의 주요 패널 단자는 전원 스위치(전원을 끄고 켜는 스위치), 모든 측정에 공통적으로 사용되는 입력 단자인 COM 공통단자(흑색), 직류나 교류 전압, 저항, 도통 시험 등과 같은 측정 시 사용되는 단자인 V/Ω 단자(적색), mA 단위의 직류나 교류전류를 측정할 때 사용하는 단자인 mA 단자(적색), 직류나 교류 전류를 측정할 때 사용하며, 최대 전류(10A)까지 측정 가능한 단자인 A 단자(적색)가 있다.

그리고 측정하고자 하는 기능(저항, AC 또는 DC 전압, AC 또는 DC 전류 등)을 선택하는 스위치인 기능 선택스위치, 원하는 정밀도에 따른 값의 범위를 선택하는 스위치인 측정 범위 선택 스위치, 측정치, 측정 단위 및 선택되어 있는 측정 기능을 나타내는 액정 표시기 등으로 구성한다.

그림 2.13 GDM-8245 디지털 멀티미터 앞면

(2) 오실로스코프

수평축이 시간에 대해 신호파형을 보여주며 다른 두 입력을 동시에 LCD로 나타낼 수 있고 수직축과 수평축의 한 칸 당 눈금 크기를 조절할 수 있다.

그림 2.14와 같은 디지털 오실로스코프의 기능은 구문-검색 도움말 시스템, 컬러 LCD 디스플레이, 선택 가능한 20MHz 대역폭 제한, 각 채널에 대해 2,500 포인트 레코드 길이, 자동설정, 자동 범위설정, 프로브 검사 마법사, 설정 및 파형 스토리지, 파일 저장을 위한 USB 플래시 드라이브 포트 등이 있다.

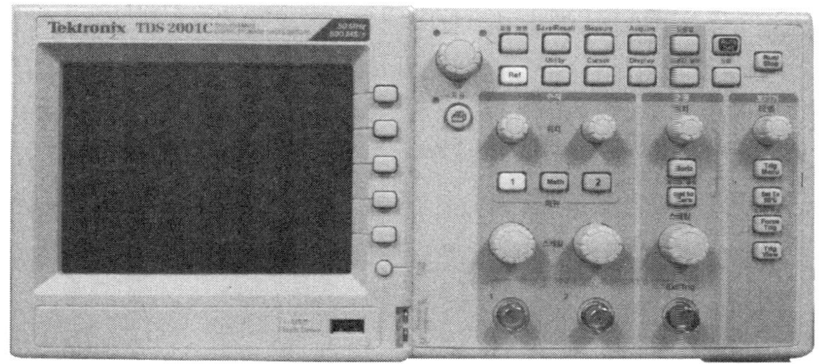

그림 2.14 Tektronix TDS2001C 디지털 저장 오실로스코프(50MHz, 2-CH, 500MS/s, 칼라 화면)

(3) 전원공급기

실험실에 많이 사용하는 그림 2.15와 같은 전원공급기는 출력전압 0V~30V, 출력전류 0A~3A가 되는 2개의 출력단자와 5V, 2A의 출력단자를 가지고 있다. 대부분 디지털 IC에서 전원공급기로 +5V를 주로 사용하고 여러 필요한 전원을 조정하여 사용할 수 있다.

계기판에는 전원스위치, 출력전류계, 디지털 계기판, 전압가변 조절기(단자 출력 전압 조절), 한계 전류조정기(단자 출력전류 크기 조절), 출력단자와 접지단자, 고정 전압(+5V, 2A)출력단자 등이 있다.

그림 2.15 LD-330 전원 공급기 앞면

(4) 함수발생기

함수발생기는 전기 및 전자관련 분야에서 주로 실험용 정현파(사인파), 사각파(구형파), 삼각파, 펄스파 등의 파형을 원하는 주파수와 진폭으로 생성할 때 사용하는 기기이다. 다양한 주파수를 가지는 교류 신호파형을 발생하여 설계하는 전기전자회로의 입력신호로 사용한다. 디지털회로에 클럭 신호원와 같은 여러 종류의 신호를 공급하기 위해 함수발생기를 사용한다.

그림 2.16과 같이 함수발생기 계기판 주요기능은 파형선택 스위치(출력파형의 종류를 선택할 수 있고 정현파, 사각파, 삼각파, 등에서 하나를 선택), 파형진폭 다이얼(출력파형의 진폭을 조정), 주파수 범위 스위치(일반적으로 주파수의 10배수 범위로 선택), 주파수 손잡이(영역 스위치를 사용해 크게 조절한 주파수를 정밀하게 맞출 수 있도록 함.), 직류오프셋 조정 손잡이(출력신호 파형에 양 혹은 음의 직류 성분을 포함시키거나 제거하는 기능), 그리고 BNC 컨넥터를 연결하는 출력단자 등이다.

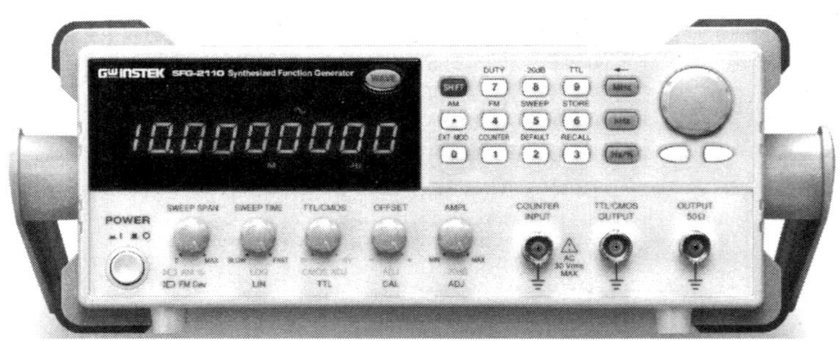

그림 2.16 SFG-2110 함수발생기 앞면

LOGIC LAB

디지털회로의 설계 또는 실험실습 가능한 논리회로 실습장비에는 흥창의 HCE-9200, 그림 2.17과 같은 ED Corporation사의 ED-1000B, ED-1000BS 등이 있다.

ED-1000BS는 각종 디지털 IC를 사용한 회로의 설계 및 실험, 트랜지스터 및 선형 IC 회로의 설계와 실험 등에 사용할 수 있다. 이 장비의 특징은 디지털 회로의 실험에 필요한 장치를 자체에 갖추고 있으며 모든 장치들의 부착 위치는 효율적인 실험을 할 수 있도록 고안되어 있다.

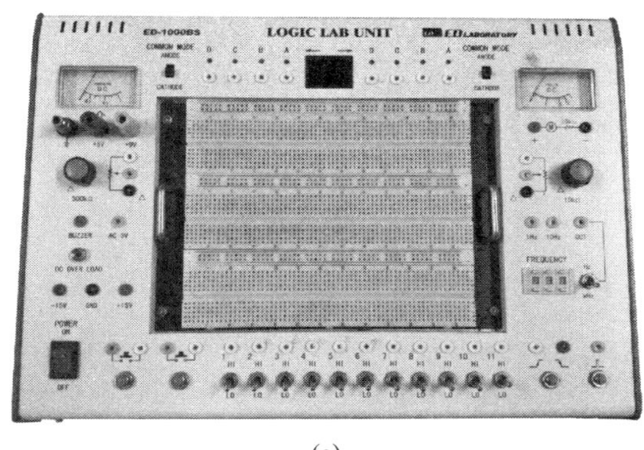

(a)

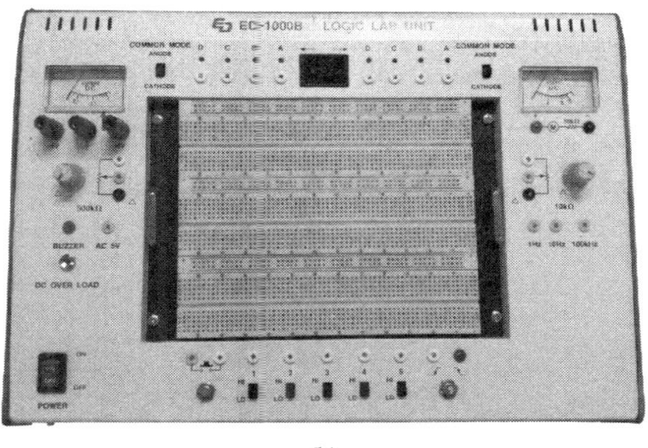

(b)

그림 2.17 논리회로 실습장비 (a) ED-1000BS (b) ED-1000B

ED-1000BS 논리회로 실습장비 특징은 TTL IC 및 CMOS IC의 응용실험과 컴퓨터의 기초적인 하드웨어 설계할 수 있고 기기 내에 +5V 및 −5V의 안정적인 직류전원을 가지고 있다. 그리고 2 디지트의 LED는 내장된 디코더에 의하여 0~9까지의 숫자 및 A~F의 문자를 나타낼 수 도 있고, 여덟 개의 LED와 두 디지트의 LED는 논리 레벨이 High 또는 Low 때에 표시가 될 수 있도록 선택할 수 있다.

패널의 기능 설명

그림 2.19는 ED-1000BS 논리회로 실습장비 패널의 주요 기능을 나타내었다.

① **DC ±15V 출력** : 직류전원 공급출력으로 연산증폭기 등의 +, − 두 전압을 공급하는데 사용한다. ±15V, 50mA(리플 10mV Max.)

② **DC OVER LOAD** : 직류 5V 출력이 과부하시 부저의 울림과 함께 불이 들어온다.

③ **BUZZER** : 부저 입력 잭으로 2~5V, 1mA 이하의 드라이브 전력에 의하여 동작한다. 그리고 직류 출력이 과부하 시에도 부저가 울린다.

④ **~60Hz 출력** : AC 5V(rms)가 출력되며 이는 AC 60Hz를 이용하여 클럭신호 및 시간축 등으로 사용할 수 있다.

⑤ **가변저항기 500$k\Omega$** : 회로실험 시에 시정수 가감 또는 입력레벨 가변 등에 이용할 수 있다.

⑥ **DC +5V, +9V 출력** : DC 전원공급 출력으로 디지털회로 실험 시에는 +5V의 전원을 공급하며 +9V의 전원은 아날로그회로 실험 시 사용한다. +5V, +9V, 0.5A(리플 10mV Max.)

⑦ **전류계** : 이 전류계는 +5V 출력회로에 직렬로 들어 있으며 이는 +5V의 부하 전류를 지시한다.

⑧ **양극/음극 공통 모드 스위치(극성 표시)** : LED 표시기의 입력극성을 선택하는 스위치이다. 즉 입력이 '0'일 때나 TTL의 개방 컬렉터 출력에서 LED에 불이 들어오게 하려면 이

COMMON MODE 스위치를 'ANODE'에 하고 입력이 '1'일 때 LED에 불이 들어오게 하려면 이 스위치를 'CATHODE'에 두어야 한다. 그림 2.18은 음극공통(cathode common) 회로와 양극공통(anode common) 회로를 나타내고 있다.

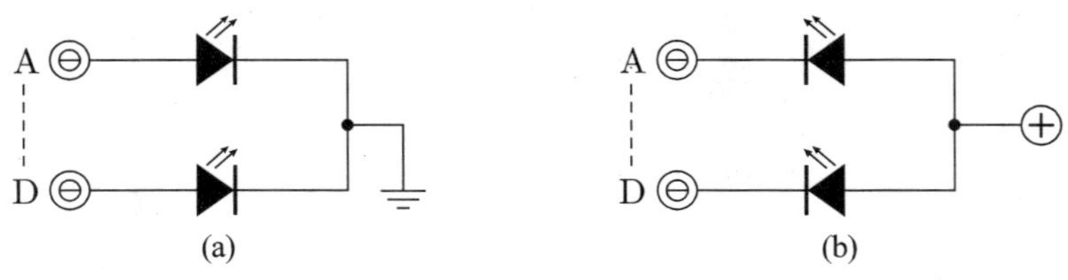

그림 2.18 표시 극성 (a) 음극 공통 (b) 양극 공통

⑨ LED Indicator : 이는 좌우 네 개씩 여덟 개로써 2진화 10진수(binary-coded decimal : BCD) 입출력이나 8비트 2진 입출력 또는 개별적으로 디지털회로의 출력이나 입력상태를 모니터링 한다.

⑩ 2-digit display : 2-디지트로써 2진 입력에 따라 10진수 0~9 및 A~F까지 16진수 표시기이다.

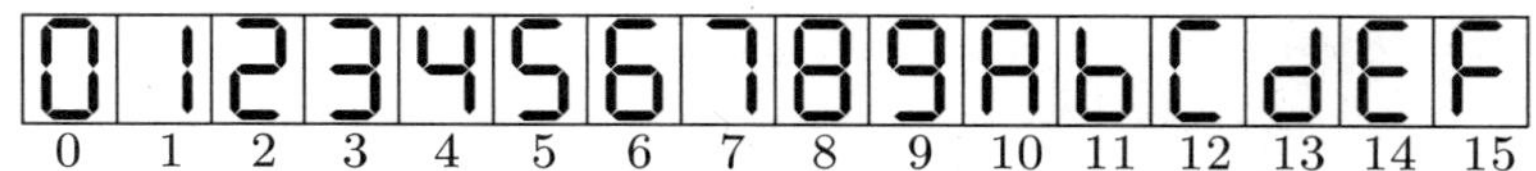

⑪ **전압계** : 내부저항 100$k\Omega$으로 0~15V 범위를 지시한다.

⑫ **가변저항** VR 10$k\Omega$: 논리회로 실험 시 임의 사용한다.

⑬ **가변** Clock Pulse **주파수 출력** : 디지털회로에 필요한 연속 클럭을 제공할 수 있다. 가변 주파수 출력은 토글 스위치의 위치에 따라서 1Hz~999Hz와 1kHz~999kHz의 구형파가 출력(H : 4.5V, L : 0.2V approx.)

- PLL 방식으로 3 digits 주파수 선택기능, 주파수 대역(Hz/kHz) 선택 기능 : toggle
- 고정 Clock Pulse Output : 1Hz, 10Hz 구형파 출력이 동시에 출력된다.

⑭ Single Pulse Output : 이 스위치는 제어 논리입력 등을 제공할 수 있다. 이 스위치를 누르면 1ms의 단일 펄스가 출력된다.

⑮ PUSH **버튼 논리 스위치** : 이 스위치는 제어 논리입력 등을 제공할 수 있다. 이 스위치를 누르면 상승엣지(_/‾)와 하강엣지(‾_)의 출력을 나타낸다.

⑯ DATA **스위치** : 11개의 토글 스위치들은 모두 '0'과 '1'의 논리레벨을 출력한다. 이들은 디지털회로의 데이터 입력이나 제어 입력을 임의로 조작하면서 실험할 수 있게 한다. 이들 논리레벨을 출력하는 모든 스위치는 접점 디바운스 회로를 가지고 있다.

바운스 효과(bounce effect) 혹은 채터링(chattering)은 스위치를 온/오프 시 기계적인 진동이나 접촉에 의해 스위치를 여러 번 누른 것으로 잘못 인식하는 현상이고 이를 제거하는 것을 디바운스(debouce)라고 한다.

⑰ PUSH 버튼 스위치 : 두 개의 이 버튼스위치의 접점은 접지공통이 되지 않은 플로팅 상태의 접점출력을 나타낸다. 회로의 중간에 직렬 삽입하여 ON · OFF 조작 등을 시킬 수 있다.

⑱ 전력 스위치 : 이 스위치는 AC 입력전원 (220V)을 ON · OFF 한다.

⑲ Bread Board : Socket 블록 3개(630 hole), 각각 5개 hole로 구성된 소켓 strip은 내부적으로 연결됨. 버스 strip 4개(각 strip은 내부적으로 연결되어 버스선 혹은 + / − 전압 공급에 사용됨)

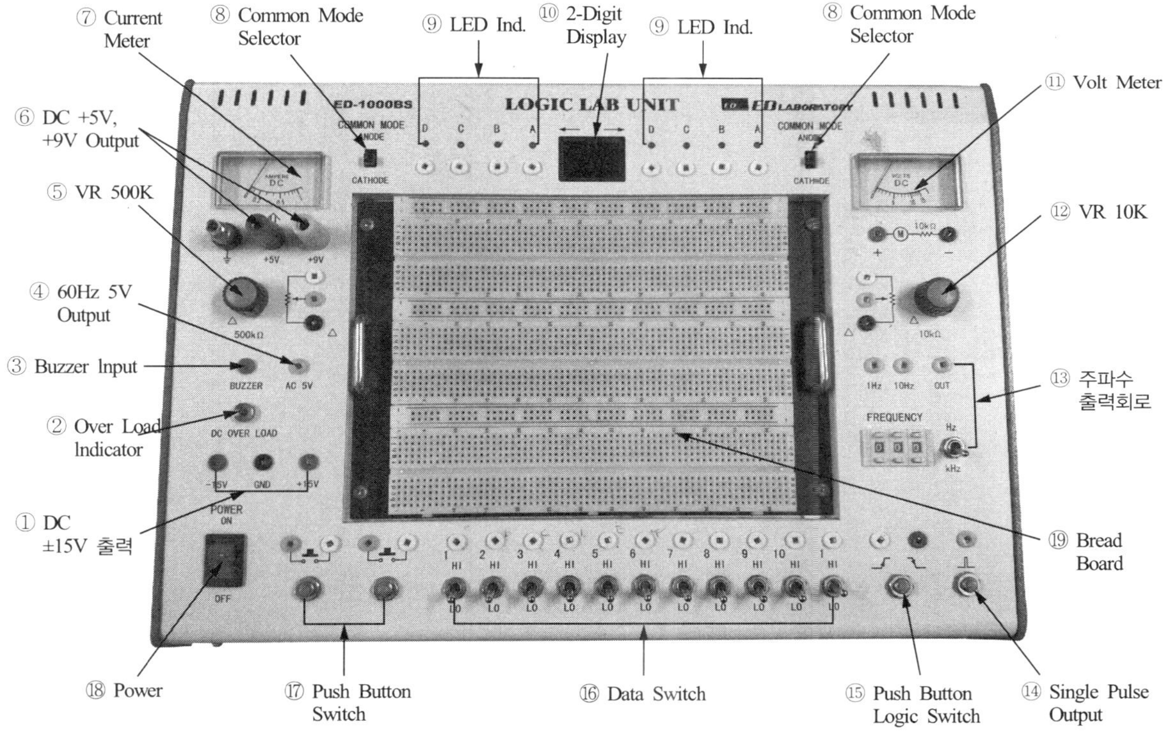

그림 2.19 ED-1000BS 논리회로 실습장비의 패널

실험 순서

① 전원스위치를 OFF 시켜둔다.
② 브레드보드의 전원 버스 스트립에 전원 +5V와 GND를 연결시킨다.
③ 브레드보드 상에 먼저 IC 및 기타 부품을 적당한 간격과 상호간 연결이 쉽게 진행될 수 있도록 배치해 둔다. 이때 함께 고려할 것은 논리스위치 및 LED 표시기 등의 연결과 조작이 편리하도록 배치한다.
④ IC 및 부품들의 배치가 끝났으면 점프선으로 배선을 한다. 점프선의 도선직경이 0.6~0.8 mm내의 굵기를 사용하여야 한다. 배선의 색깔을 기능별로 구분하여 사용하면 나중에 회로 점검 시 편리하다. 즉 +5V(적색), 출력(백색), GND(검정색), 입력(황색), 기타(녹색)이다.
⑤ 이상 회로조립이 끝난 후에는 다시 한 번 배선상태를 점검한다. IC의 1번 핀의 위치와 IC의 V_{CC}(또는 V_{DD}) 전압의 극성 등을 재확인 한다.
⑥ 이상이 없다면 전원 스위치를 'ON' 한다. 이때 주의할 것은 어떤 연결의 잘못이나 합선 등으로 DC 전원이 단락되거나 IC의 출력이 접지될 수도 있기 때문에 전류계의 부하전류의 지시가 과부하가 아닌지 확인한다. 만일 과전류를 지시한다면 전원스위치를 끄고 회로를 점검한다.
⑦ 모든 점검이 끝나면 데이터 스위치 및 기타 지시기들을 적절히 이용하여 실험을 진행한다.

3 실험 준비물

- 장비 : 직류전원 공급기, 함수발생기, 오실로스코프, DMM, 디지털실험 장비
- 기타 기기 : 논리 검출기(logic probe), 논리 펄스기(logic pulser), 논리 클립(logic clip)
- 소프트웨어 : PSpice 프로그램(OrCAD 등)
- IC 부품 : 7402(NOR) 1개, 7408(AND) 1개
- 기타 부품 : 적색 LED, 초록 LED 각각 4개, 1N 4001 다이오드 2개, 330Ω 4개, 토글스위치 4개, DIP 스위치

4 PSpice 시뮬레이션

상승엣지펄스 펄스 전이검출기 시뮬레이션

1. 7408 NAND와 7404 NOT 게이트를 이용하여 그림 2.20과 같이 상승엣지펄스 펄스 전이검출기를 구성한다.

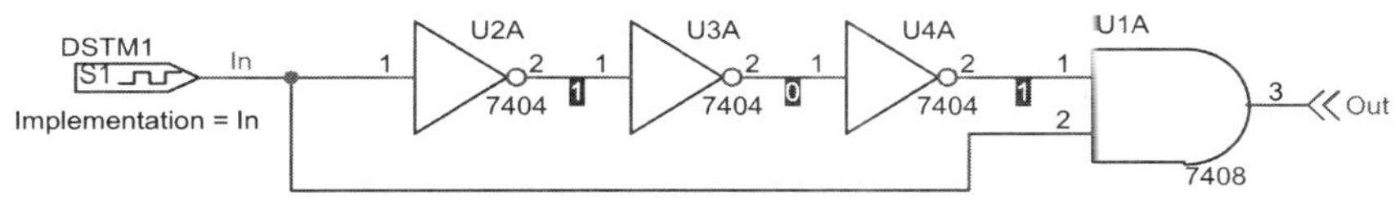

그림 2.20 상승엣지펄스 펄스 전이검출기

2. 주기가 0.2us인 펄스파를 이용하여 그림 2.21과 같은 입력과 출력파형을 나타내었다. 상승엣지펄스폭은 $20ns$ 이다.

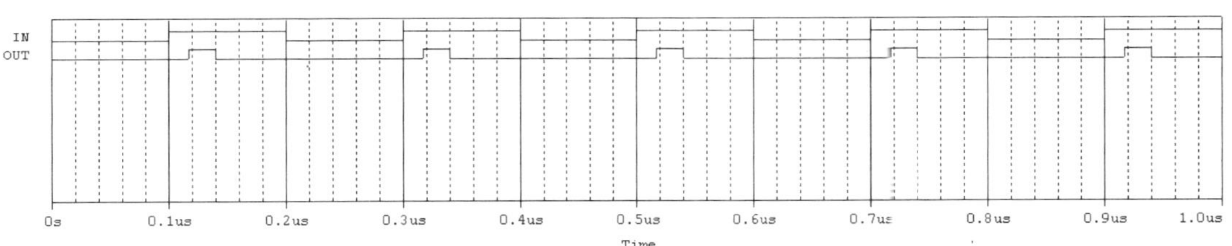

그림 2.21 상승엣지펄스 펄스 전이검출기 시뮬레이션 결과

3. 그림 2.22와 같이 NOT 게이트를 5개 사용했을 때 상승엣지펄스폭을 얼마인 지 시뮬레이션 하여 시뮬레이션 표 2.1 기록한다. 그리고 NOT 게이트의 지연시간을 유추하여 기록한다.

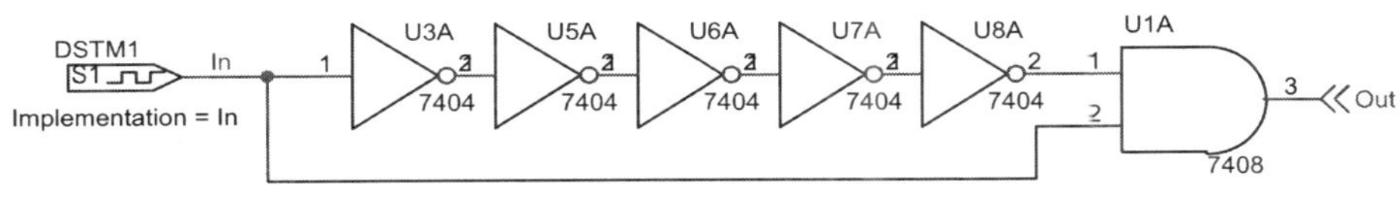

그림 2.22 상승엣지펄스폭 시뮬레이션

하강엣지펄스 펄스 전이검출기

4. 7408 NAND와 7404 NOT 게이트를 이용하여 그림 2.23과 같이 하강엣지펄스 펄스 전이검출기를 구성한다.

5. 주기가 0.2us인 펄스파를 이용하여 그림 2.24와 같은 입력과 출력파형을 나타내었다. 하강엣지펄스 폭은 $20ns$ 이다.

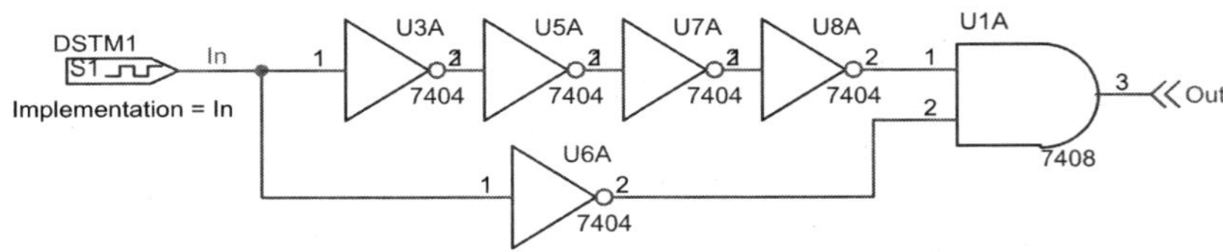

그림 2.23 하강엣지펄스 펄스 전이검출기

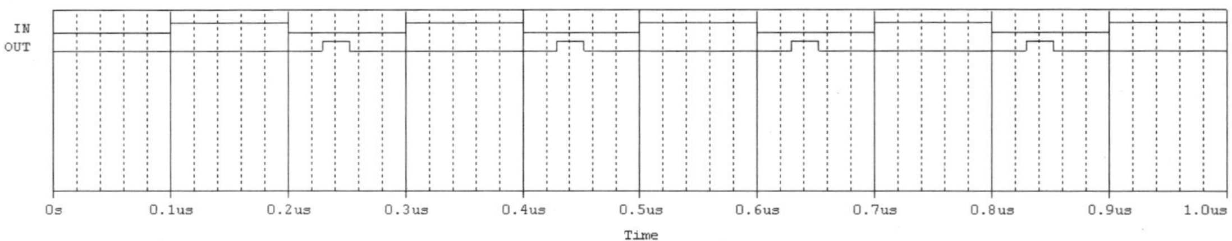

그림 2.24 하강엣지펄스 펄스 전이검출기 시뮬레이션 결과

6. 그림 2.25과 같이 직렬 NOT 게이트를 6개 사용했을 때 하강엣지펄스 폭을 얼마인 지 시뮬레이션 하여 시뮬레이션 표 2.1에 기록한다. 그리고 NOT 게이트의 지연시간을 유추하여 기록한다.

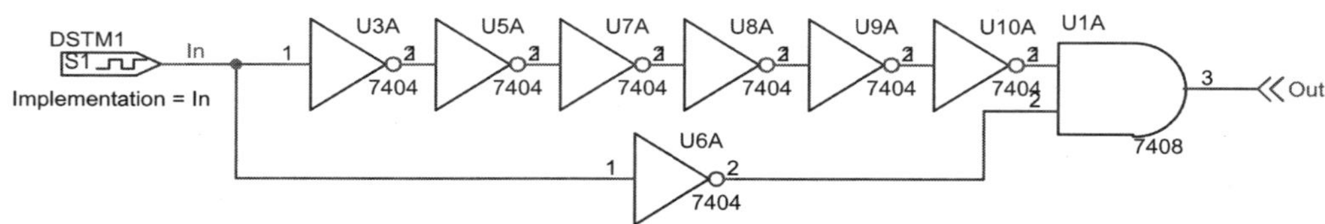

그림 2.25 하강엣지펄스 폭 시뮬레이션

7. 그림 2.26과 같이 7402 NOR 게이트와 LED를 이용하여 논리 프로브 회로를 구성한다. MLED81은 940nm 적외선 LED 모델이다.

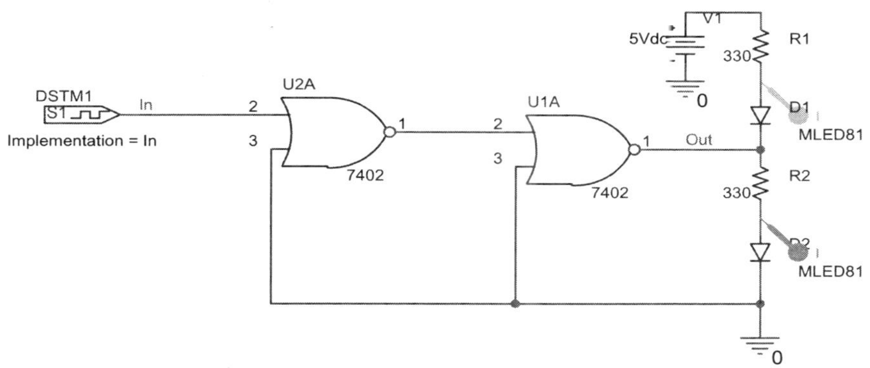

그림 2.26 논리 프로브 회로

8. 그림 2.27과 같이 논리 프로브의 입력 '0'이면 출력은 '0'가 되어 위의 LED에 전류가 흐르고 입력이 '1'이면 출력은 '1'가 되어 아래의 LED에 전류가 흐름을 확인하고 표에 기록한다. 출력전압은 입력전압의 논리를 변화 없이 따라 변하고 0 ~ 3V 범위에서 변함을 확인하고 시뮬레이션 표 2.2에 기록한다.

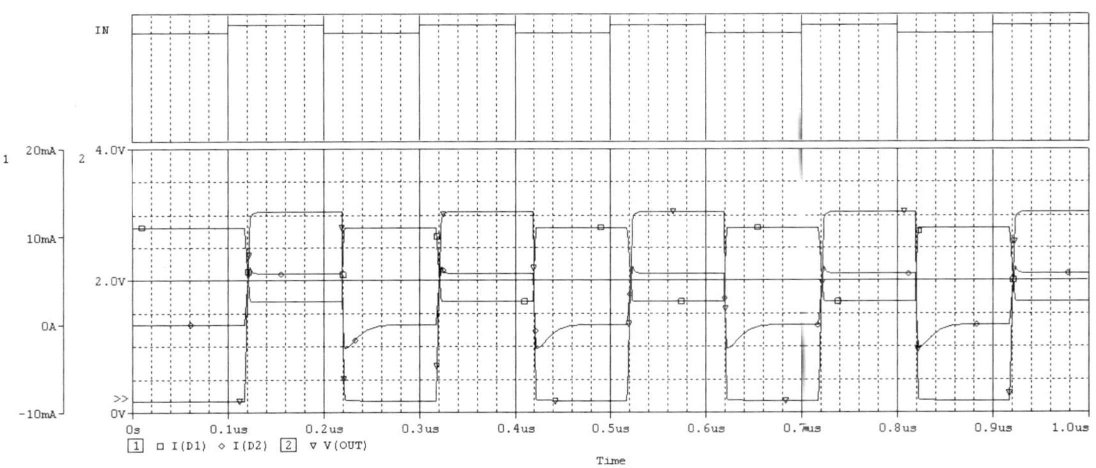

그림 2.27 논리 프로브 회로 시뮬레이션 결과

5 실험 과정

LED 실험

1. 그림 2.28(a)와 같은 회로를 구성하고 스위치 SW를 On 후 출력 Y를 측정하고 스위치 SW를 Off 후 출력 Y를 측정하여 실험 표 2.1에 기록한다.
2. GaAs과 같은 화합물반도체로 만드는 LED는 논리신호의 가시적인 판독 혹은 문자 숫자식 디스플레이에 사용한다. LED에 동작전류가 흐르면 광자가 방출한다. 그림 2.28(b)와 같은 회로를 구성하고 저항은 330Ω, $1k\Omega$ 일 때 적색, 녹색 LED일 때 각각 LED 전류와 전압을 측정하여 실험 표 2.1에 기록한다.
   ※ 논리회로의 출력을 확인하기 위해 나머지 실험에서 풀업저항+LED를 사용한다.
3. 그림 2.28(c)와 같은 회로를 구성하고 저항은 330Ω, $1k\Omega$ 일 때 적색, 녹색 LED일 때 각각 LED 전류와 전압을 측정하여 실험 표 2.1에 기록한다.

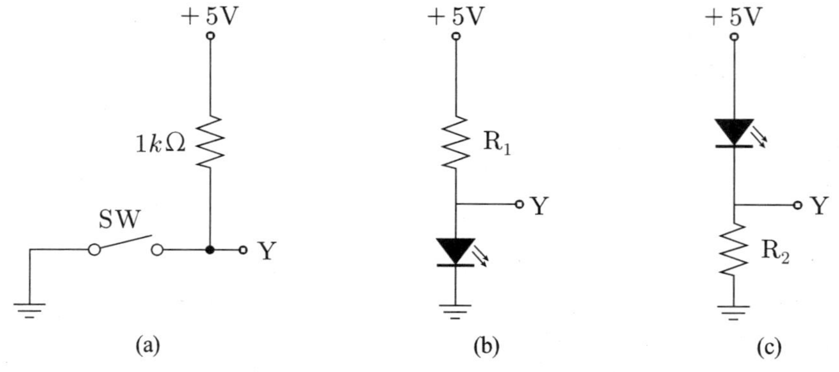

그림 2.28 LED 실험 회로

저항과 LED형 논리 프로브 측정

4. 그림 2.29과 같은 회로를 검사하거나 논리전압을 측정하는 논리 프로브 회로를 구성한다. 토글스위치로 각 LED를 제어하며 실험 표 2.2와 같은 스위치 조건에서 LED 전압을 측정하여 표에 기입하여라.

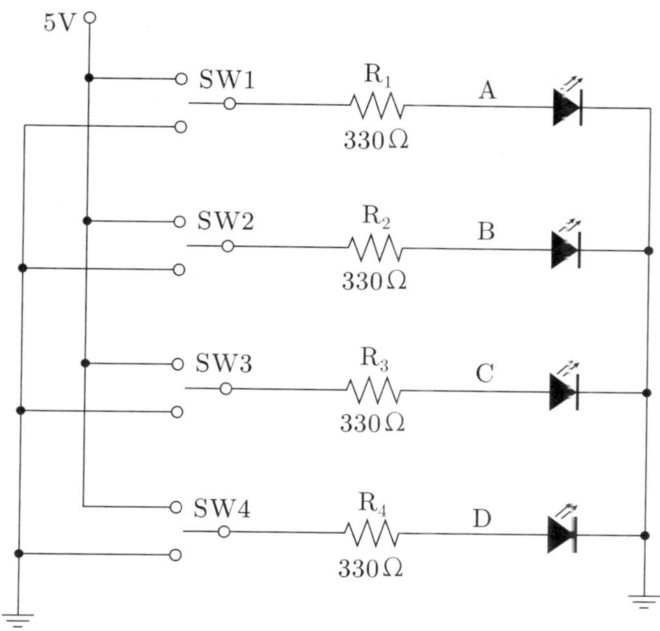

그림 2.29 저항과 LED형 논리 프로브 회로

NOR 게이트를 이용한 논리 프로브 실험

5. 그림 2.30과 같이 7402 NOR 게이트, 적색과 녹색 LED를 이용하여 논리 프로브 회로를 구성한다. 프로브의 전압이 0V 혹은 5V일 때 LED 점등상태와 LED에 흐르는 전류를 측정하여 실험 표 2.3에 기록한다.

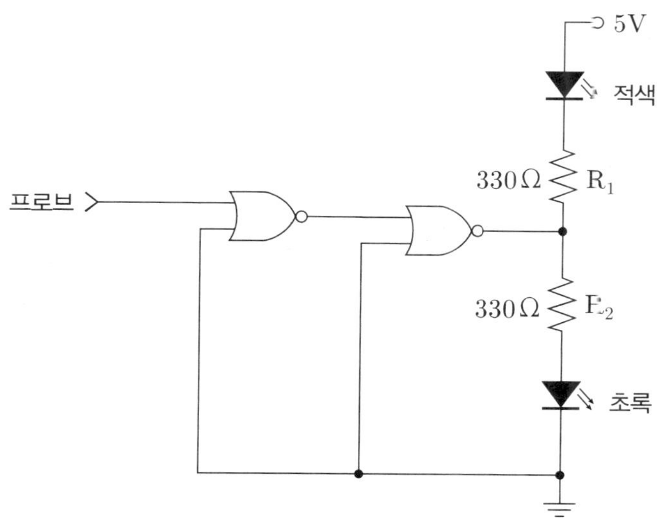

그림 2.30 NOR 게이트를 이용한 논리 프로브 회로

펄스파 측정하기

6. 함수발생기를 이용하여 최대값 5V, 최저값 0V의 1kHz 펄스파를 만들어 오실로스코프를 이용하여 주기, 펄스폭, 상승시간, 하강시간, 듀티사이클을 측정하여 실험 표 2.4에 기록한다.

7. 과정 6과 같은 방법으로 실험 표 2.4의 펄스파 주파수를 변경하여 측정한 후 실험 표 2.4에 기록한다.

AND와 OR 논리게이트 실험

8. Si 일반 다이오드의 문턱전압이 0.7V 이고 이 전압보다 높은 전압이 인가하면 도통되고 낮으면 차단된다. 그림 2.31과 같이 1N4001, LED, 330Ω 를 이용하여 DRL(diode resistor logic) AND 회로를 구성한다. '0'과 '1'의 입력을 위해 스위치를 사용하고 실험 표 2.5와 같은 진리표 상태에서 출력 논리값 및 전압값을 측정하여 기록한다. LED가 켜지면 논리값이 '1'인 상태이다.

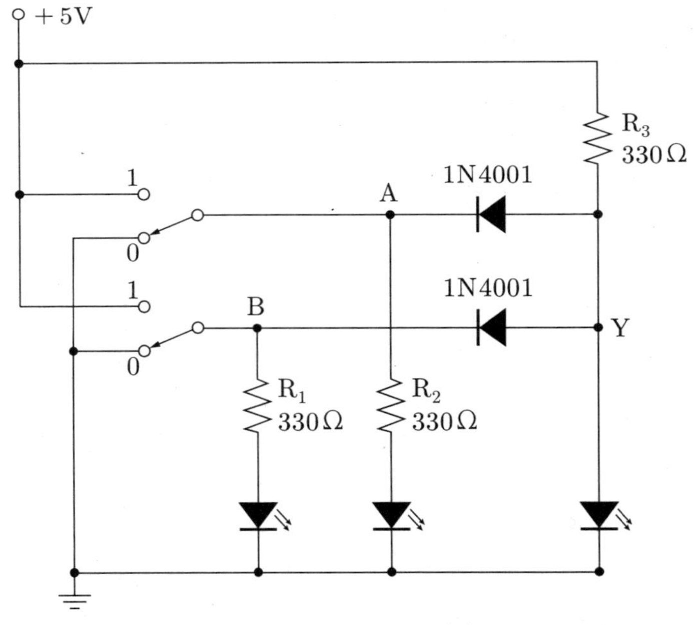

그림 2.31 DRL AND 게이트

9. 그림 2.32와 같이 1N4001, LED, 330Ω를 이용하여 DRL OR 회로를 구성한다. '0'과 '1'의 입력을 위해 스위치를 사용하고 실험 표 2.5와 같은 진리표 상태에서 출력 논리값 및 전압값을 측정하여 기록한다. LED가 켜지면 논리값이 '1'인 상태이다.

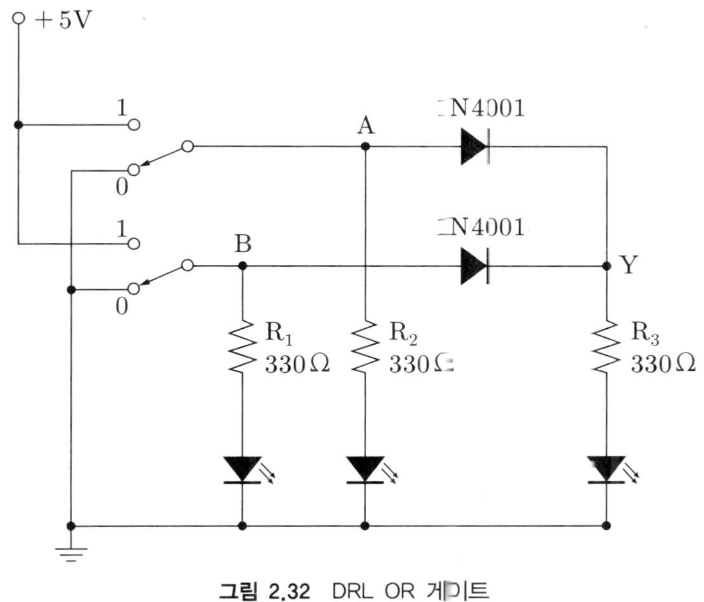

그림 2.32 DRL OR 게이트

논리게이트를 이용한 파형 관찰

10. 그림 2.33과 같이 7408 논리게이트와 클럭 발진기, 스위치를 사용하여 실행과 멈춤 기능을 가진 회로를 구성한다. 발진기 주파수는 1kHz로 하고 스위치가 실행에서 출력파형을 실험그림 2.1에 그린다. 스위치가 멈춤 기능에서 출력파형을 실험그림 2.1에 그린다.

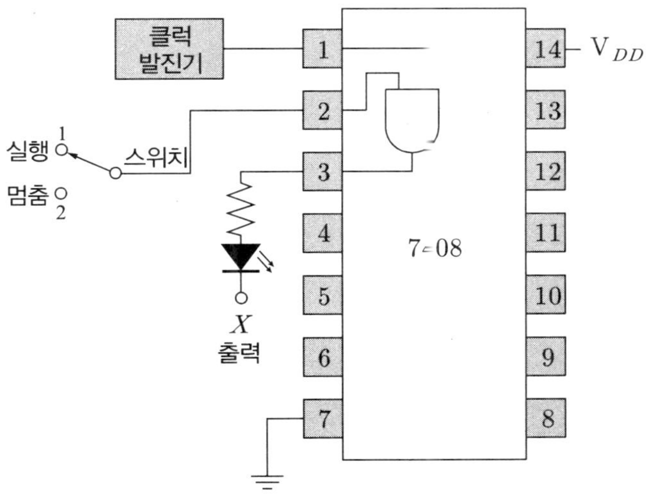

그림 2.33 실행과 멈춤 기능회로

전원 측정

11. 패널 ① DC ±15V 출력을 측정 실험 표 2.6에 기록한다.

12. 패널 ⑥ 전원 단자 DC +5V와 +9V 출력을 측정하여 실험 표 2.6에 기록한다.

클럭 펄스 측정

13. 패널 ⑬ 가변 Clock Pulse 주파수 출력에서 구형파 출력 최댓값, 최솟값, 주기를 측정하여 실험 표 2.7에 기록한다.

14. 고정 Clock Pulse Output : 1Hz, 10Hz 구형파 출력 최댓값, 최솟값, 주기를 측정하여 실험그림 2.2에 파형을 그린다.

15. 패널 ④~60Hz 출력단자에 출력 최댓값, 최솟값, 주기를 측정하여 실험그림 2.2에 파형을 그린다.

6 실험 결과

실험 결과 보고서					
실험제목	실험 ( ) ______				
학과 및 학년		학 번		확인	
이 름		실험조			
실험일		담당교수			

시뮬레이션 표 2.1 펄스 전이검출기

시뮬레이션 과정	펄스폭	NOT 게이트의 지연시간
3		
6		

시뮬레이션 표 2.2 NOR를 이용한 논리 프로브 결과

시뮬레이션 과정	입력논리	전류량 [mA]		출력 [V]
		위 LED	아래 LED	
8	0			
	1			

실험 표 2.1 LED 실험 결과

과정	과정 1		과정 2				과정 3			
조건	SW on	SW off	330Ω R-LED	330Ω G-LED	$1k\Omega$ R-LED	$1k\Omega$ G-LED	330Ω R-LED	330Ω G-LED	$1k\Omega$ R-LED	$1k\Omega$ G-LED
전압										
전류	x									

〈절취선〉

실험 표 2.2 저항과 LED형 논리 프로브 회로 실험

과정	스위치 상태				LED 단자전압[V]			
	SW1	SW2	SW3	SW4	V_A	V_B	V_C	V_D
4	OFF	OFF	OFF	OFF				
	OFF	OFF	OFF	ON				
	OFF	OFF	ON	ON				
	OFF	ON	ON	ON				
	ON	ON	ON	OFF				
	ON	ON	OFF	OFF				
	ON	OFF	OFF	OFF				
	OFF	OFF	ON	OFF				
	OFF	ON	OFF	OFF				
	ON	ON	ON	ON				

실험 표 2.3 NOR 게이트를 이용한 논리 프로브 측정

과정	프로브 전압	전류		점등 LED 상태
		적색 LED	초록 LED	
5	0V			
	2V			
	3V			
	4V			
	5V			

실험 표 2.4 펄스파 측정하기

과정	주파수	주기	t_w[s]	t_r[s]	t_f[s]	듀티사이클[%]
6	1kHz					
7	10kHz					
	100kHz					
	1MHz					
	10MHz					

〈절취선〉

실험 표 2.5 DRL AND 및 OR 게이트

입력		과정 8의 Y		과정 9의 Y	
A	B	논리값	전압값	논리값	전압값
0	0				
0	1				
1	0				
1	1				

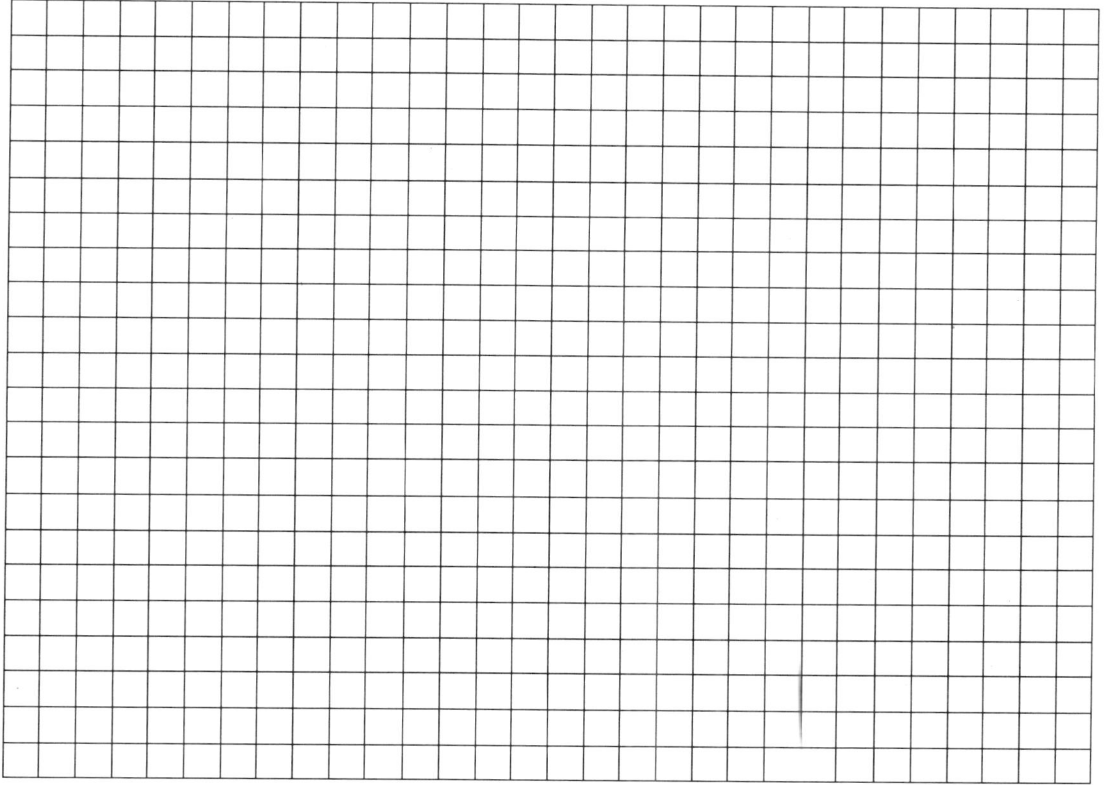

실험그림 2.1 과정 10에서 실행 혹은 멈춤상태에서 출력파형

실험 표 2.6 전원측정

과정	출력단자 직류	측정전압	리플전압
11	+15V		
11	−15V		
12	+5V		
12	+9V		

〈절취선〉

실험 표 2.7 클럭 펄스 측정

동작 주파수	최댓값	최솟값	주기
10Hz			
100Hz			
1kHz			
5kHz			
10kHz			
100kHz			
500kHz			
900kHz			

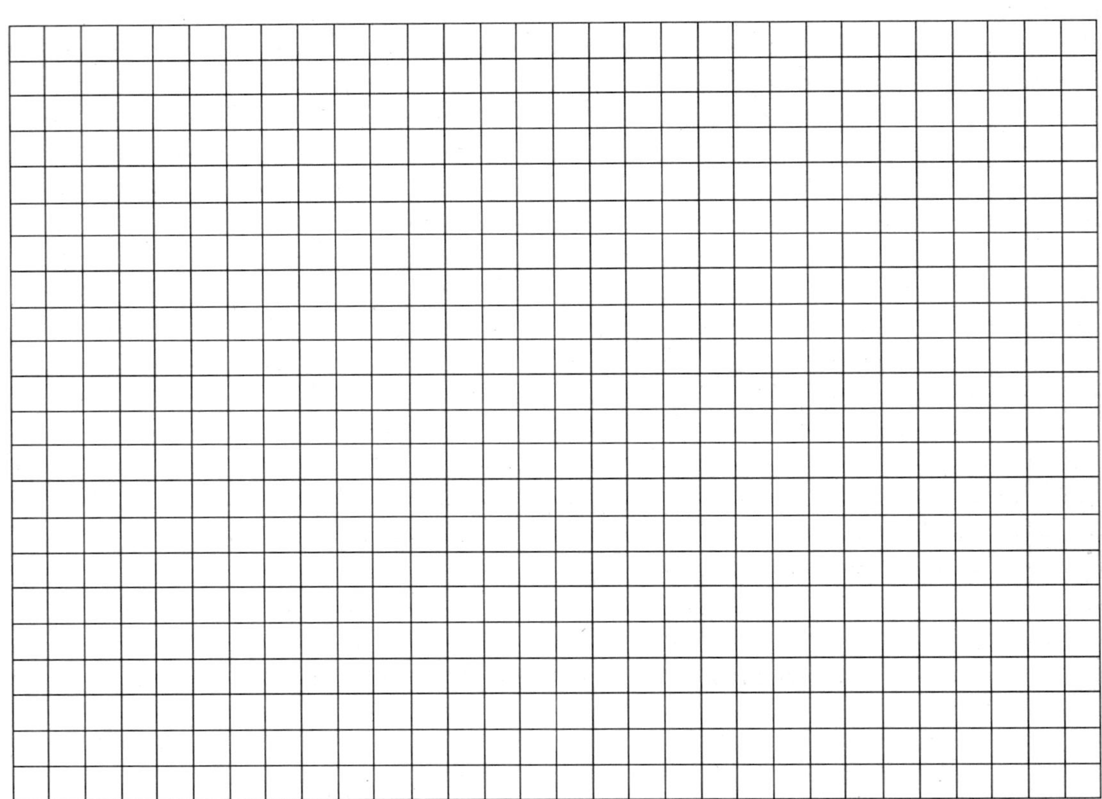

실험그림 2.2 과정 14와 15의 그래프

〈절취선〉

7 결과고찰 및 질문

1. 상승엣지펄스 전이검출기 시뮬레이션에서 NOT 게이트가 한 개일 때 상승엣지펄스가 발생 여부 및 이유를 설명하여라.

2. 실험 표 2.1에서 저항에 따라 LED 밝기의 변화를 설명하여라.

3. 과정 4에서 스위치 연결에 따라 도통 시 혹은 차단 시 단자전압의 변화를 설명하여라.

4. 과정 5에서 NOR 게이트를 이용한 논리 프로브의 적색 LED와 녹색 LED가 켜지는 프로브 전압을 기술하여라.

5. 실험 표 2.5의 실험 결과로부터 DRL의 논리 특성을 설명하여라.

〈절취선〉

실험 03

AND, OR, NOT 게이트

1 실험 목적

- AND 게이트의 동작 특성을 확인하고 AND 논리소자의 작동방법을 익힌다.
- OR 게이트의 동작 특성을 확인하고 OR 논리소자의 작동방법을 익힌다.
- NOT 게이트의 동작 특성을 확인하고 NOT 논리소자의 작동방법을 익힌다.

2 예비 이론

AND 게이트

AND 게이트는 모든 입력에 신호가 들어올 때 출력에 신호가 나타나도록 구성된 논리소자이다. 그림 3.1에는 2-입력 AND 게이트에 대한 심벌, 진리표, 회로 그리고 동작파형을 나타낸다. 진리표로부터 입력 A와 B가 동시에 '1'일 때에만 출력 X가 '1'이 되며, 따라서 'A와 B에 입력이 들어갈 때 출력 X가 나온다.'고 할 수 있다.

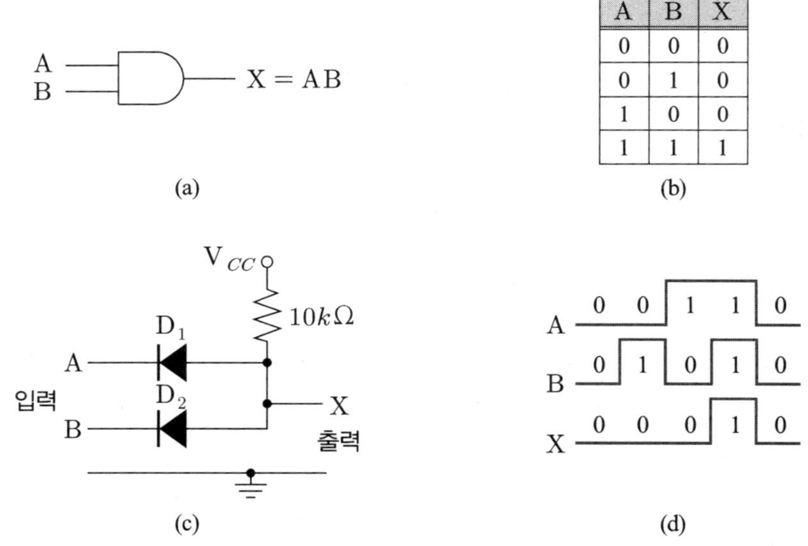

A	B	X
0	0	0
0	1	0
1	0	0
1	1	1

그림 3.1 2-입력 AND 게이트 (a) 심벌 (b) 진리표 (c) 회로 (d) 동작파형

AND 게이트의 부호로는 '×' 또는 '•'를 사용하고, 논리식은 X = A × B 또는 X = A • B 또는 단순히 X = AB로 쓰기도 한다. 논리식을 읽을 때에는 'X는 A and B', 또는 'X는 AB'라고 한다.

일반적으로 입력이 N 개일 때는 진리표에 2^N개의 항이 나타나고, 논리식은 X = A • B • C … 또는 X = ABC …의 형태로 된다. 그림 3.2에는 3-입력 AND 게이트에 대한 심벌과 진리표를 나타낸다. 표 3.1는 상용화된 AND 게이트 IC의 종류를 나타낸다.

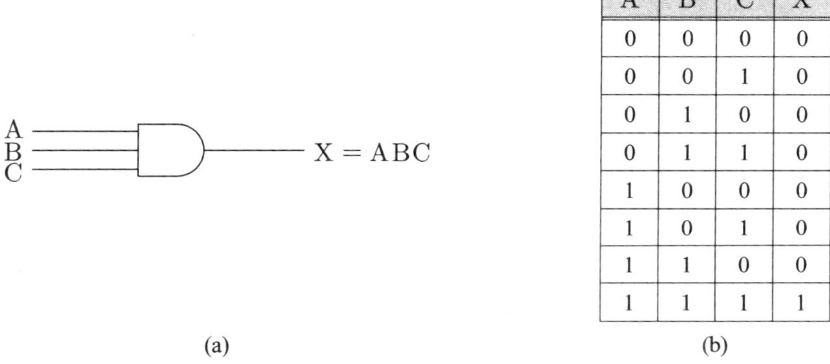

A	B	C	X
0	0	0	0
0	0	1	0
0	1	0	0
0	1	1	0
1	0	0	0
1	0	1	0
1	1	0	0
1	1	1	1

그림 3.2 3-입력 AND 게이트 (a) 심벌 (b) 진리표

표 3.1 AND 게이트 종류

소자	형태	설명
74LS08	LS TTL	Quad 2-input AND
74HC08	CMOS	Quad 2-input AND
4081B	CMOS	Quad 2-input AND
74LS11	LS TTL	Triple 3-input AND
4073B	CMOS	Triple 3-input AND
74LS21	LS TTL	Dual 4-input AND
4082B	CMOS	Dual 4-input AND

AND 게이트 결선

AND 게이트는 직렬로 연결하여 한 개의 게이트의 출력을 다른 게이트의 한 개의 입력으로 공급하여 원하는 입력수를 가진 혼합 AND 게이트를 만들 수 있다. 그림 3.3은 2-입력 AND 게이트가 3-입력, 4-입력 혹은 5-입력 AND 게이트를 만들기 위해 직렬로 연결한 방법을 나타내었다.

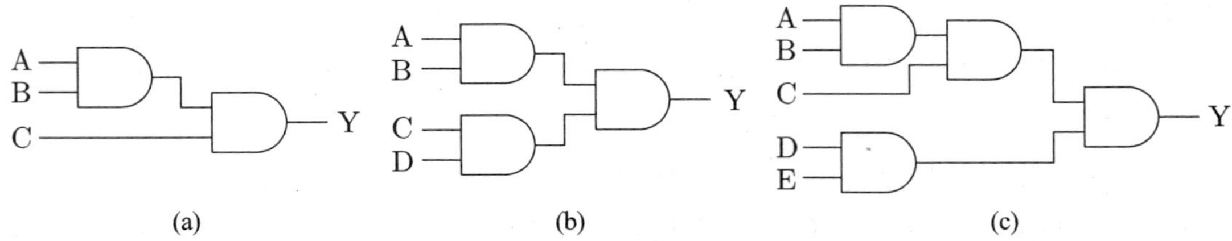

그림 3.3 2-입력 AND 게이트를 이용한 입력 수 늘리기 (a) 3-입력 (b) 4-입력 (c) 5-입력

그림 3.4와 같이 단일 7-입력 AND 게이트를 만들기 위해 3-입력 AND 게이트 3개 혹은 4-입력 AND 게이트 2개를 직렬로 연결하여 만들 수 있다.

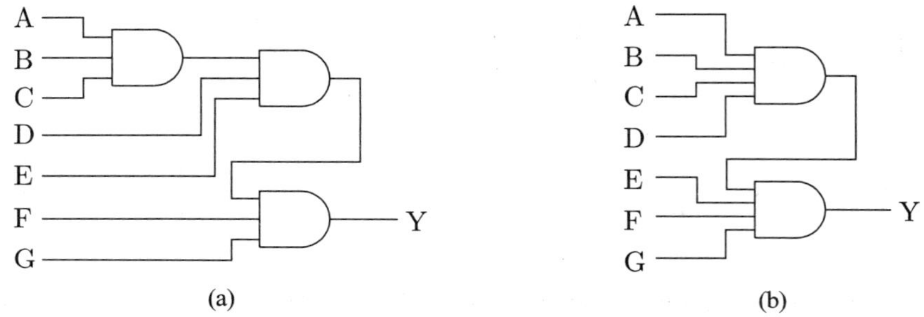

그림 3.4 7-입력 AND 게이트 (a) 3-입력 AND 게이트인 경우 (b) 4-입력 AND 게이트인 경우

그림 3.5와 같이 AND 게이트는 입력 모두를 함께 묶어 단락시키면 버퍼로 바꿀 수 있다.

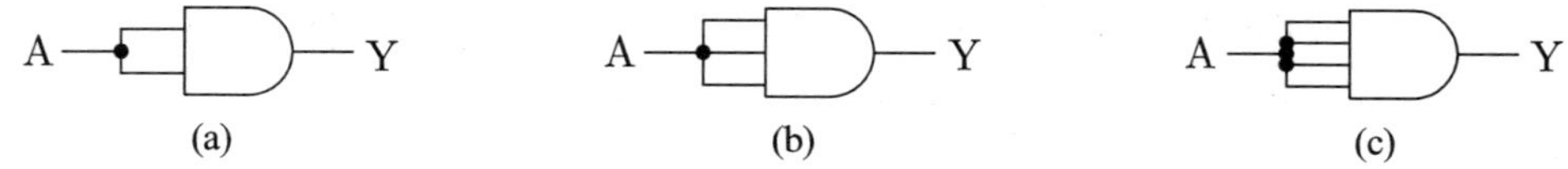

그림 3.5 TTL AND 게이트 버퍼 구성 (a) 7408 2-입력 (b) 7411 3-입력 (c) 7421 4-입력

3-입력 혹은 4-입력 AND 게이트에서 모든 입력을 사용하지 않을 경우 원하지 않는 입력은 CMOS는 직접, TTL은 $1k\Omega$ 저항을 통해서 '1'에 묶던지 사용하는 입력에 간단히 묶으면 된다. 그림 3.6은 3-입력 혹은 4-입력 TTL AND 게이트에서 2-입력으로 사용하기 위한 결선을 나타낸다.

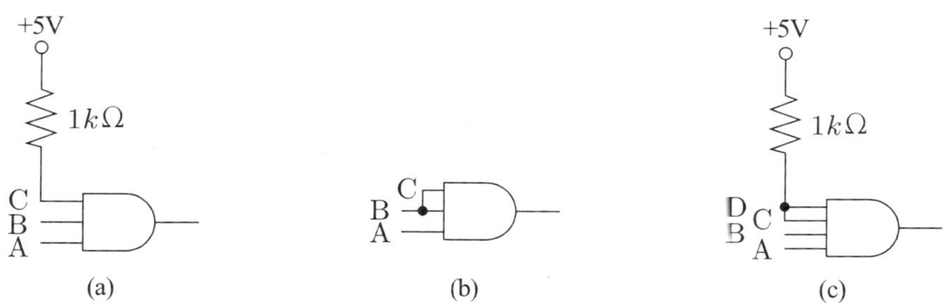

그림 3.6 2-입력 AND 게이트 (a) 3-입력 (b) 3-입력 (c) 4-입력

OR 게이트

OR 게이트는 한 개 이상 입력 신호가 들어가면 출력에 신호가 나타나도록 구성된 논리소자이다. 그림 3.7에는 2-입력 OR 게이트에 대한 심벌, 진리표, 회로 그리고 동작파형을 나타낸다. 진리표로부터 입력 A 또는 B가 '1'이면 출력 X가 '1'이 되며, 따라서 'A 또는 B에 입력이 들어갈 때 출력 X가 나온다'고 할 수 있다. OR 게이트의 부호로는 '+'를 사용하고, 논리식은 X=A+B로 표기하며 'X는 A or B'라고 읽는다.

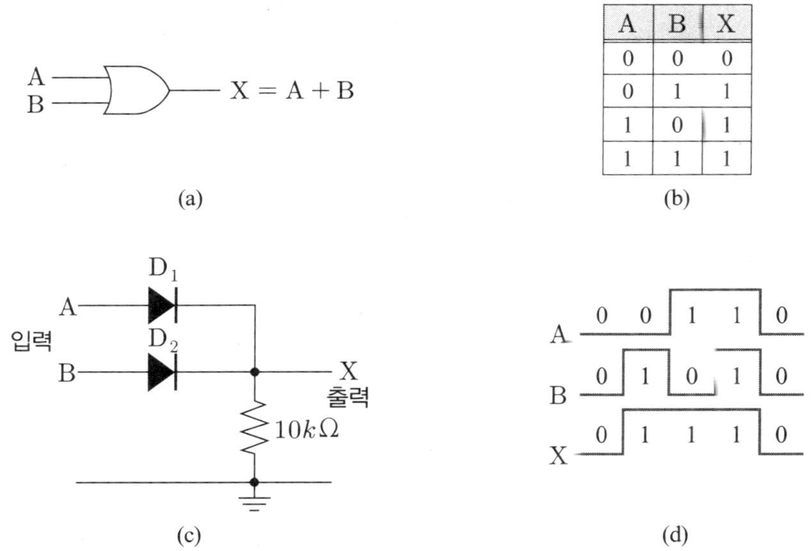

A	B	X
0	0	0
0	1	1
1	0	1
1	1	1

그림 3.7 2-입력 OR 게이트 (a) 심벌 (b) 진리표 (c) 회로 (d) 동작 파형

일반적 입력이 N 개일 때는 AND 게이트에서와 마찬가지로 진리표에 2^N개의 항이 나타나고, 논리식은 X = A + B + C + ⋯의 형태로 된다. 그림 3.8은 3-입력 OR 게이트에 대한 심벌과 진리표이다. 표 3.2는 상용화된 OR 게이트 IC의 종류를 나타낸다

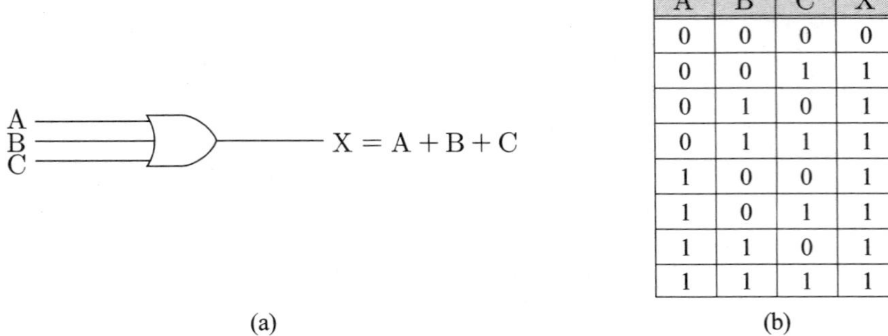

A	B	C	X
0	0	0	0
0	0	1	1
0	1	0	1
0	1	1	1
1	0	0	1
1	0	1	1
1	1	0	1
1	1	1	1

그림 3.8 3-입력 OR게이트 (a) 심벌 (b) 진리표

표 3.2 OR 게이트 종류

소자	형태	설명
74LS32	LS TTL	Quad 2-input OR
74HC32	CMOS	Quad 2-input OR
4071B	CMOS	Quad 2-input OR
4075B	CMOS	Triple 3-input OR
74HC4075	CMOS	Triple 3-input OR
4072B	CMOS	Dual 4-input OR

OR 게이트 결선

2-입력 OR 게이트를 직렬로 연결하여 입력의 수를 증가시켜 복합 OR 게이트 만들 수 있다. 그림 3.9와 같이 2-입력 OR 게이트를 직렬 연결하여 3-입력, 4-입력, 5-입력으로 만들 수 있다.

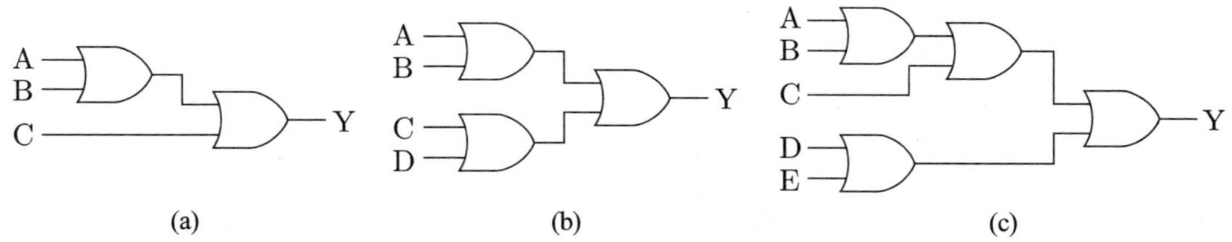

그림 3.9 2-입력 OR 게이트를 이용한 입력 수 늘리기 (a) 3-입력 (b) 4-입력 (c) 5-입력

NOT 게이트

NOT 게이트 또는 인버터(inverter)는 입력신호에 대한 반전 신호가 출력에 나타나도록 구성된 논리소자이다. 그림 3.10은 NOT 게이트에 대한 심벌, 진리표, 회로 그리고 동작파형을 나타낸다.

진리표로부터 입력이 '1'이면 출력은 '0'이 되고, 입력이 '0'이면 출력은 '1'이 된다. '1'과 '0'으로 구성되는 집합에 있어서 NOT 게이트를 통해서 나오는 출력 X는 입력 A의 보집합과 같으므로 NOT 게이트에 대한 논리식은 $X = \overline{A}$ 로 표기하고, "X는 A바(bar)"라고 읽는다. NOT 게이트 짝수 개를 직렬로 연결시키면 항상 입력과 같게 되므로 여러 개의 NOT 게이트를 연결시켜서 전송 지연을 얻는데 이용한다.

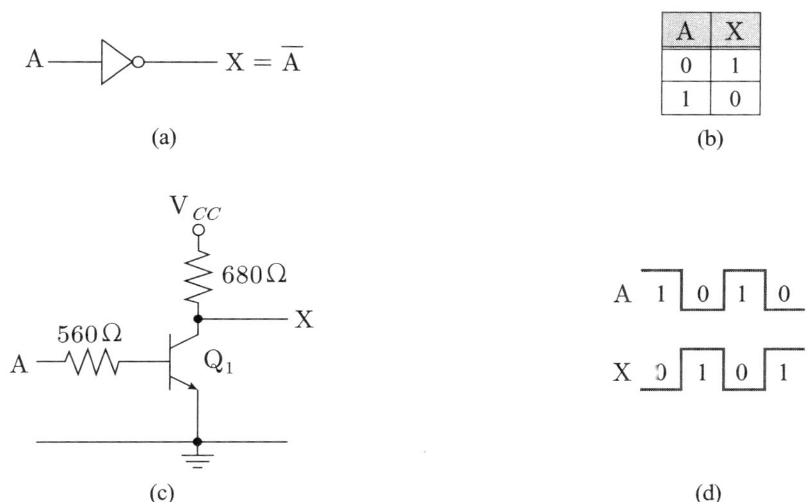

그림 3.10 NOT 게이트 (a) 심벌 (b) 진리표 (c) 회로 (d) 동작파형

NOT 게이트의 기능을 NAND 게이트나 NOR 게이트로 만들 수 있다. 그림 3.11과 같이 2-입력 NAND 게이트나 NOR 게이트의 입력을 모두 묶어서 연결하면 NOT 기능을 수행한다. 표 3.3은 상용화된 NOT 게이트 IC의 종류를 나타낸다.

그림 3.11 NOT 게이트 기능 구현 (a) NAND 게이트 (b) NOR 게이트

표 3.3 NOT 게이트 종류

소자	형태	설명
7404	TTL	Hex Inverter
74HC04	CMOS	Hex Inverter
74LS04	LS TTL	Hex Inverter

버퍼

버퍼(buffer)는 그림 3.12와 같이 논리연산을 수행하지 않고, 입력이 그대로 출력으로 전달한다. 입력신호가 '1'인 경우에는 출력신호는 '1'이 되고, 입력신호가 '0'인 경우에는 출력신호는 '0'이 된다. 하나의 게이트 출력이 다수의 게이트 입력에 연결하여 주로 게이트 출력의 구동능력을 향상시키기 위한 물리적으로 중요한 소자이다. 표 3.4는 상용화된 버퍼 게이트 종류를 나타낸다.

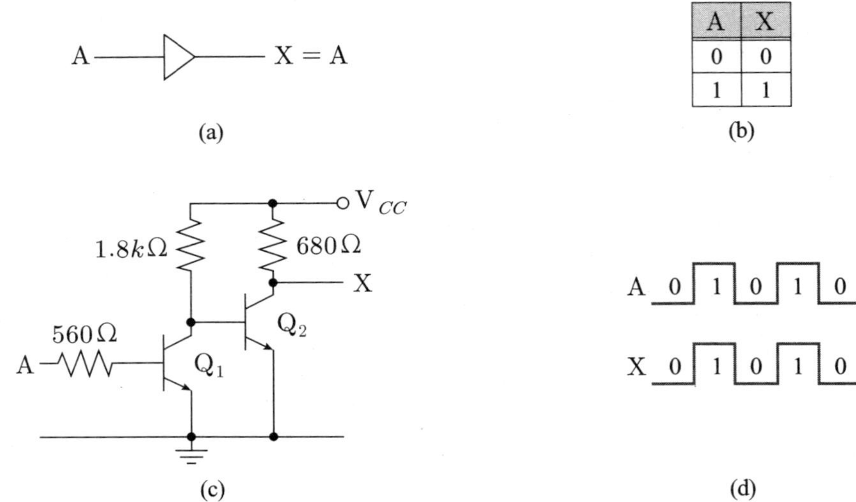

그림 3.12 버퍼 (a) 심벌 (b) 진리표 (c) 회로 (d) 동작파형

표 3.4 버퍼 게이트 종류

소자	형태	설명
74LS125	LS TTL	Quad 3-state Buffer
4050	CMOS	Hex Buffer
74HC4050	CMOS	Hex Buffer

두 개 이상의 게이트 또는 다른 소자들의 출력이 서로 직접 연결된다면 정상상태에서 논리회로로 동작하지 않는다. 하나의 게이트 출력이 '0'이고 또 다른 게이트의 출력이 '1'일 때 두 출력이 서로 연결된 경우 결과 출력전압은 구별되지 않는 중간 값을 가지거나 어떤 경우 게이트가 파손된다.

이때 그림 3.13과 같은 3-상태(3-state, tri-state) 버퍼를 사용한다. C는 허용입력이며 C=1일 때 F=A이고, C=0일 때 F=Z(고임피던스 혹은 개방회로)가 된다. 그리고 그림 3.13(d)와 같이 C=1일 때 F=B이고, C=0일 때 F=A가 되므로 2×1 멀티플렉서와 같은 동작을 한다.

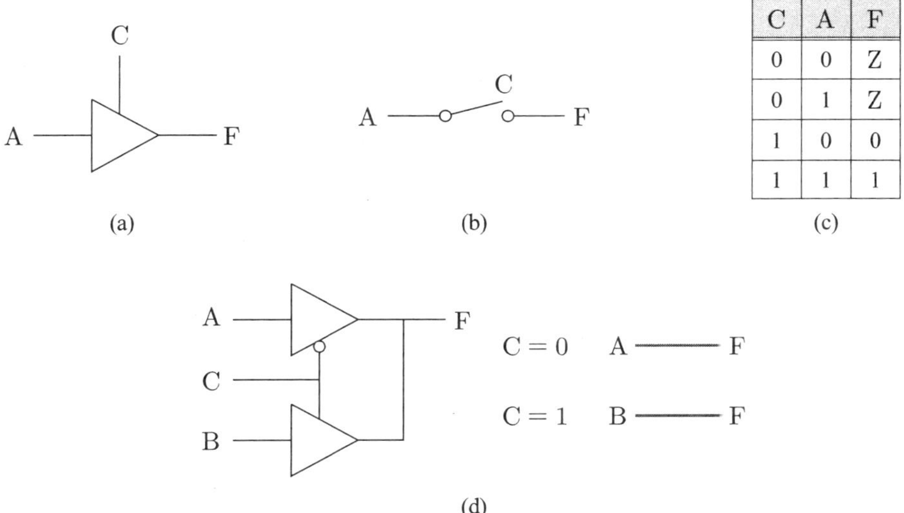

그림 3.13 3-상태 버퍼 (a) 심벌 (b) 등가회로 (c) 진리표 (d) 응용

3 실험 준비물

- 장비 : 직류전원 공급기, 함수발생기, 오실로스코프, DMM, 디지털실험 장비
- 기타 기기 : 논리 검출기(logic probe), 논리 펄스기(logic pulser), 논리 클립(logic clip)
- 소프트웨어 : PSpice 프로그램(OrCAD 등)
- IC 부품 : 7404, 7408, 7432
- 기타 부품 : BC238 BJT 1개, LED 3개, 390Ω 3개, 토글스위치 3개, DIP 스위치

4 PSpice 시뮬레이션

AND 게이트 시뮬레이션

1. AND 게이트 7408을 그림 3.14와 같이 구성한다. Clock Attributes 창에서 Period and on times를 선택하고 Period(sec) : 0.8us, On time(sec) : 0.4us 입력한 후 Simulation Settings 창에서 Analysis type : Time Domain, Run to time ; 1us 선택 혹은 입력한다.
2. Stimulus Editor 창에 Stimulus/New를 누르고 New Stimulus창에서 Name : In2, Digital : Clock을 선택한후 OK를 누른다. Clock Attributes 창에서 Period and on times를 선택하고 Period(sec) : 0.4us, On time(sec) : 0.2us 입력한 후 OK를 누른다.

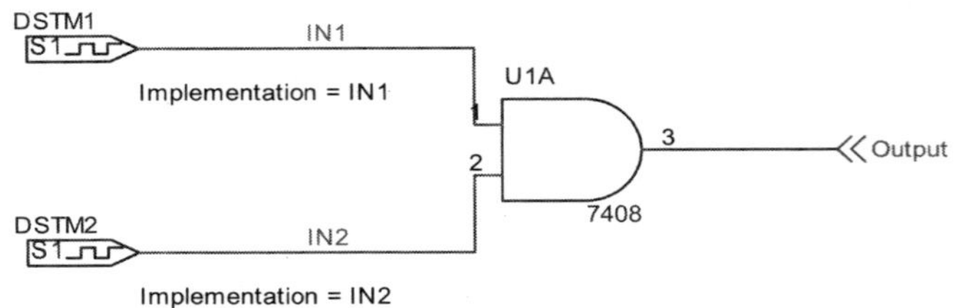

그림 3.14 AND 게이트

3. 시뮬레이션 결과 입력이 11인 경우 출력이 '1'이 되고 나머지 상태에서는 모두 '0'이다. 그리고 입력과 출력 신호는 20ns의 지연을 가진다.

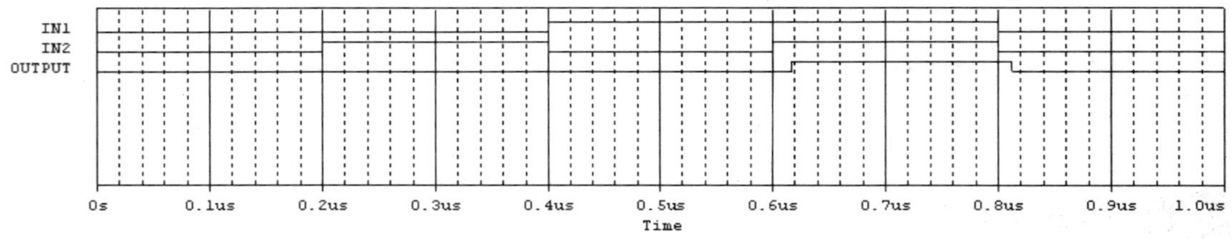

그림 3.15 AND 게이트 시뮬레이션 결과

OR 게이트 시뮬레이션

4. OR 게이트 7432을 그림 3.16과 같이 구성한다. Clock Attributes 창에서 Period and on times를 선택하고 Period(sec) : 0.8us, On time(sec) : 0.4us 입력한 후 Simulation Settings 창에서 Analysis type : Time Domain, Run to time ; 1us 선택 혹은 입력한다.
5. Stimulus Editor 창에 Stimulus/New를 누르고 New Stimulus창에서 Name : In2, Digital : Clock을 선택한후 OK를 누른다. Clock Attributes 창에서 Period and on times를 선택하고 Period(sec) : 0.4us, On time(sec) : 0.2us 입력한 후 OK를 누른다.

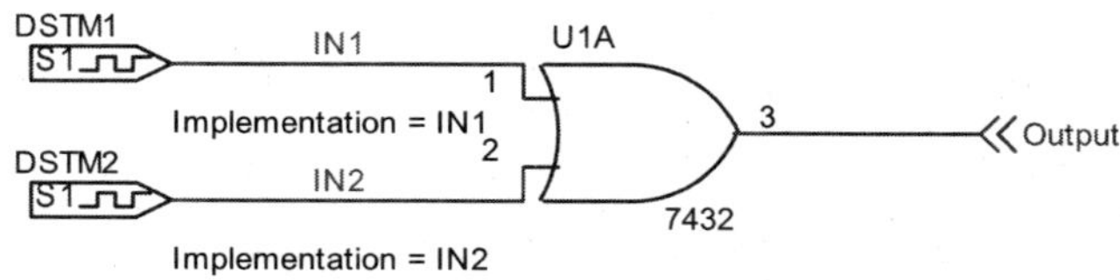

그림 3.16 OR 게이트

6. 시뮬레이션 결과 입력이 00인 경우 출력이 '0'이 되고 나머지 상태에서는 모두 '1'이다. 그리고 입력과 출력 신호는 10ns의 지연을 가진다.

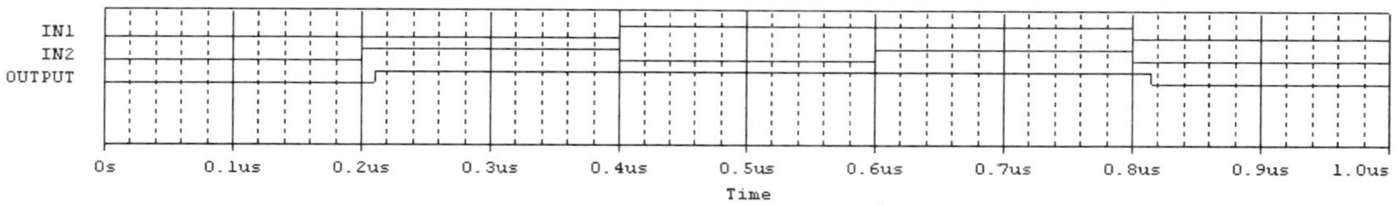

그림 3.17 OR 게이트 시뮬레이션 결과

5 실험 과정

AND 게이트 실험

1. IC 7408을 이용해서 그림 3.18과 같은 회로를 구성한다. 데이터 스위치 SW1과 SW2를 '0'와 '1'로 변화시키면서 X의 논리상태를 측정하여 실험 표 3.1에 기록한다. 또 직류전압계를 이용해서 X의 전압을 측정하여 실험 표 3.1에 기록한다.

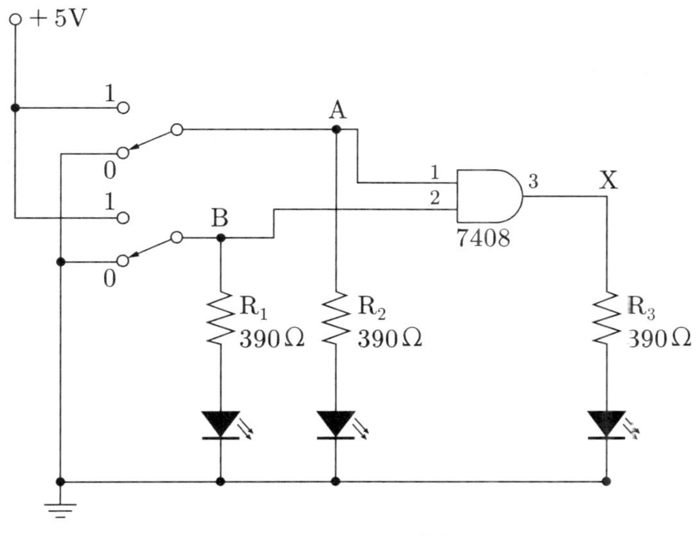

그림 3.18 AND 게이트

2. IC 7408을 이용해서 그림 3.19와 같은 회로를 구성한다. 데이터 스위치 SW1, SW2, SW3을 변화시키면서 X의 논리상태를 측정하여 실험 표 3.2에 기록한다.

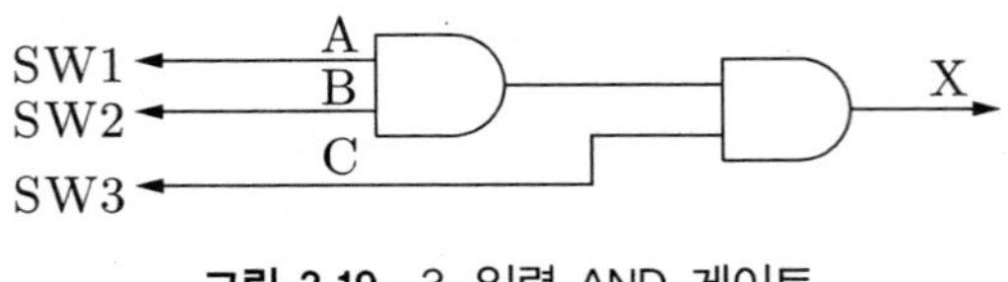

그림 3.19 3-입력 AND 게이트

3. IC 7408을 이용해서 그림 3.20과 같은 회로를 구성한다. 데이터 스위치 SW1, SW2, SW3, SW4를 변화시키면서 출력 X의 논리상태를 측정하여 실험 표 3.3에 기록한다.

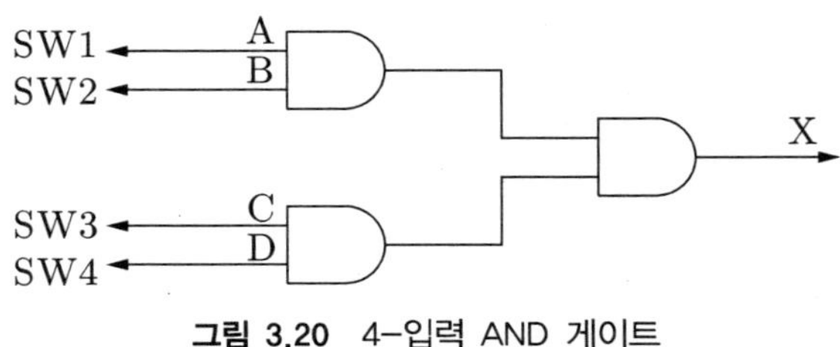

그림 3.20 4-입력 AND 게이트

OR 게이트 실험

4. IC 7432(OR)를 이용해서 그림 3.21과 같은 회로를 구성한다. 데이터 스위치 SW1과 SW2를 '0'와 '1'로 변화시키면서 X의 논리상태를 측정하여 실험 표 3.1에 기록한다. 또 직류전압계를 이용해서 X의 전압을 측정하여 실험 표 3.1에 기록한다.

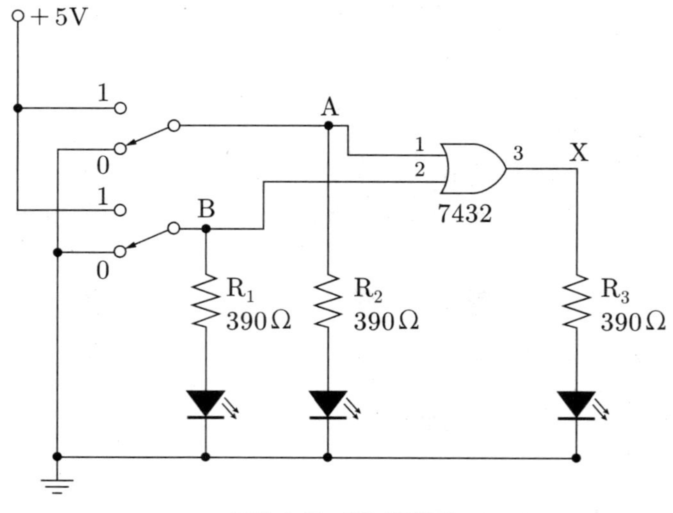

그림 3.21 OR 게이트

5. IC 7432(OR)를 이용해서 그림 3.22 회로를 구성한다. 데이터 스위치 SW1, SW2, SW3을 변화시키면서 X의 논리상태를 측정하여 실험 표 3.2에 기록한다.

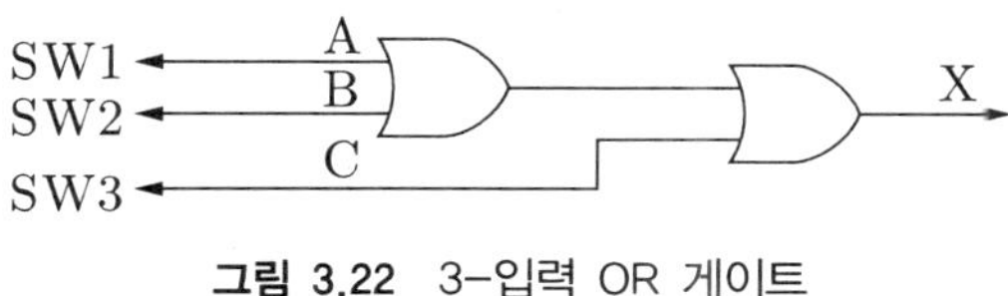

그림 3.22 3-입력 OR 게이트

6. IC 7432(OR)를 이용해서 그림 3.23 회로를 구성한다. 데이터 스위치 SW1, SW2, SW3, SW4를 변화시키면서 출력 X의 논리상태를 측정하여 실험 표 3.3에 기록한다.

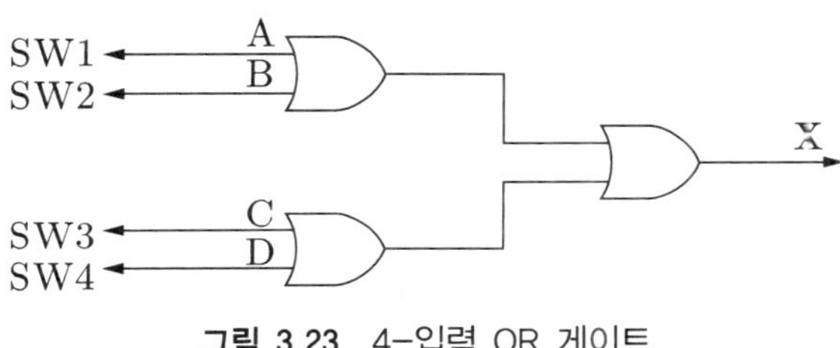

그림 3.23 4-입력 OR 게이트

NOT 게이트 실험

7. BC238 BJT를 이용해서 그림 3.24와 같은 회로를 구성한다. 논리펄스기를 입력 A에, 논리검출기를 출력 X에 각각 연결한다.

8. 데이터 스위치 SW1을 '0'에 두고, 논리펄스기의 트리거 스위치를 누른 후 논리검출기에 나타나는 논리 상태를 확인하여 실험 표 3.4에 기록한다.

9. 데이터 스위치 SW1을 '1'에 두고, 논리펄스기의 트리거 스위치를 누른 후 논리 검출기를 확인하고 실험 표 3.4에 기록하여 NOT 게이트에 대한 진티표를 완성한다.

10. IC 7404를 이용해서 그림 3.25와 같은 회로를 구성한다. 논리펄스기를 입력 A에, 논리검출기를 출력 X에 각각 연결하고 실험과정 8, 9를 반복한다.

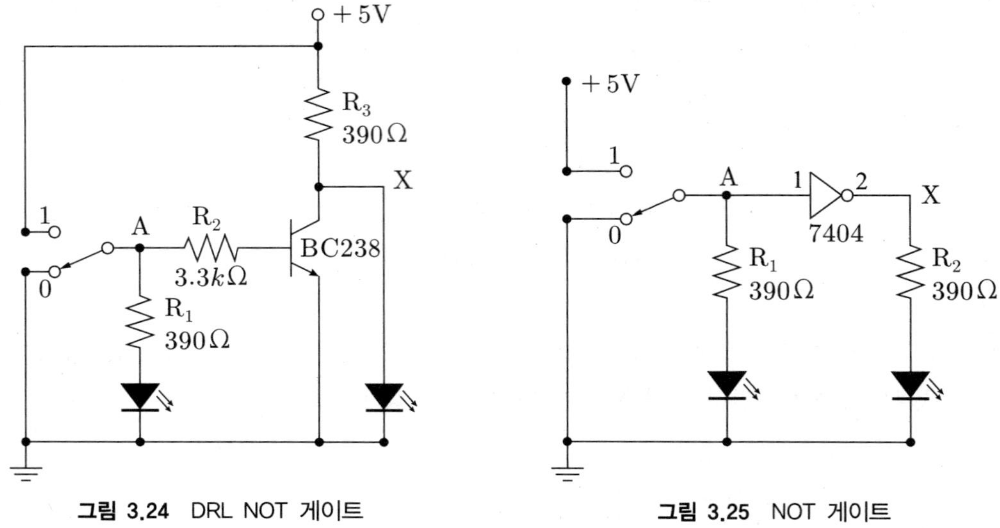

그림 3.24 DRL NOT 게이트

그림 3.25 NOT 게이트

11. IC 7404를 이용해서 그림 3.26과 같은 회로를 구성한다. IC 7404 위에 논리클립을 설치한 후 SW1을 '0', '1'로 변환시키면서 X1～X6의 논리 상태를 논리클립으로부터 읽어서 실험 표 3.5에 기록한다.

그림 3.26 직렬 NOT 게이트

6 실험 결과

<table>
<tr><th colspan="6">실험 결과 보고서</th></tr>
<tr><td>실험제목</td><td colspan="5">실험 (　　) ____________________</td></tr>
<tr><td>학과 및 학년</td><td></td><td>학 번</td><td></td><td rowspan="3">확인</td><td rowspan="3"></td></tr>
<tr><td>이 름</td><td></td><td>실험조</td><td></td></tr>
<tr><td>실험일</td><td></td><td>담당교수</td><td></td></tr>
</table>

실험 표 3.1 2-입력 AND 및 OR 게이트 결과

입력		AND 게이트		OR 게이트	
A	B	논리값	전압값	논리값	전압값
0	0				
0	1				
1	0				
1	1				

실험 표 3.2 3-입력 AND 및 OR 게이트 결과

입력			AND 게이트 논리값	OR 게이트 논리값
A	B	C		
0	0	0		
0	0	1		
0	1	0		
0	1	1		
1	0	0		
1	0	1		
1	1	0		
1	1	1		

〈절취선〉

실험 표 3.3 4-입력 AND 및 OR 게이트 결과

입력				AND 게이트 논리값	OR 게이트 논리값
A	B	C	D		
0	0	0	0		
0	0	0	1		
0	0	1	0		
0	0	1	1		
0	1	0	0		
0	1	1	0		
0	1	1	1		
1	0	0	0		
1	0	0	1		
0	1	1	1		
1	0	0	0		
1	0	0	1		
1	0	1	0		
1	0	1	1		
1	1	0	0		
1	1	0	1		
1	1	1	0		
1	1	1	1		

실험 표 3.4 NOT 게이트 결과

과정	A	X 논리값
8	0	
9	1	
10	0	
	1	

실험 표 3.5 직렬 NOT 게이트 결과

과정	A	X_1 논리값	X_2 논리값	X_3 논리값	X_4 논리값	X_5 논리값	X_6 논리값
11	0						
	1						

〈절취선〉

7 결과고찰 및 질문

1. 실험 표 3.1에 기록된 논리 1과 논리 0의 전압을 각각 비교하고 데이터 표에서 구한 값과의 차이를 검토하여라.

2. 실험 표 3.3을 이용하여 4-입력의 AND 게이트와 OR 게이트에 대한 실험치를 진리표와 비교하여라.

3. 실험 표 3.5 결과로부터 이와 같은 회로의 응용 분야를 설명하여라.

4. 본 실험에서 느낀 점을 기술하여라.

〈절취선〉

실험 04

NAND 및 NOR 게이트

1 실험 목적

- NAND, NOR 게이트의 동작 특성을 확인한다.
- NAND, NOR 게이트의 구성법을 고찰하고 응용을 살펴본다.

2 예비 이론

NAND 게이트

(1) 2-입력 NAND 게이트

NAND 게이트는 실제로 자주 사용하는 소자로서, AND 게이트에 NOT게이트를 직렬로 연결한 것과 같은 동작을 하는 소자이다. 따라서 NAND 게이트의 표시기호는 AND 게이트의 표시기호 끝에 NOT 게이트의 표시기호인 작은 동그라미를 붙여서 만든다. 그림 4.1은 2-입력 NAND 게이트에 대한 심벌, 진리표 그리고 동작파형을 나타낸다.

진리표로부터 입력 중에 하나만 '0'이면 출력은 '1'이 되고, 입력이 모두 '1'인 때에만 출력이 '0'으로 됨을 알 수 있다. NAND 게이트의 논리식을 AND 게이트의 논리식과 NOT 게이트의 논리식을 결합시켜서 $X = \overline{AB}$와 같이 표기하며, 'X는 AB 바(bar)'라고 읽는다.

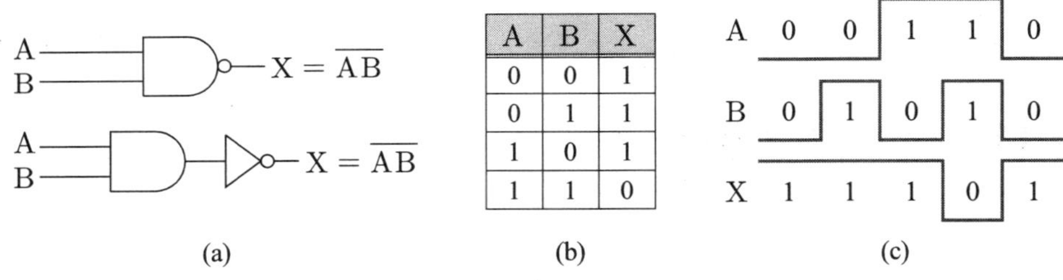

A	B	X
0	0	1
0	1	1
1	0	1
1	1	0

그림 4.1 2-입력 NAND 게이트 (a) 심벌 (b) 진리표 (c) 동작파형

(2) 3-입력 NAND 게이트

일반적으로 입력이 N개일 때 진리표에는 2^N개의 항이 나타나며, 이들 중에서 입력이 모두 '1'인 경우에만 출력이 '0'으로 되고, 그 외에는 모두 출력이 '1'이 된다. 그림 4.2에는 3-입력

NAND 게이트에 대한 표시기호, 진리표, DTL NAND 게이트 그리고 TTL NAND 게이트를 나타낸다. 표 4.1은 상용화된 NAND 게이트 종류를 나타낸다.

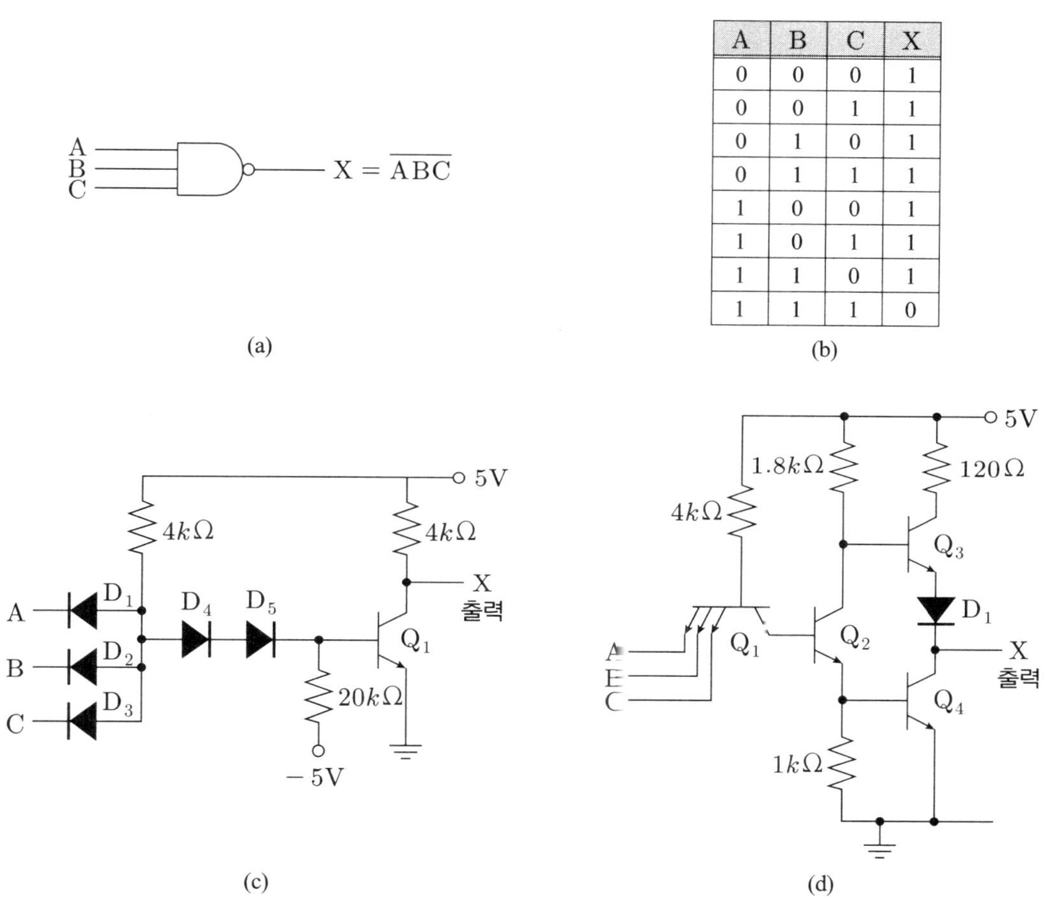

A	B	C	X
0	0	0	1
0	0	1	1
0	1	0	1
0	1	1	1
1	0	0	1
1	0	1	1
1	1	0	1
1	1	1	0

그림 4.2 3-입력 NAND 게이트 (a) 표시기호 (b) 진리표 (d) DTL NAND 게이트 (e) TTL NAND 게이트

표 4.1 NAND 게이트 종류

소자	형태	설명
74LS00	LS TTL	Quad 2-input NAND
74HC00	CMOS	Quad 2-input NAND
4011B	CMOS	Quad 2-input NAND
74LS10	LS TTL	Triple 3-input NAND
74LS20	LS TTL	Dual 4-input NAND
74LS30	LS TTL	8-input NAND
74HC133	CMOS	13-input NAND

(3) NAND 게이트의 응용

N-입력 NAND 게이트의 모든 입력을 연결시켜서 1-입력 NAND 게이트를 만들면 이것이 곧 NOT 게이트가 된다. 그림 4.3(a)에는 2-입력 NAND 게이트를 NOT 게이트로 변환시킨 예이다.

NAND 게이트에 NOT 게이트를 직렬로 연결하면 AND 게이트와 같게 된다. 이때 NOT 게이트는 NAND 게이트의 모든 입력을 연결시킨 것과 같으므로 결국 두개의 NAND 게이트를 직렬로 연결시키면 AND 게이트가 되는 것이다. 그림 4.3(b)에서 첫 NAND 게이트의 출력이 $\overline{AB}$이고, 이것이 둘째번 NAND 게이트를 지나면 $\overline{\overline{AB}}$이므로 AB가 된다.

세 개의 NAND 게이트를 그림 4.3(c)와 같이 연결하면 OR 게이트를 얻게 된다. 첫 번째 NAND 게이트의 출력이 각각 $\overline{A}$, $\overline{B}$이고 이것이 둘째 NAND 게이트를 통과하면 $\overline{\overline{A}\,\overline{B}}$이 되어 A+B가 된다.

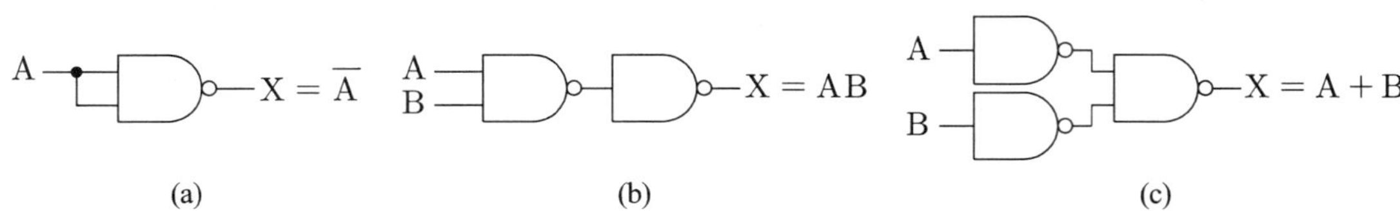

그림 4.3 NAND 게이트의 응용 (a) NOT 게이트, (b) AND 게이트, (c) OR 게이트

(4) NAND 게이트 결선

NAND 게이트는 다용도로 사용할 수 있으며 그림 4.4와 같이 2-입력 NAND 게이트로 3-입력 NAND 게이트, 3-입력 AND 게이트를 만들 수 있다.

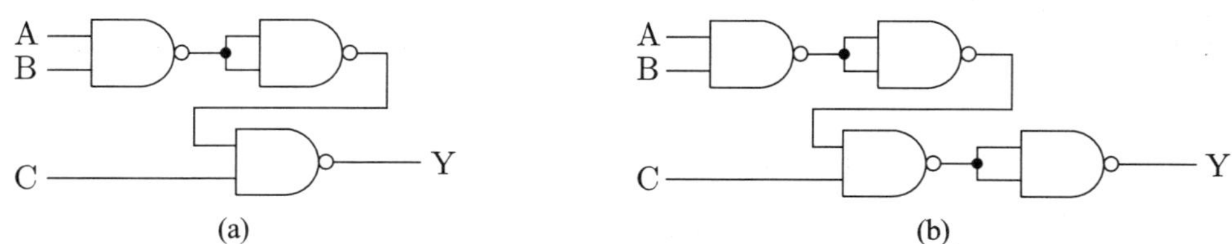

그림 4.4 2-입력 NAND 게이트를 이용한 다른 게이트 만들기 (a) 3-입력 NAND (b) 3-입력 AND

NAND 게이트에서 사용하지 않는 게이트를 불능시키기 위해 모든 입력을 함께 단락시켜 전원선의 하나에 단자들을 묶으면 된다. 그림 4.5와 같이 TTL IC에서 최소 정적 전류소비와 안정성을 위해 입력을 직접 0V로 묶는다.

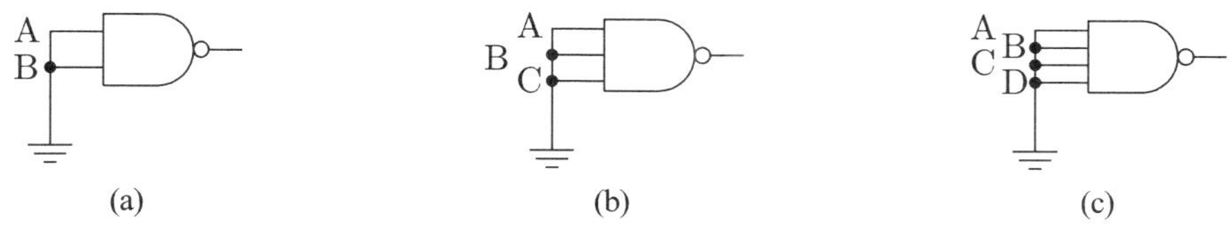

그림 4.5 TTL NAND 게이트를 불능 처리하는 방법 (a) 7400 2-입력 (b) 7410 3-입력 (c) 7420 4-입력

NAND 게이트에서 사용하지 않는 입력단자를 불능 처리하는 방법에는 '1'에 묶는 것(CMOS는 직접 연결하고 TTL은 $1k\Omega$ 저항을 통해 연결) 혹은 사용하는 입력단자에 직접 묶으면 된다. 그림 4.6은 3-입력 TTL NAND 게이트를 2-입력 소자로 사용하기 의한 결선방법이다.

그림 4.6 TTL NAND 게이트 사용 안하는 입력단자 불능 시키는 방법 (a) 전원에 연결 (b) 묶는 방법

NOR 게이트

(1) NOR 게이트

NOR 게이트는 NAND 게이트와 더불어 자주 사용되는 논리소자로서, OR 게이트에 NOT 게이트를 직렬로 연결한 것과 같은 동작을 하는 소자이다. NOR 게이트의 심벌 또한 NAND 게이트와 마찬가지로 OR 게이트의 심벌에 NOT 게이트에서 따온 작은 동그라미를 붙여서 표시한다.

그림 4.7에는 2-입력 NOR 게이트에 대한 심벌과 진리표, 동작파형을 나타낸다. 진리표로부터 입력 중의 하나만 '1'이면 출력은 '0'으로 되고, 입력이 모두 '0'인 때에만 출력이 '1'로 됨을 알 수 있다.

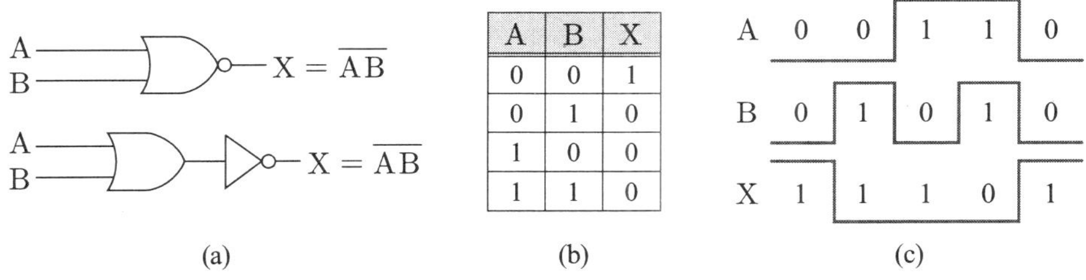

A	B	X
0	0	1
0	1	0
1	0	0
1	1	0

(b)

그림 4.7 2-입력 NOR 게이트 (a) 심벌 (b) 진리표 (c) 동작파형

NOR 게이트의 논리식은 $X = \overline{A + B}$ 로 표기하고 'X는 A or B의 바'라고 읽는다. 일반적으로 N개의 입력에 대해서도 출력 X는 모든 입력이 '0'일 때에만 '1'로 되고, 입력이 하나라도 '1'이면 출력은 '0'이 된다. 그림 4.8에는 3-입력 NOR 게이트에 대한 심벌, 진리표 그리고 RTL NOR 게이트를 나타낸다. 표 4.2는 상용화된 NOR 게이트 종류를 나타낸다.

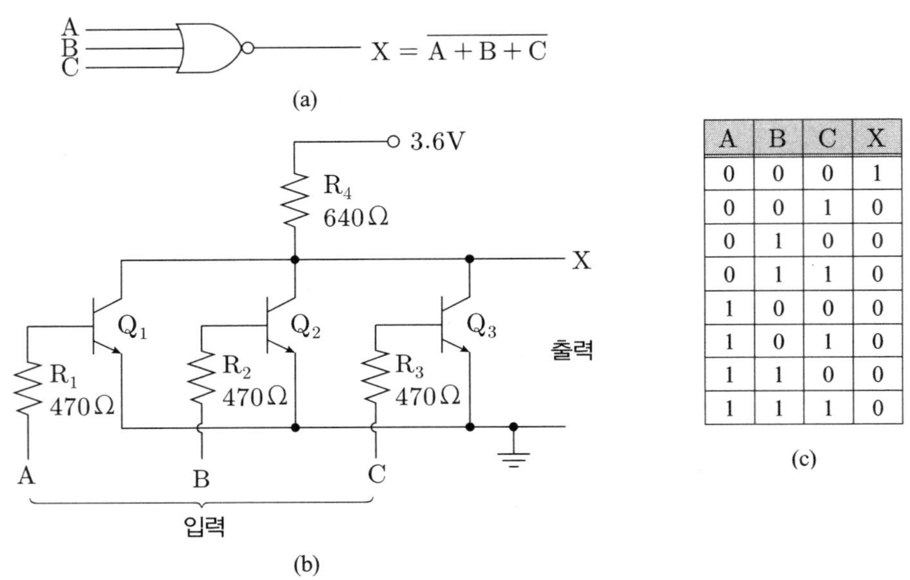

A	B	C	X
0	0	0	1
0	0	1	0
0	1	0	0
0	1	1	0
1	0	0	0
1	0	1	0
1	1	0	0
1	1	1	0

그림 4.8 3-입력 NOR 게이트 (a) 심벌 (b) 진리표 (c) RTL NOR 게이트

표 4.2 NOR 게이트 종류

소자	형태	설명
74LS02	LS TTL	Quad 2-input NOR
74HC02	CMOS	Quad 2-input NOR
4001B	CMOS	Quad 2-input NOR
74LS260	LS TTL	Quad 5-input NOR
74LS27	LS TTL	Triple 3-input NOR
74HC27	CMOS	Triple 3-input NOR
4078B	CMOS	8-input NOR

(2) NOR 게이트 응용

NOR 게이트는 NAND 게이트와 마찬가지로 NOT 게이트, OR 게이트, AND 게이트 등으로 응용될 수 있다.

NOR 게이트의 입력을 모두 연결시키면 이때 NOR 게이트는 NOT 게이트와 같이 동작하게 된다. 그림 4.9(a)에는 2-입력 NOR 게이트를 NOT 게이트로 바꾸는 예를 보여준다.

NOR 게이트 두 개를 직렬로 연결시키면 OR 게이트 역할을 하게 된다. 그림 4.9(b)에서 첫째 단 NOR 게이트 출력이 $\overline{A+B}$이므로 둘째 단 NOR 게이트의 출력은 $\overline{\overline{A+B}}$, 즉 A+B 됨을 알 수 있다.

그림 4.9(c)와 같이 세 개의 NOR 게이트를 연결시키면 AND 게이트로 동작하게 된다. 첫째단의 출력이 각각 $\overline{A}$와 $\overline{B}$이므로 둘째단의 출력은 $\overline{\overline{A}+\overline{B}}$, 즉 AB가 된다.

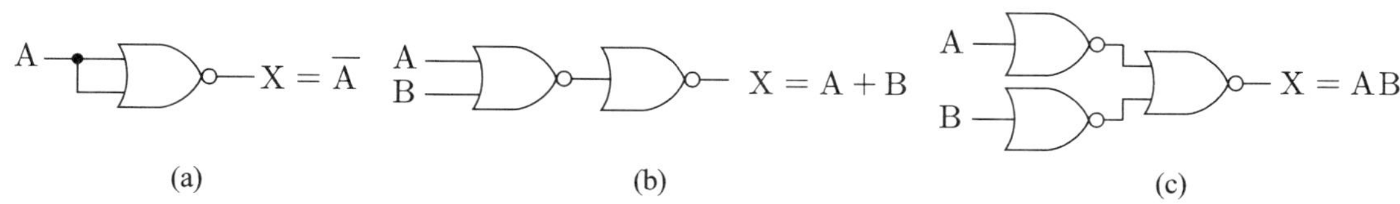

그림 4.9 NOR 게이트의 응용 (a) NOT 게이트 (b) OR 게이트 (c) AND 게이트

(3) NOR 게이트 결선

NOR 게이트에서 원하지 않는 게이트의 불능처리는 모든 입력을 함께 묶어서 전원선의 하나에 연결한다. 그림 4.10과 같이 TTL IC에서는 양호한 안정성을 가지고 정적전류소비를 최소로 하기 위해 입력을 직접 접지에 묶는다.

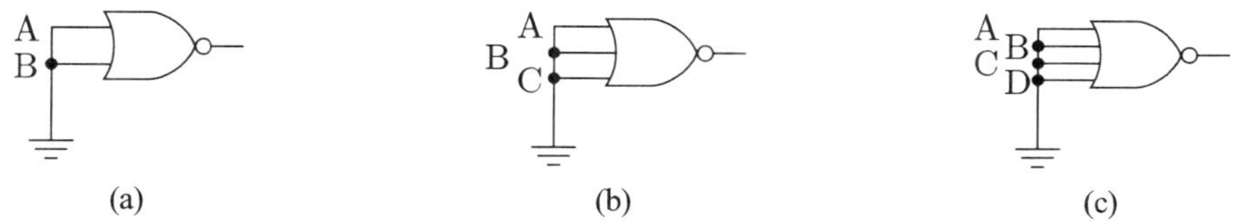

그림 4.10 TTL NOR 게이트 불능 처리하는 방법 (a) 7402 2-입력 (b) 7427 3-입력 (c) 74260 4-입력

NOR 게이트를 사용할 때 그림 4.11과 같이 원하지 않는 입력을 직접 접지로 단락시켜 불능시킨다.

그림 4.11 TTL NOR 게이트 원하는 입력 불능 처리하는 방법 (a) 3-입력을 2-입력 (b) 5-입력을 3-입력

NOR 게이트는 보편적인 소자이므로 그림 4.12와 같이 입력 게이트수를 늘리거나 다양한 기능의 게이트로 만들 수 있다.

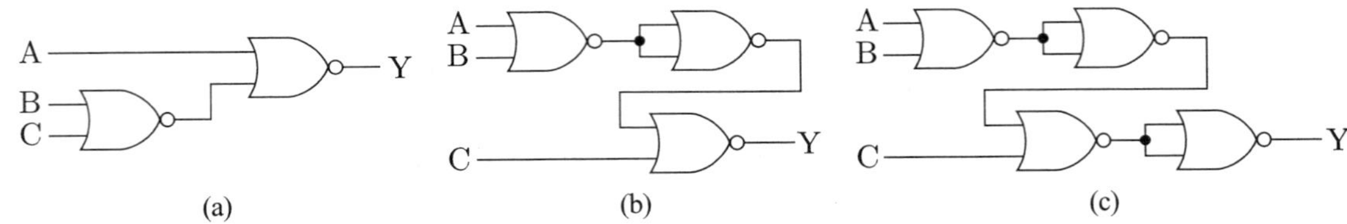

그림 4.12 2-입력 NOR 게이트 결선 (a) 3-입력 NOR (b) 3-입력 NOR (c) 3-입력 OR

NAND 혹은 NOR 게이트를 사용한 회로 구현

디지털 논리회로 설계할 때 AND나 OR 게이트에 비해 제작하기가 쉬운 NAND나 NOR 게이트가 주로 사용한다. 따라서 AND나 OR 게이트로 설계된 회로를 NAND나 NOR 게이트로 구성된 회로로 변환해야 한다.

변환은 드모르강(De Morgan)의 법칙에 따라 $\overline{ABC} = \overline{A} + \overline{B} + \overline{C}$과 $\overline{A+B+C} = \overline{A}\,\overline{B}\,\overline{C}$이고, 회로도에서 작은 원은 NOT의 기능을 가지며 다음 규칙을 따른다.

그림 4.13과 그림 4.14와 같이 AND 게이트나 OR 게이트의 출력에서 입력으로 작은 원이 지나갈 때는, 지나는 게이트가 AND(OR)이면 OR(AND) 게이트로 바꾸어 주고 게이트의 모든 입력에 작은 원을 복사한다.

반대로 게이트의 입력에서 출력으로 작은 원을 이동시키기 위해서는 게이트의 모든 입력에 작은 원이 있어야 게이트를 지나갈 수 있으며, 만일 모든 입력에 작은 원이 있으면 이들이 동시에 게이트를 지나 게이트 출력에 하나의 작은 원으로 합쳐지고, 지나온 게이트가 AND(OR)이면 OR(AND)로 바뀐다.

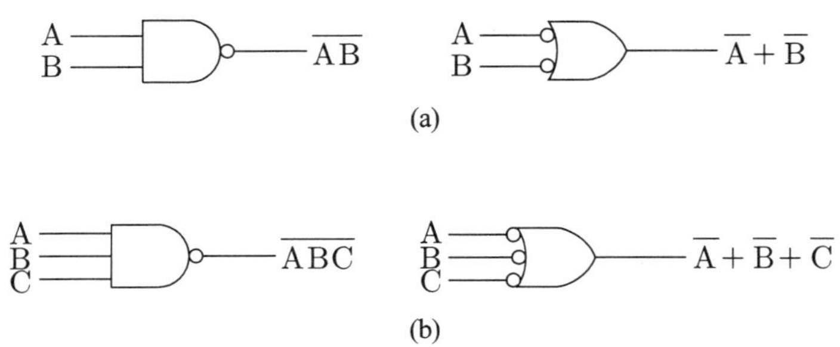

그림 4.13 NAND 게이트와 등가회로 (a) $\overline{AB} = \overline{A} + \overline{B}$ (b) $\overline{ABC} = \overline{A} + \overline{B} + \overline{C}$

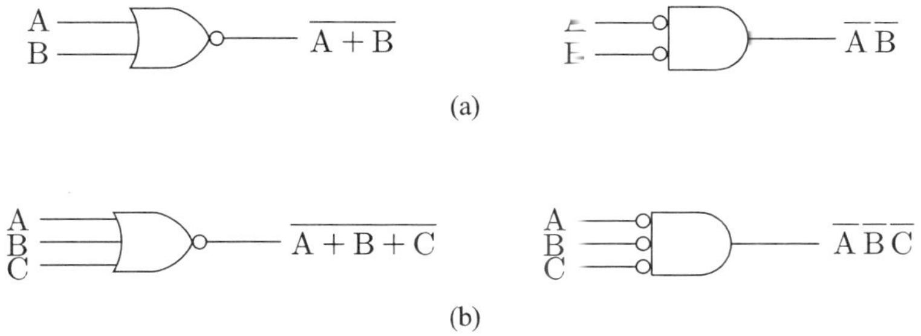

A, B → NOR → $\overline{A+B}$　　A, B → (inverted inputs) AND → $\bar{A}\bar{B}$

(a)

A, B, C → NOR → $\overline{A+B+C}$　　A, B, C → (inverted inputs) AND → $\bar{A}\bar{B}\bar{C}$

(b)

그림 4.14 NOR 게이트와 등가회로 (a) $\overline{A+B}=\bar{A}\bar{B}$ (b) $\overline{A+B+C}=\bar{A}\bar{B}\bar{C}$

3 실험 준비물

- 장비 : 직류전원 공급기, 함수발생기, 오실로스코프, DMM, 디지털실험 장비
- 기타 기기 : 논리 검출기(logic probe), 논리 펄스기(logic pulser), 논리 클립(logic clip)
- 소프트웨어 : PSpice 프로그램(OrCAD 등)
- IC 부품 : 7400, 7402, 7404
- 기타 부품 : LED 4개, 390Ω 4개, 토글스위치 4개, DIP 스위치

4 PSpice 시뮬레이션

NAND 게이트 시뮬레이션

1. NAND 게이트 7400, DigStim1 선택하고, Place/Off-Page Connector를 선택하여 OFFPAGELEFT-L을 선택하여 배치한 후 선으로 연결한다.

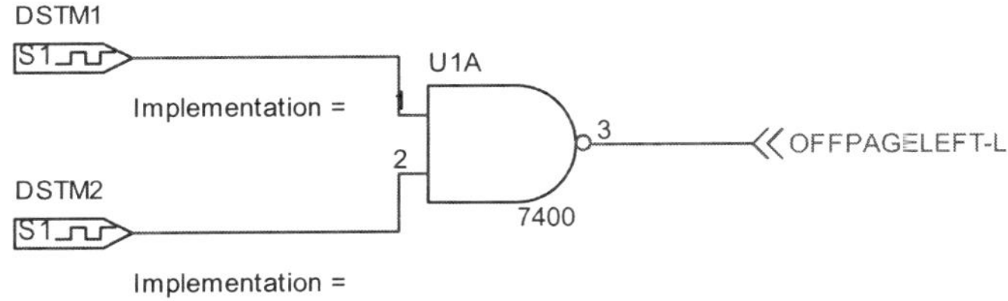

그림 4.15 NAND 게이트 배치

2. NAND 게이트에 입력 설정 : DSTM1 표시된 아이콘을 클릭하고 오른쪽 버튼을 누르면 나타나는 팝업창에서 Edit PSpice Stimulus를 선택한다. 이것은 사용자가 임의로 파형을 만들 수 있는 기능이고, New Stimulus창에서 Name : In1을 입력하고, Digital : Clock을

선택한다. OK를 누른 후 Clock Attributes 창에서 Period and on times를 선택하고 Period(sec) : 20ms, On time(sec) : 10ms 입력한 후 OK를 누른다.

Stimulus Editor 창에 Stimulus/New를 누르고 New Stimulus창에서 Name : In2, Digital : Clock을 선택한후 OK를 누른다. Clock Attributes 창에서 Period and on times를 선택하고 Period(sec) : 40ms, On time(sec) : 20ms 입력한 후 OK를 누른다. Stimulus Editor 창에서 Save한다. Stimulus Editor 창에 두 입력 파형이 나타난다.

3. DSTM1에서 Implementation이라는 항목에 In1은 설정되어 있다. DSTM2에서 Implementation을 더블클릭하고 여기서 In2라고 한다. OFFPAGELEFT-L 표시된 아이콘을 클릭하고 오른쪽 버튼을 누르고 Edit Properties를 선택해서 Display Properties창에서 Name : Out으로 바꾼다. Place/Net Alias를 선택하여 In1, In2를 설정한다.

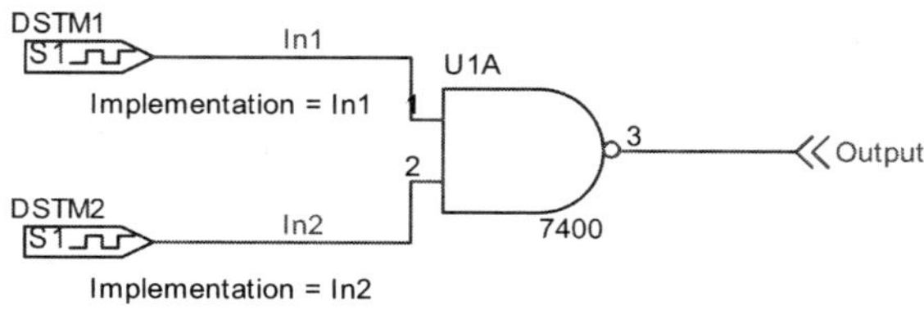

그림 4.16 NAND 게이트 설정

4. PSpice/New Simulation Profile을 실행하고 New Simulation창에서 Name : NAND를 입력하고, Simulation Settings 창에서 Analysis type : Time Domain, Run to time ; 40ms 선택 혹은 입력한다.

5. PSpice/Run 수행한다. Trace/Add Trace한 후 IN1, IN2, Output를 선택한다.

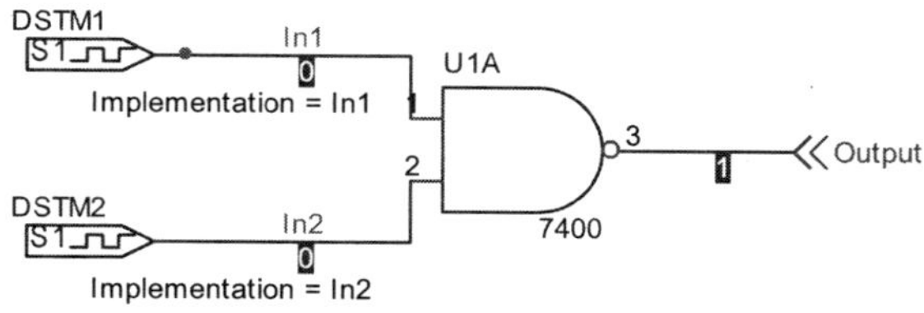

그림 4.17 NAND 게이트 시뮬레이션 후 화면

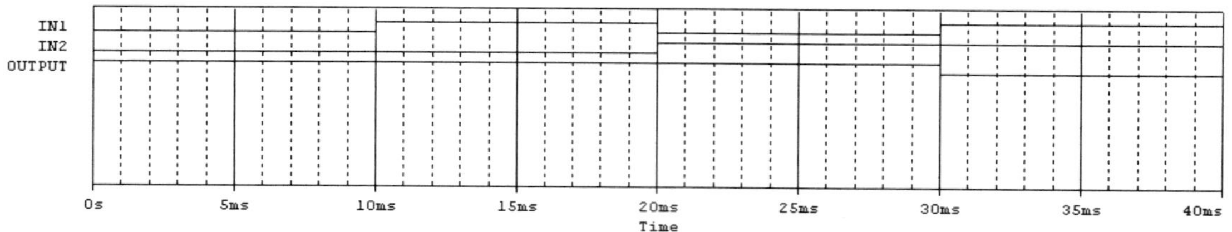

그림 4.18 NAND 게이트 시뮬레이션 결과

NOR 게이트 시뮬레이션

1. NOR 게이트 7402을 시뮬레이션 한다. Clock Attributes 창에서 Period and on times를 선택하고 Period(sec) : 0.8us, On time(sec) : 0.4us 입력한 후 Simulation Settings 창에서 Analysis type : Time Domain, Run to time ; 1us 선택 혹은 입력한다.

2. Stimulus Editor 창에 Stimulus/New를 누르고 New Stimulus창에서 Name : In2, Digital : Clock을 선택한후 OK를 누른다. Clock Attributes 창에서 Period and on times를 선택하고 Period(sec) : 0.4us, On time(sec) : 0.2us 입력한 후 OK를 누른다.

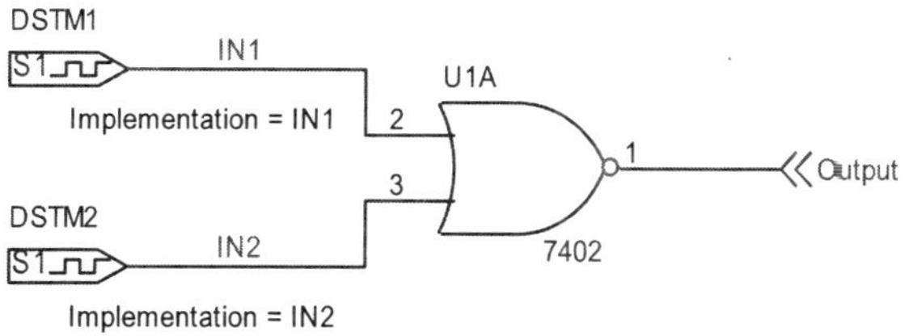

그림 4.19 NOR 게이트

3. 시뮬레이션 결과 입력이 00인 경우 출력이 '1'이 되고 나머지 상태에서는 모두 '0'이다. 그리고 입력과 출력 신호는 10ns의 지연을 가진다.

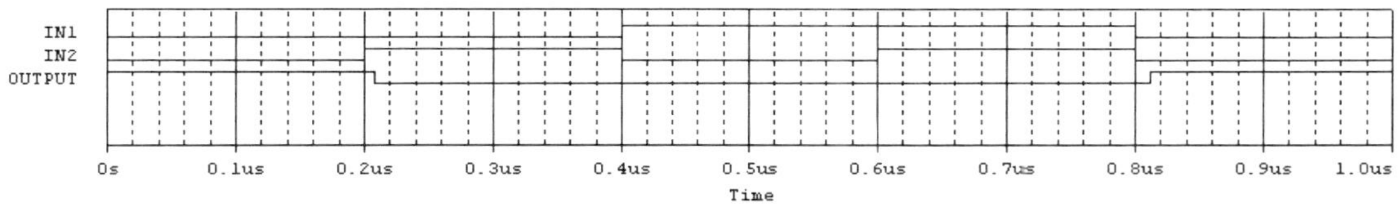

그림 4.20 NOR 게이트 시뮬레이션 결과

5 실험 과정

NAND 게이트 실험

1. IC 7400을 이용해서 그림 4.21과 같은 회로를 구성한다. 데이터 스위치 SW1, SW2를 '0', '1'로 변화시키면서 논리검출기로 X의 논리상태를 측정하여 실험 표 4.1에 기록한다.

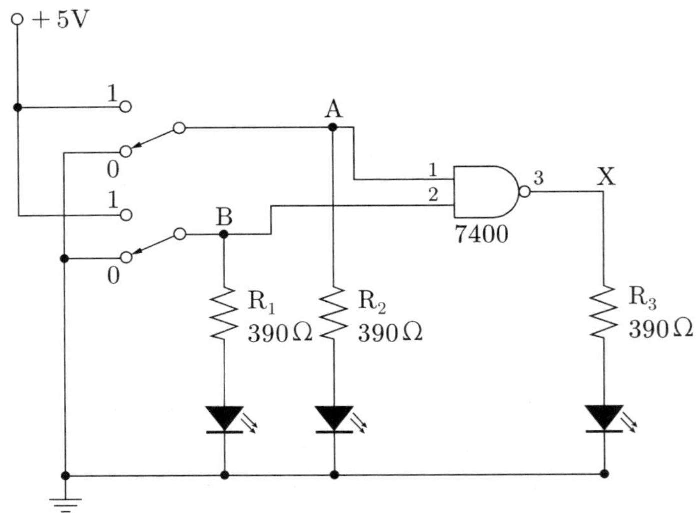

그림 4.21 2-입력 NAND 게이트 회로

2. IC 7400을 이용해서 그림 4.22과 같은 회로를 구성한다. 그 각각에 대하여 데이터 스위치를 '0', '1'로 변화시키면서 논리검출기로 X의 논리상태를 측정하여 실험 표 4.2를 완성한다.

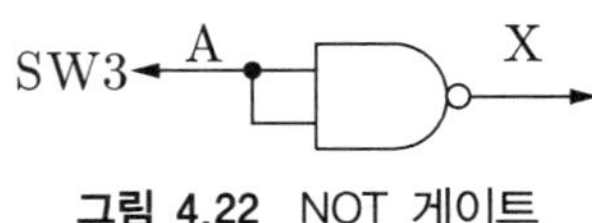

그림 4.22 NOT 게이트

3. IC 7400을 이용해서 그림 4.23과 같은 회로를 구성한다. 그 각각에 대하여 데이터 스위치를 '0', '1'로 변화시키면서 논리검출기로 X의 논리상태를 측정하여 실험 표 4.3을 완성한다.

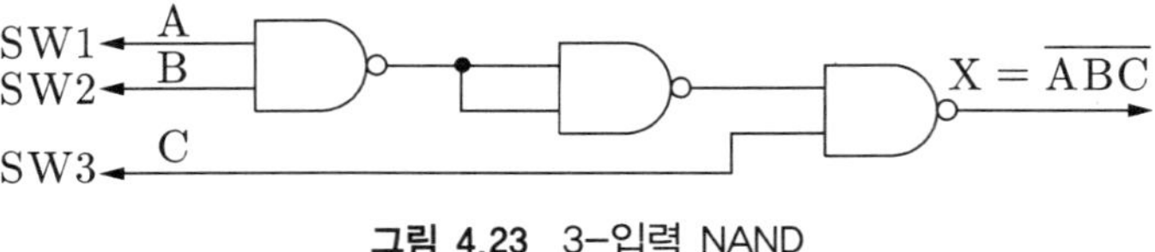

그림 4.23 3-입력 NAND

4. IC 7400을 이용해서 그림 4.24과 같은 회로를 구성한다. 그 각각에 대하여 데이터 스위치를 '0', '1'로 변화시키면서 논리검출기로 X의 논리상태를 측정하여 실험 표 4.4를 완성한다.

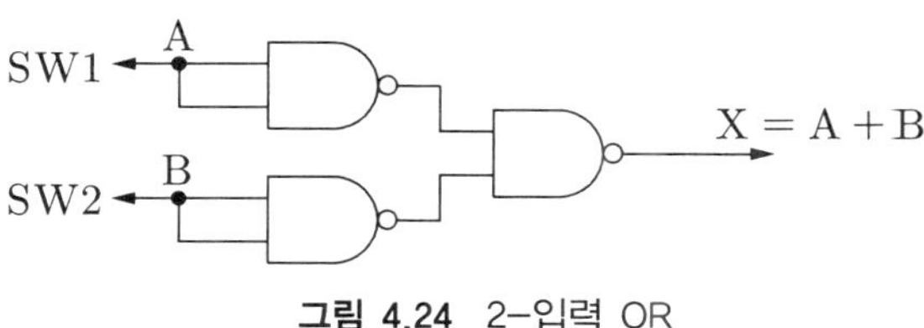

그림 4.24 2-입력 OR

5. IC7402를 이용해서 그림 4.25와 같은 회로를 구성한다. 논리펄스기와 데이터 스위치로 A와 B의 논리 상태를 변화시키면서 논리검출기로 X의 논리상태를 확인하여 실험 표 4.4에 기록한다.

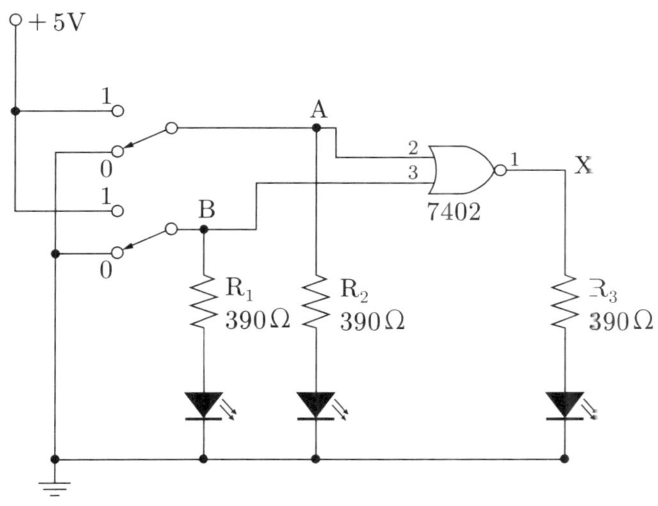

그림 4.25 NOR 게이트

6. IC7402를 이용해서 그림 4.26의 회로를 구성한다. 데이터 스위치로 A와 B의 논리 상태를 변화시키면서 논리검출기로 X의 논리 상태를 확인하여 실험 표 4.5에 기록한다.

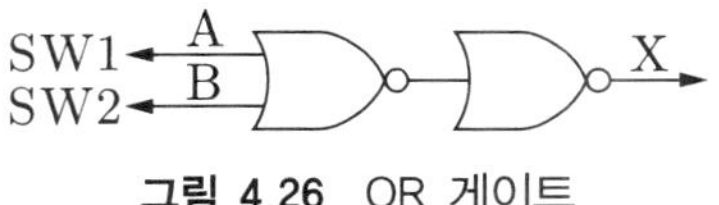

그림 4.26 OR 게이트

7. IC7402를 이용해서 그림 4.27의 회로를 구성한다. 데이터 스위치로 A와 B의 논리 상태를 변화시키면서 논리검출기로 X의 논리 상태를 확인하여 실험 표 4.5에 기록한다.

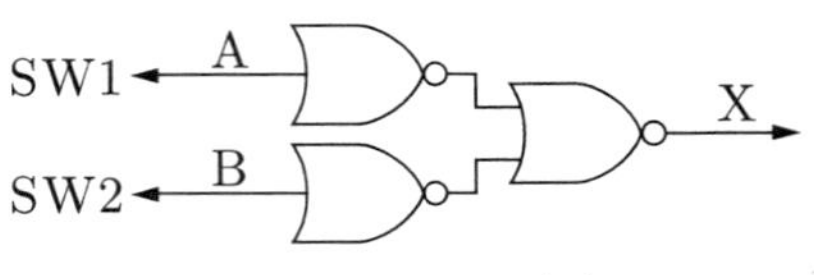

그림 4.27 AND 게이트

8. IC7402와 IC7404를 이용해서 그림 4.28과 같은 회로를 구성한다. 데이터 스위치로 A와 B의 논리 상태를 변화시키면서 논리검출기로 X의 논리상태를 확인하여 실험 표 4.5에 기록한다.

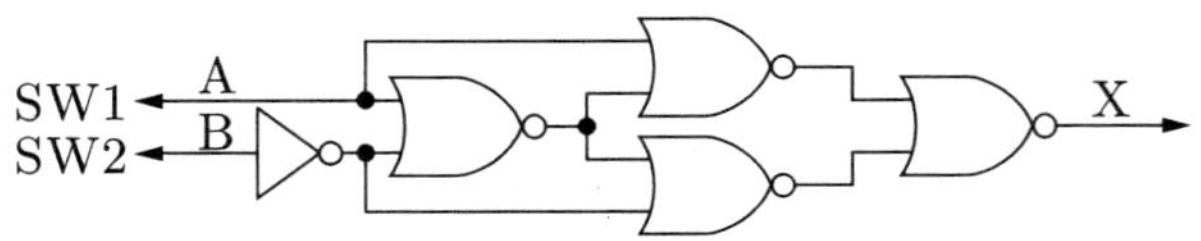

그림 4.28 NOR 게이트 조합회로

6 실험 결과

실험 결과 보고서					
실험제목	실험 (　　) ________________				
학과 및 학년		학 번		확인	
이 름		실험조			
실험일		담당교수			

실험 표 4.1 2-입력 NAND 게이트

입력		NAND 게이트
A	B	논리값
0	0	
0	1	
1	0	
1	1	

실험 표 4.2 NOT 게이트 결과

과정	A	X 논리값
2	0	
	1	

실험 표 4.3 3-입력 NAND 결과

입력			NAND 게이트 X 논리값
A	B	C	
0	0	0	
0	0	1	
0	1	0	
0	1	1	
1	0	0	
1	0	1	
1	1	0	
1	1	1	

〈절취선〉

실험 표 4.4 OR 및 NOR 게이트 결과

입력		OR 게이트	NOR 게이트
A	B	논리값	논리값
0	0		
0	1		
1	0		
1	1		

실험 표 4.5 NOR 게이트 응용 결과

입력		OR 게이트	AND 게이트	과정 8
A	B	논리값	논리값	논리값
0	0			
0	1			
1	0			
1	1			

〈절취선〉

7 결과고찰 및 질문

1. 실험 표 4.1의 실험 결과에서 NAND 게이트 논리를 나타내는 지 설명하여라.

2. 과정 5의 실험 결과에서 NOR 게이트 논리를 나타내는 지 설명하여라.

3. 과정 8의 회로에서 논리식을 적어보아라.

4. 본 실험에서 느낀 점을 기술하여라.

〈절취선〉

실험

05 XOR 및 XNOR 게이트

1 실험 목적

- XOR 게이트 동작 특성을 확인하고 구성법을 고찰한다.
- XNOR 게이트 동작 특성을 확인하고 구성법을 고찰한다.

2 예비 이론

XOR 게이트

XOR(Exclusive-OR, EX-OR, 배타적-OR)게이트는 그레이부호(Gray code) 변환과 패리티(parity)확인 등에 이용되는 논리소자로써, 양쪽 입력이 모두 '1'일 때에는 출력이 '0'으로 된다는 것을 제외하고는 OR 게이트와 같은 동작을 하는 소자이다. 그림 5.1에는 XOR 게이트의 표시기호, 진리표, 동작파형을 나타낸다. 진리표로부터 입력이 같을 때에는 출력이 '0'으로 되고, 입력이 서로 다를 때에는 출력이 '1'로 됨을 알 수 있다. XOR게이트의 부호로는 '⊕'를 사용하고 논리식은 $X = A \oplus B$로서 표기된다.

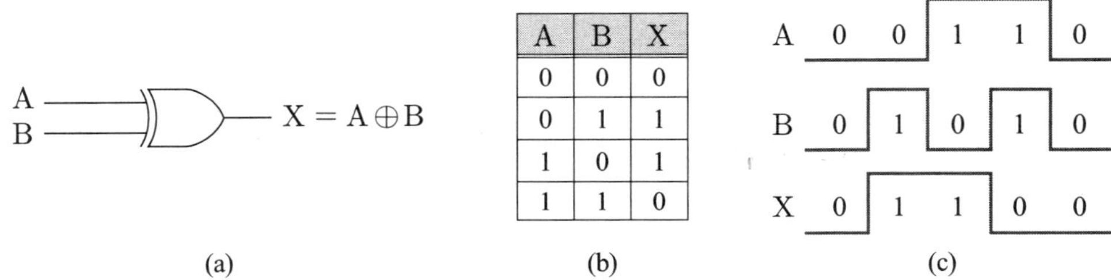

A	B	X
0	0	0
0	1	1
1	0	1
1	1	0

(b)

그림 5.1 XOR 게이트 (a) 심벌 (b) 진리표 (c) 동작파형

XOR게이트의 논리식은

$$X = A \oplus B = \overline{A}B + \overline{A}B = (A + B)(\overline{A} + \overline{B}) \tag{5-1}$$

로 표기할 수 있으므로 AND, OR, NOT 게이트를 이용하여 XOR게이트를 구성할 수 있다. 한편, XOR 게이트는

$$X = A \oplus B = \overline{\overline{A \cdot \overline{AB}} \cdot \overline{\overline{AB} \cdot B}} \tag{5-2}$$

으로 나타낼 수 있으므로 NAND 게이트만을 사용하여 구성할 수 있다. 또 다른 표현식은

$$X = A \oplus B = \overline{A + \overline{A + \overline{B}}} + \overline{\overline{A + \overline{B}} + \overline{B}} \tag{5-3}$$

으로 표기할 수 있으므로 XOR 게이트는 NOR 게이트만 사용해서 구성할 수 있다. 그림 5.2는 세 가지 XOR 게이트를 구성하는 논리회로를 나타낸다.

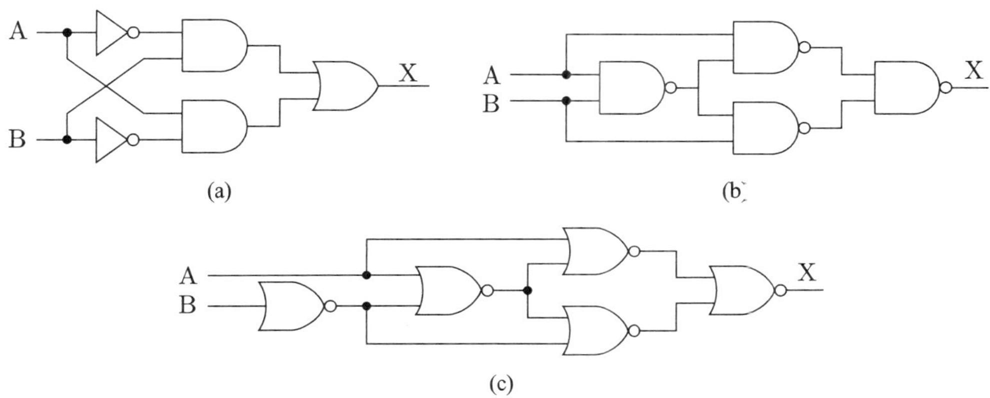

그림 5.2 XOR 게이트의 구성 (a) AND-OR-NOT 게이트, (b) NAND 게이트, (c) NOR 게이트

> • XOR 정리
>
> $A \oplus 0 = A,\ A \oplus 1 = \overline{A},\ A \oplus A = 0,\ A \oplus \overline{A} = 1,\ A \oplus B = B \oplus A,$
>
> $(A \oplus B) \oplus C = A \oplus (B \oplus C) = A \oplus B \oplus C,\ A(B \oplus C) = AB \oplus AC,$
>
> $(\overline{A \oplus B}) = A \oplus \overline{B} = \overline{A} \oplus B = AB \oplus \overline{A}\,\overline{B}$

2-입력, 3-입력, 그리고 4입력 XOR 게이트의 카르노맵은 그림 5.3과 같이 '1'의 위치가 모자이크 모양으로 되어있다.

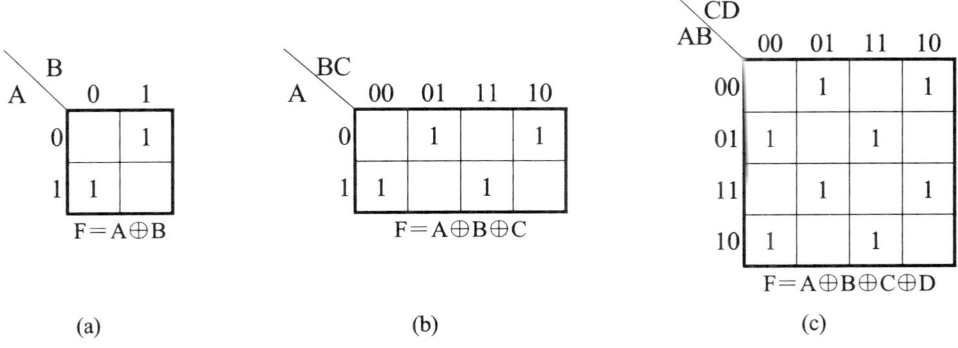

그림 5.3 XOR 연산에 대한 카르노맵 (a) 2-입력 (b) 3-입력 (c) 4-입력

74HC86 혹은 4070B CMOS Quad XOR 게이트에서 하나 이상 게이트 사용을 원하지 않는다면 양 입력을 접지시키면 불능이 된다. 74LS86 TTL XOR인 경우 원하지 않는 게이트는 그림 5.4(a)와 같이 한 입력은 접지시키고 다른 입력은 $1k\Omega$ 저항을 통해 '1' 묶으면 불능 시킬 수 있다. 차선책으로 전류 흐름이 중요하기 않으면 그림 5.4(b)처럼 양 입력을 접지시키면 된다.

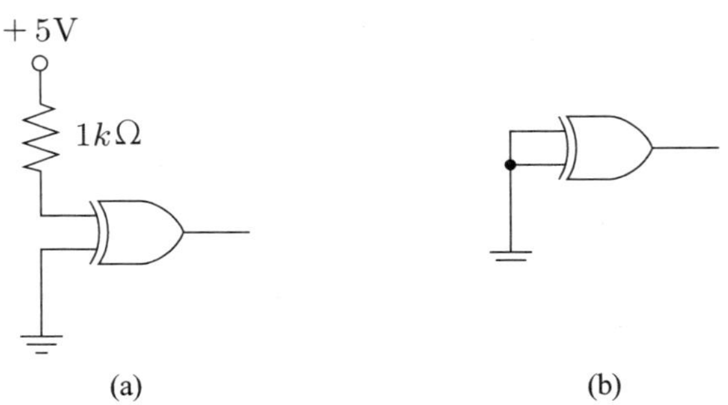

그림 5.4 원하지 않는 TTL XOR 불능 처리 방법 (a) 정적소비전류 최소 방법 (b) 차선책

XOR 게이트의 응용

XOR게이트는 패리티 확인회로(parity-check circuit)와 이진-그레이 부호변환기(Binary-Gray code converter)에 응용된다. 그림 5.5(a)회로에서 입력 A, B, C, D에 있는 한 개의 개수가 짝수이면 X는 '0'이 되고, 홀수이면 X는 '1'이 되므로, 결국 패리티 확인을 할 수 있다.

그림 5.5(b)에서 A와 B, B와 C, C와 D, D와 E가 각각 서로 같은 논리상태일 때에는 G2, G3, G4, G5에 '0'이 나타나고, 서로 다를 때에는 '1'이 나타나게 되므로, 만일 A~E가 이진부호(binary code)를 표시한다면 결국 G1~G5는 이에 대한 그레이 부호를 표시하게 된다.

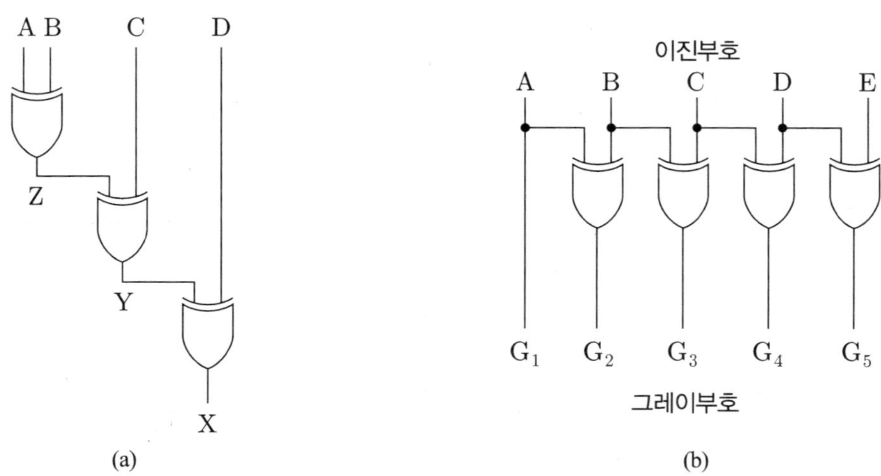

그림 5.5 XOR 게이트의 응용1 (a) 패리티 확인회로 (b) 이진-그레이 변환기

그림 5.6(a)에서 제어신호=1이면 입력비트(ABCD)와 출력 비트는 반대($\overline{A}\,\overline{B}\,\overline{C}\,\overline{D}$)가 되고, 제어신호=0이면 입력(ABCD)=출력(ABCD) 논리상태를 출력한다. 비반전 출력과 반전 출력을 위해 보통 8개 단자가 아닌 5개 단자로 구현할 수 있다

그림 5.6(b)에서 단어 1($A_1B_1C_1D_1$)과 단어 2($A_2B_2C_2D_2$)가 다르면 출력='1'이고 같으면 출력='0'이 된다.

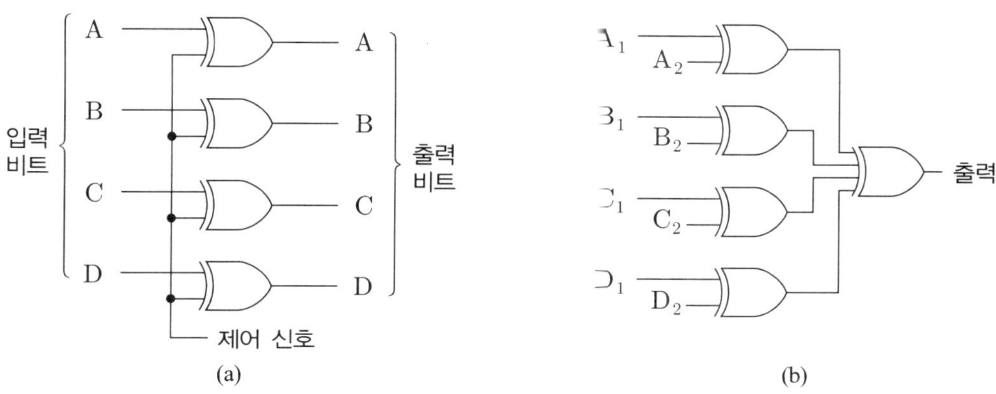

그림 5.6 XOR 게이트의 응용2 (a) 4-비트 반전/비반전 발생기 (b) 4-비트 논리상태 비교기

XNOR 게이트

그림 5.7과 같이 XNOR(혹은 EX-NOR, 등가연산) 게이트는 입력 중 짝수 개의 '1'이 입력될 때 출력이 '1'이 되고, 그렇지 않은 경우에는 출력은 '0'이 된다. 출력값은 XOR 게이트에 NOT 게이트를 연결한 것이므로 XOR 게이트와 반대 기능을 한다. 2-입력 XNOR 게이트의 경우 두 개의 입력이 다를 때 출력이 '0'이 되고, 두 개의 입력이 같으면 출력은 '1'이 된다.

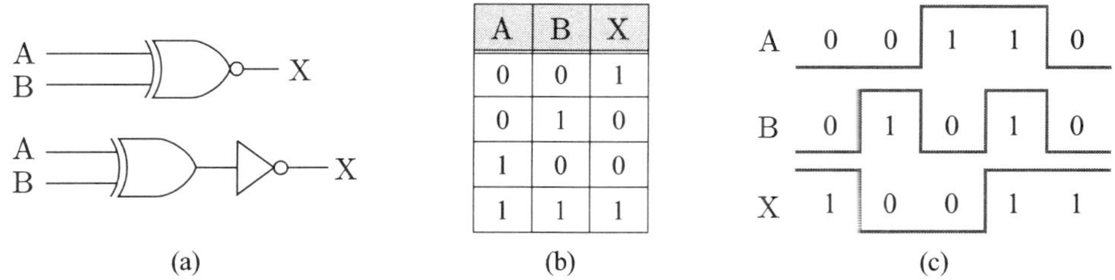

A	B	X
0	0	1
0	1	0
1	0	0
1	1	1

(b)

그림 5.7 2-입력 XOR게이트 (a) 표시기호, (b) 진리표 (c) 동작파형

XNOR게이트의 논리식은

$$X = A \odot B = \overline{A \oplus B} = \overline{A}\,\overline{B} + AB = (A + \overline{B})(\overline{A} + B) \tag{5-4}$$

로 표기할 수 있다.

일반적으로 세 개 이상의 입력을 갖는 XOR나 XNOR 게이트는 하드웨어 관점에서 볼 때 비경제적이기 때문에 거의 사용되지 않는다. 사실 입력이 두 개인 XOR, XNOR 게이트조차도 비경제적이기 때문에 XNOR의 특성을 가지는 그림 5.8 회로가 자주 사용된다.

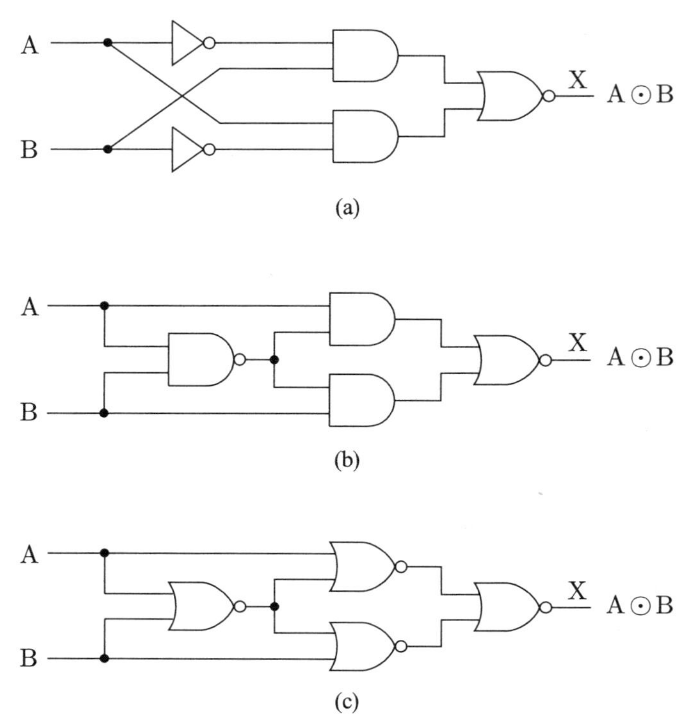

그림 5.8 XNOR 게이트의 구성 (a) AND+OR+NOT 게이트, (b) NAND 게이트, (c) NOR 게이트

3 실험 준비물

- **장비** : 직류전원 공급기, 함수발생기, 오실로스코프, DMM, 디지털실험 장비
- **기타 기기** : 논리 검출기(logic probe), 논리 펄스기(logic pulser), 논리 클립(logic clip)
- **소프트웨어** : PSpice 프로그램(OrCAD 등)
- **IC 부품** : 7400, 7402, 7404. 7408, 7432, 7486, 4077
- **기타 부품** : LED 4개, 390Ω 4개, 토글스위치 4개, DIP 스위치

4 PSpice 시뮬레이션

XOR 회로 시뮬레이션

1. 7404, 7408, 7432 게이트를 이용하여 그림 5.9와 같은 회로도를 구성한다.

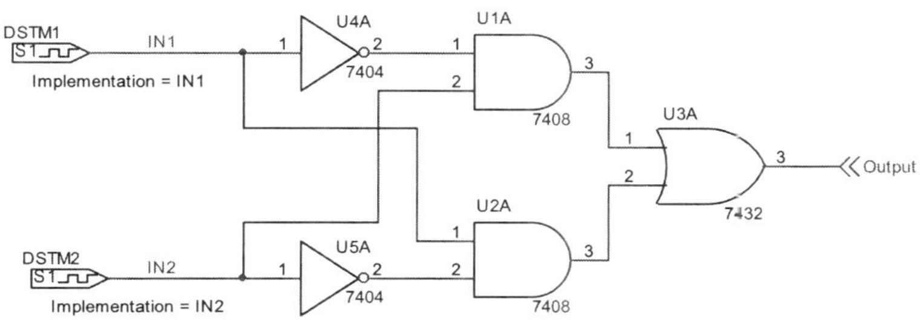

그림 5.9 XOR 회로

2. New Stimulus창에서 Name : In1을 입력하고, Digital : Clock을 선택한다. Clock Attributes 창에서 Period and on times를 선택하고 Period(sec) : 0.8us, On time(sec) : 0.4us, Initial value : 0, Time delay : 0 입력한다.

3. Stimulus Editor 창에 Stimulus/New를 누르고 New Stimulus창에서 Name : In2, Digital : Clock을 선택한후 OK를 누른다. Clock Attributes 창에서 Period and on times를 선택하고 Period(sec) : 0.8us, On time(sec) : 0.4us, Initial value : 0, Time delay : 0.2us 입력한후 OK를 누른다.

4. Time domain(Transient) Run to time : 1us로 설정하고 00, 01, 11, 10 신호를 인가한다. 시뮬레이션 결과는 두 입력이 같으면 '0'이고 다르면 '1' 상태가 된다. 입력과 출력 사이에 3개의 게이트가 있으므로 약 정도의 25 ~ 40ns 정도의 시간지연이 있다.

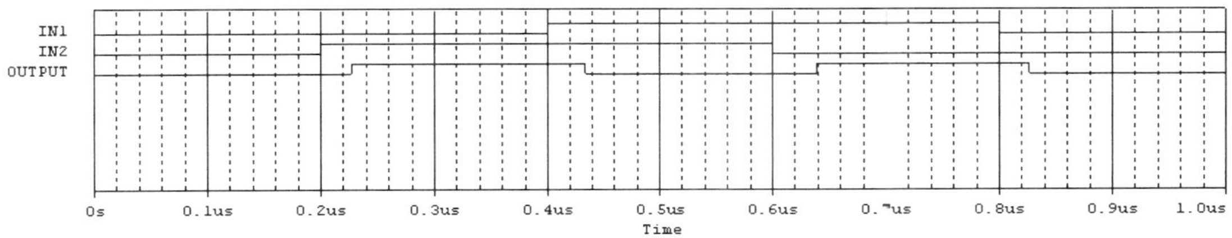

그림 5.10 XOR 회로 시뮬레이션 결과

XNOR 회로 시뮬레이션

5. 7404, 7408, 7432 게이트를 이용하여 그림 5.11과 같은 회로도를 구성한다.

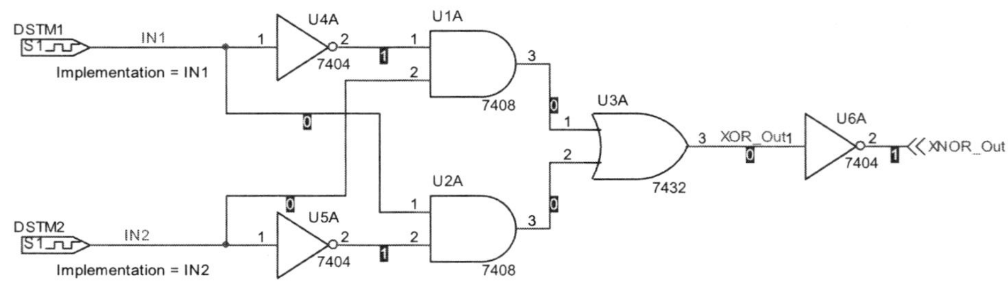

그림 5.11 XNOR 회로

6. Time domain(Transient) Run to time : 1us로 설정하고 00, 01, 11, 10 신호를 인가한다. 시뮬레이션 결과는 두 입력이 같으면 '1'이고 다르면 '0' 상태가 된다. 입력과 출력 사이에 3개의 게이트가 있으므로 약 정도의 25 ~ 40ns 정도의 시간지연이 있다.

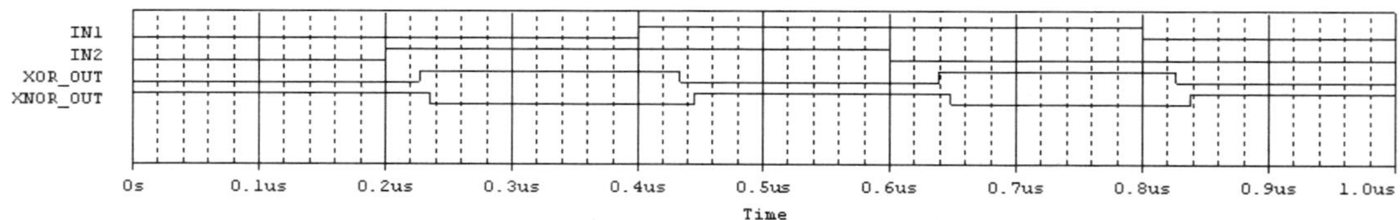

그림 5.12 XNOR 회로 시뮬레이션 결과

5 실험 과정

XOR 회로 실험

1. IC7486을 이용해서 그림 5.13의 회로를 구성한다. 논리펄스기와 데이터 스위치로 A와 B의 논리상태를 변화시키면서 논리검출기로 X의 논리상태를 확인하여 실험 표 5.1을 완성한다.

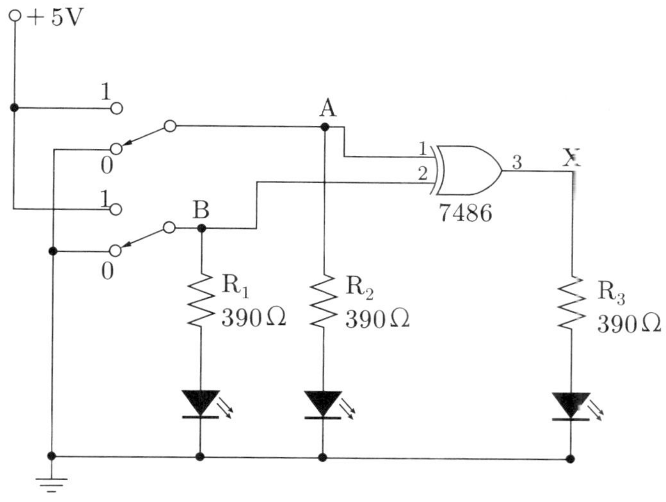

그림 5.13 XOR 회로

2. IC7404, IC7408, IC7432를 이용해서 그림 5.14의 회로를 구성한다. 논리펄스기와 데이터 스위치의 논리 상태를 변화시키면서 논리검출기로 X의 논리상태를 확인하여 실험 표 5.1에 기록한다.

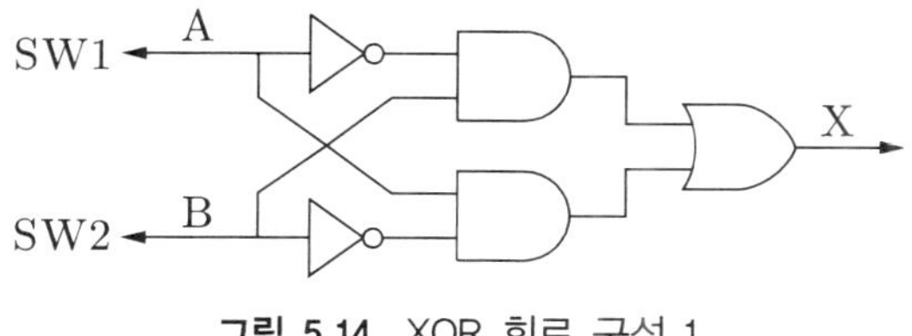

그림 5.14 XOR 회로 구성 1

3. IC7400을 이용해서 그림 5.15의 회로를 구성한다. 논리펄스기와 데이터 스위치의 논리 상태를 변화시키면서 논리검출기로 X의 논리상태를 확인하여 실험 표 5.1에 기록한다.

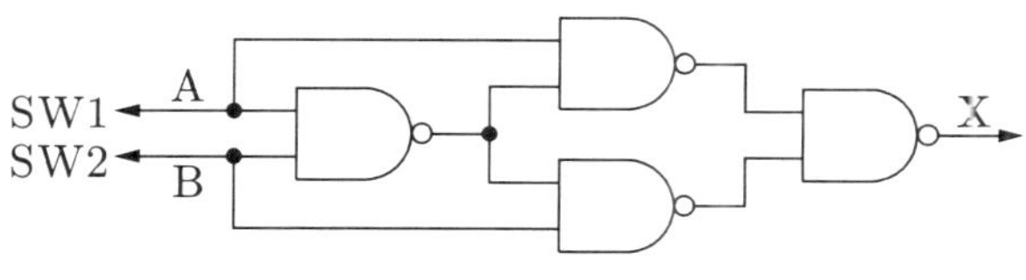

그림 5.15 XOR 회로 구성 2

4. IC 7486 게이트를 이용해서 그림 5.16의 회로를 구성하고 논리펄스기와 데이터 스위치의 논리상태를 변화시키면서 논리검출기로 X의 논리상태를 확인하여 실험 표 5.2에 기록한다.

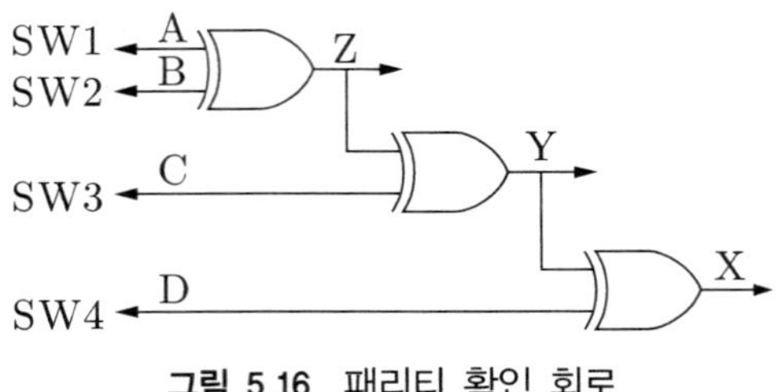

그림 5.16 패리티 확인 회로

XNOR 실험

5. IC 4077 게이트를 이용해서 그림 5.17의 회로를 구성한다. 논리펄스기와 데이터 스위치의 논리상태를 변화시키면서 논리검출기로 X의 논리상태를 확인하여 실험 표 5.3에 기록한다.

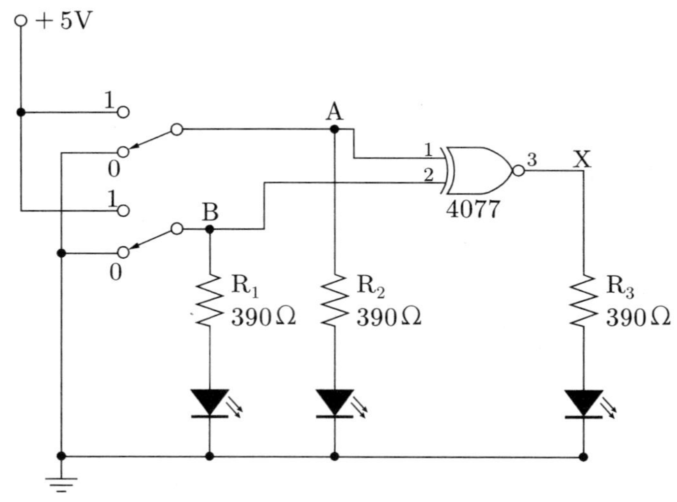

그림 5.17 XNOR 측정회로

6. 그림 5.8에 있는 세 개의 회로를 각각 구성한다. 논리펄스기와 데이터 스위치의 논리상태를 변화시키면서 논리검출기로 X의 논리상태를 각각 확인하여 실험 표 5.3에 기록한다.

6 실험 결과

실험 결과 보고서					
실험제목	실험 (　　) ________				
학과 및 학년		학 번		확인	
이 름		실험조			
실험일		담당교수			

실험 표 5.1 XOR 게이트 구성

입력		과정 1	과정 2	과정 3
A	B	X, 논리값	X, 논리값	X, 논리값
0	0			
0	1			
1	0			
1	1			

실험 표 5.2 패리티 확인 회로 실험

A	B	C	D	X	1의 개수	A	B	C	D	X	1의 개수
0	0	0	0			1	0	0	0		
0	0	0	1			1	0	0	1		
0	0	1	0			1	0	1	0		
0	0	1	1			1	0	1	1		
0	1	0	0			1	1	0	0		
0	1	0	1			1	1	0	1		
0	1	1	0			1	1	1	0		
0	1	1	1			1	1	1	1		

실험 표 5.3 XNOR 게이트 구성

입력		과정 5	AND 등	NAND	NOR
A	B	X, 논리값	X, 논리값	X, 논리값	X, 논리값
0	0				
0	1				
1	0				
1	1				

7 결과고찰 및 질문

1. 실험 표 5.1에서 2-입력 XOR 게이트에 대한 실험값을 진리표와 비교하고 검토하여라.

2. 실험 표 5.2에서 1의 갯수 칸을 채우고 이를 X칸과 비교하여 패리티 확인 회로가 성립함을 검토하여라.

3. 실험 표 5.3에서 2-입력 XNOR 게이트에 대한 실험값을 진리표와 비교하고 검토하여라.

4. 본 실험에서 느낀 점을 기술하여라.

〈절취선〉

실험 06

조합논리회로 구현

1 실험 목적

- 진리표, 논리식, 회로도 사이의 변환 방법 숙지한다.
- 카르노맵을 이용한 논리식 간소화 방법을 익힌다.
- 조합회로를 설계하고 이를 구현할 수 있는 능력을 배양한다.

2 예비 이론

조합 논리회로 설계 및 간소화

디지털 회로는 조합회로(combinational logic circuit)와 순차회로(sequential logic circuit)로 구분할 수 있다. 조합회로는 과거의 입력에는 상관없이 오직 현재 입력값의 조합에 의해서만 출력값이 결정되는 회로이며, 기억능력이 없다.

반면에 순차회로는 현재의 입력뿐만 아니라 회로 내부에 과거의 입력에 의해 기억된 상태값에 따라 출력값이 결정되는 회로이다.

그림 6.1과 같은 조합회로 설계 절차는 다음과 같다.

① 회로를 설계할 경우 설계하고자 하는 회로 동작을 명확히 규정하고 이해한다.

② 입력변수 및 출력변수를 결정하여야 한다.

③ 동작에 따른 진리표를 작성한다.

④ 진리표로부터 간소화된 논리식을 구한다.

⑤ 이 논리식을 회로도로 나타낸다.

⑥ 설계된 회로는 실험보드에 구현하여 동작을 검증한다.

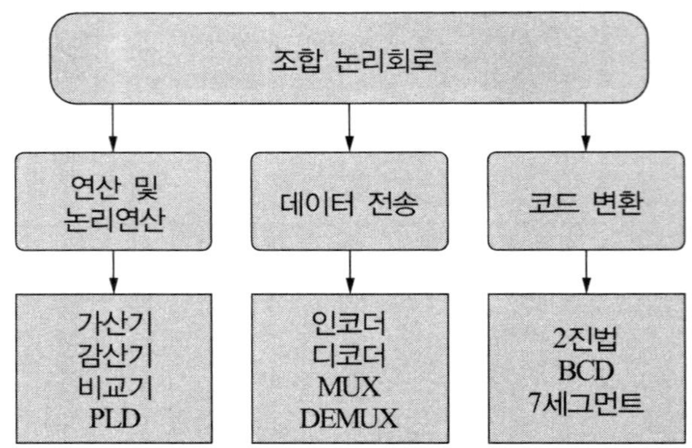

그림 6.1 조합 논리회로 분류

부울대수로 표현된 논리식은 디지털 논리회로로 구성할 수 있으며, 최소 논리곱의 합(최소 갯수의 항과 각 항은 최소 갯수의 문자) 혹은 최소 논리합의 곱으로 논리식을 간소화하여 회로를 간략화 하여 성능을 향상시키고 회로의 크기와 비용을 줄인다.

논리식을 간소화하는 방법에는 아래 부울식을 이용한 부울대수를 이용하는 방법

$$A\overline{B}+AB=A,\ A+AB=A,\ A+\overline{A}B=A+B,\ AB+\overline{A}C+BC=AB+\overline{A}C \tag{6-1}$$

이 있으며 카르노맵(Karnaugh map)을 이용하는 방법, 도표를 이용하는 방법 등이 많이 사용되는데, 주어진 논리식을 간략화하기 위해 변수가 많은 항을 간략화 하는 방법으로는 카르노맵을 이용하는 것이 효율적이다. 3-변수 이상에서는 간소화 식이 두 개 이상일 수 있다.

- 부울 대수(Boolean algebra) : 두 가지 상태(참과 거짓 혹은 0과 1)를 수학적으로 해석하는 방법이다.
- 부울대수 기본정리 : $A+0=A$, $A+A=A$, $A+1=1$, $A\cdot 1=A$, $A\cdot\overline{A}=0$, $A\cdot A=A$, $A\cdot 0=0$
- $AB+\overline{A}C+BC=AB+\overline{A}C$, $(A+B)(\overline{A}+C)(B+C)=(A+B)(\overline{A}+C)$, $A+AB=A$, $(A+B)(\overline{A}+C)=AC+\overline{A}B$
- 하나의 부울 대수식은 한 개의 진리표를 가지고, 한 개의 진리표는 여러 개의 불 대수식을 가지며 서로 등가이다. 문자는 변수와 그 보수를 말하며 회로의 복잡도를 나타낸다. 부울 대수식 $AB+\overline{B}C+A$일 때 변수는 A,B,C이고 문자는 $A,B,\overline{B},C,A$이다.

카르노맵

일반적으로 간단한 논리식에 비해 복잡한 논리식을 구현하기 위해서는 더 많은 수의 게이트가 필요하게 된다. 카르노맵을 이용한 논리식 간소화 방법은 그림 6.2와 같이 변수의 개수가 2개, 3개, 4개인 경우이다. 그림의 카르노맵에서 좌측 상단에는 사용되는 변수를 쓰며, 좌변과 상변에

있는 2진수는 해당변수의 값을 뜻한다. 카르노맵는 사각형의 칸 안에 주어진 항의 수를 '1'로 표시하고, 인접한 칸의 '1'을 묶어 간략화 한다.

무정의 조건(don't care) x는 '1' 또는 '0'으로 볼 수 있으며, 그룹을 크게 하는 x를 '1'로 취급하여 그룹화하면 좀 더 간소화된 논리식을 구할 수 있다.

- 카르노맵 안에 주어진 논리식의 항을 1로 표시한다.
- 인접한 칸의 1을 2^n(1, 2, 4, 8 …) 개의 최대로 묶고 변수항을 지거한다.
- 완전 중복되지 않는 범위에서 1의 수를 중복하여 묶는다. 인접되지 않는 1은 더 이상 간략화 할 수 없다.
- 한 개 이상의 '1'의 묶음을 관련항(implicant) 혹은 항이라 하고, 최소 논리곱의 합은 더 이상 다른 항과 결합될 수 없는 항인 주항(prime implicant)들로 이루어진다. 한 최소항이 단 하나의 주항에만 포함되는 필수주항(essential prime implicant)은 반드시 최소 논리곱의 합에 포함된다.

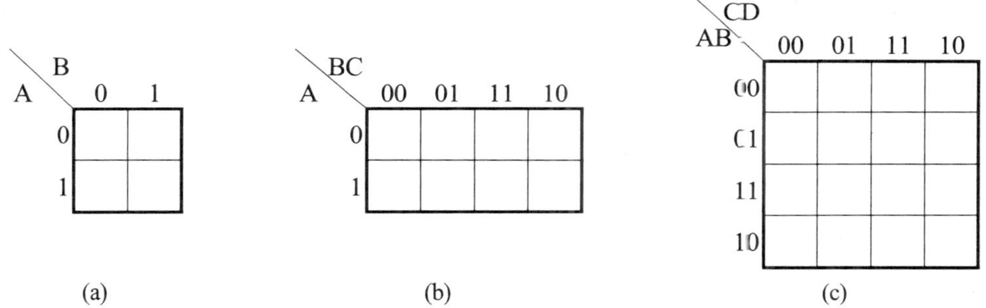

그림 6.2 카르노맵 (a) 2변수 (b) 3변수 (c) 4변수

그림 6.3은 3-변수 논리식 $Y = \overline{A}\,\overline{B}\,\overline{C} + \overline{A}\,\overline{B}C + \overline{A}B\overline{C} + AB\overline{C} + A3C$를 카르노맵에 다섯 개의 최소항을 표시하고 인접 항끼리 묶어 간소화시키면 논리식은 $Y = \overline{A}\,\overline{B} + B\overline{C} + AB$이 된다.

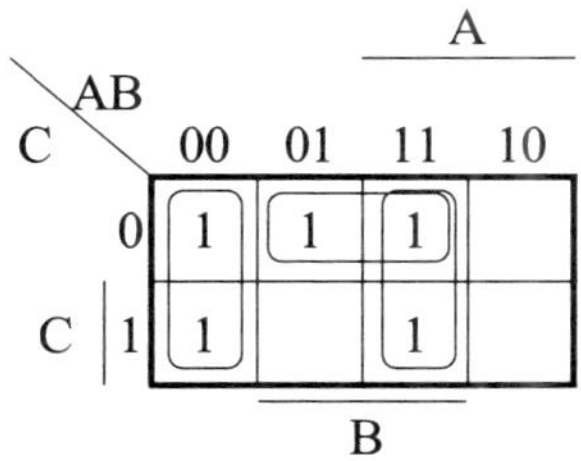

그림 6.3 다섯 개의 최소항을 간략화

곱의합 형태와 합의곱 형태의 논리식

$F = ABC + ACD + BCD$와 같이 곱의합(SOP : sum of products) 형태의 논리식은 AND로 구성된 항들이 OR로 연결되어 있는 형태를 가진다. $F = (A + B + C)(B + C + D)(A + C + D)$와 같이 합의곱(POS : product of sums) 형태의 논리식은 OR으로 구성된 항들이 AND로 연결되는 형태이다.

카르노맵에서 '0'이 들어있는 네모 칸에 대해 그룹화를 적용하면 $\overline{F}$에 대한 논리식을 얻을 수 있으며, 이 $\overline{F}$에 대해 다시 NOT 연산을 취하면 $\overline{\overline{F}} = F$가 되어, 결국 F에 대한 합의곱 형태의 논리식을 얻을 수 있다.

그림 6.4와 같이 진리표가 정해진 경우 '0' 수가 적은 경우 합의곱 형태의 논리식을 얻어야 회로를 간단하게 구성할 수 있다. 먼저 '0'의 셀을 그룹화하면 $\overline{F} = A\overline{B} + \overline{B}C$이 되고, $F = \overline{\overline{F}} = \overline{(A\overline{B} + \overline{B}C)} = (\overline{A} + B)(B + \overline{C})$이 되어 합의곱 회로가 된다.

A	B	C	F
0	0	0	1
0	0	1	0
0	1	0	1
0	1	1	1
1	0	0	0
1	0	1	0
1	1	0	1
1	1	1	1

(a)

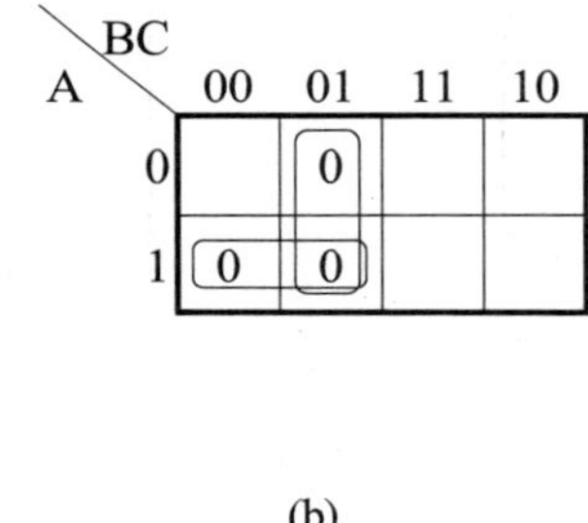

(b)

그림 6.4 합의곱 논리식 만들기 (a) 진리표 (b) 카르노맵

NAND 혹은 NOR 게이트로 구성된 회로

AND와 OR 게이트로 설계된 회로를 NAND나 NOR 게이트만으로 구성된 회로로 변환할 수 있다. 그림 6.5와 같이 논리식이 $F = AB + CD$와 같이 곱의합 형태로 표현되어 있으면 NAND 게이트만을 이용하여 표현할 수 있다.

게이트의 단 수는 회로의 입력과 출력 사이에서 직렬로 연결된 게이트의 최대 수이며 단 NOT 게이트는 단수에 제외한다. 그림 6.5(a)는 2단 회로이고 3개의 게이트, 6개의 게이트 입력을 가지고 있다.

논리식이 곱의합 형태로 표현되어 있으면 그 논리식에 대한 회로도는 항상 입력(왼쪽)에 먼저 AND 게이트들이 위치하고 그 오른쪽에 OR 게이트가 연결되는 AND-OR 형태를 가진다.

이와 같은 AND-OR 형태의 회로도를 NAND 게이트만을 사용한 회로도로 변환하려면 그림에 나타낸 것과 같이 전체회로의 출력선 F에 두 개의 작은 원을 그려 넣은 후 그 중 하나의 원을 입력으로 이동시켜 나가면 된다.

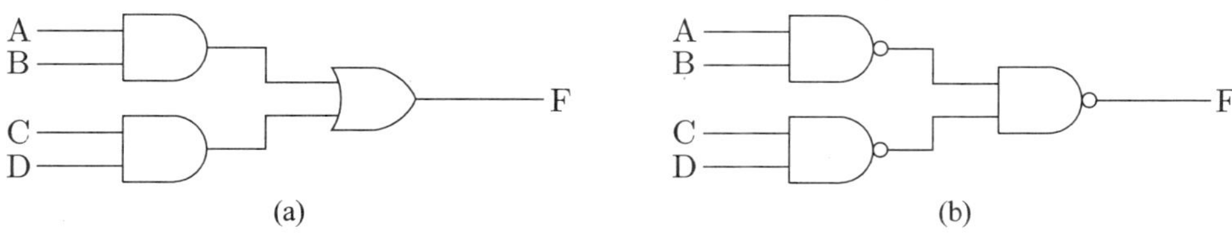

그림 6.5 곱의합 논리식 회로 구현 (a) 논리회로 (b) NAND 게이트

그림 6.6과 같이 논리식이 $F = (A + B)(C + D)$와 같이 합의곱 형태로 표현되어 있으면 NOR 게이트만을 이용하여 표현할 수 있다. 그 논리식에 대한 회로도는 항상 입력(왼쪽)에 먼저 OR 게이트들이 위치하고 그 오른쪽에 AND 게이트가 연결되는 OR-AND 형태를 가진다.

이와 같이 OR-AND 형태의 회로도를 NOR 게이트만을 사용한 회로도로 변환하려면 그림에 나타낸 것과 같이 전체회로의 출력선 F에 두 개의 작은 원을 그려 넣은 후 그 중 하나의 원을 입력으로 이동시켜 나가면 된다.

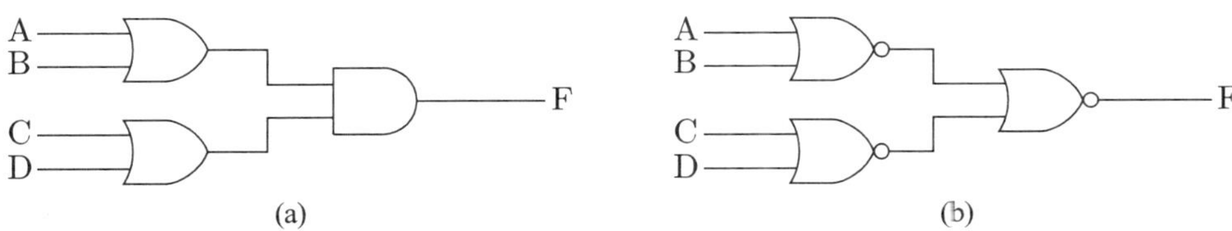

그림 6.6 합의곱 논리식 회로 구현 (a) 논리회로 (b) NOR 게이트

3 실험 준비물

- 장비 : 직류전원 공급기, 함수발생기, 오실로스코프, DMM, 디지털실험 장비
- 기타 기기 : 논리 검출기(logic probe), 논리 펄스기(logic pulser), 논리 클립(logic clip)
- 소프트웨어 : PSpice 프로그램(OrCAD 등)
- IC 부품 : 7400, 7406, 7408, 7411 2개, 7432
- 기타 부품 : LED 4개, 390Ω 4개, 토글스위치 4개, DIP 스위치

4 PSpice 시뮬레이션

조합논리회로 시뮬레이션

1. 그림 6.7과 같이 7411 AND, 7432, 4075 OR, 7404 NOT 게이트로 논리식 $X = \overline{A}B\overline{C} + AB\overline{C} + \overline{A}BC + ABC + A\overline{B}C$과 논리식 $X = B + AC$ 회로도를 함께 구성한다.

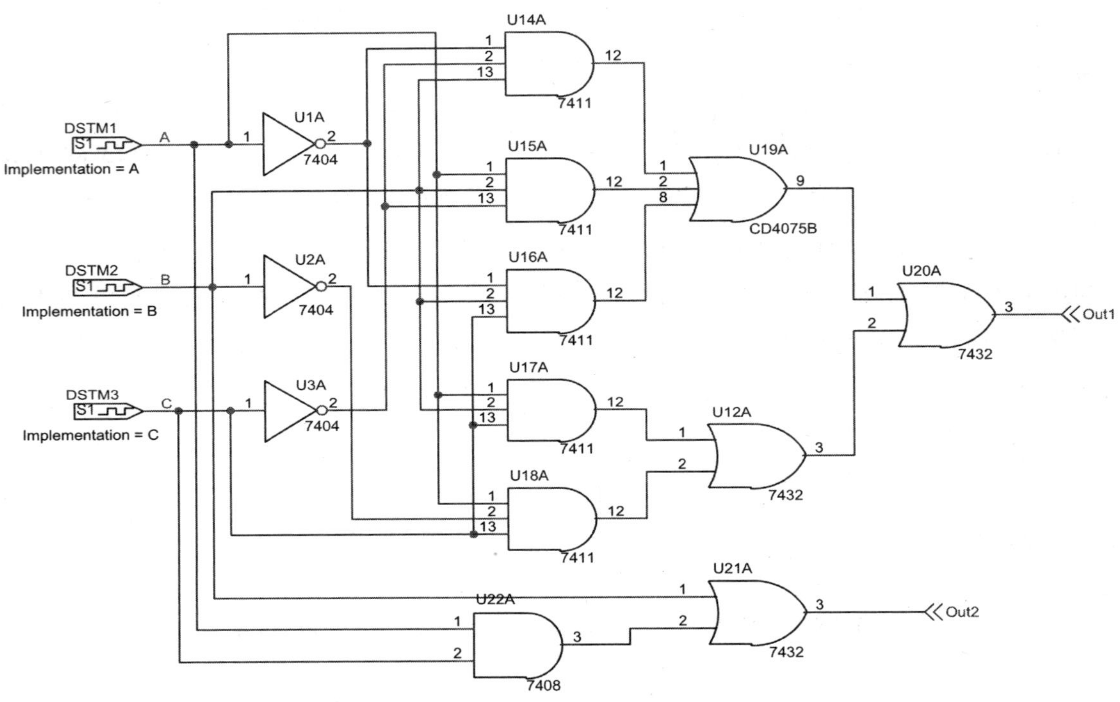

그림 6.7 논리식 $X = \overline{A}B\overline{C} + AB\overline{C} + \overline{A}BC + ABC + A\overline{B}C$과 $X = B + AC$ 회로도

2. 논리식 $X = \overline{A}B\overline{C} + AB\overline{C} + \overline{A}BC + ABC + A\overline{B}C$를 간략화한 논리식이 $X = B + AC$이다. 각각의 출력 OUT1 과 OUT2 결과가 동일함을 확인한다.

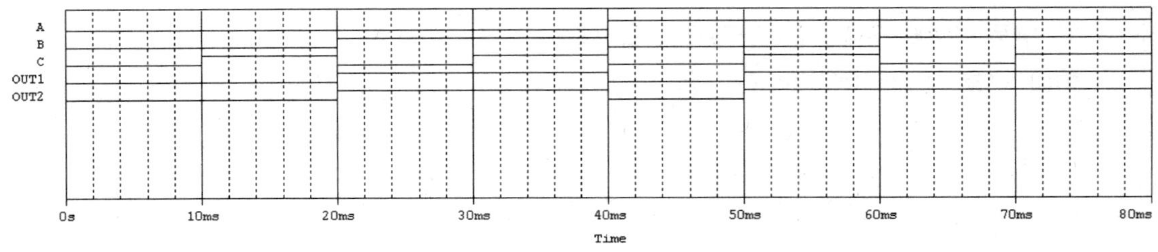

그림 6.8 논리식 $X = \overline{A}B\overline{C} + AB\overline{C} + \overline{A}BC + ABC + A\overline{B}C$과 $X = B + AC$ 시뮬레이션 결과

5 실험 과정

논리식 간략화

1. 논리식이 $X = \overline{A}B\overline{C} + AB\overline{C} + \overline{A}BC + ABC + A\overline{B}C$일 때 그림 6.9와 같은 회로를 IC 7406, 7411, 7432으로 구성한다. 실험 표 6.1의 입력조건에 대해 출력 X를 측정하여 실험 표 6.1에 기록한다.

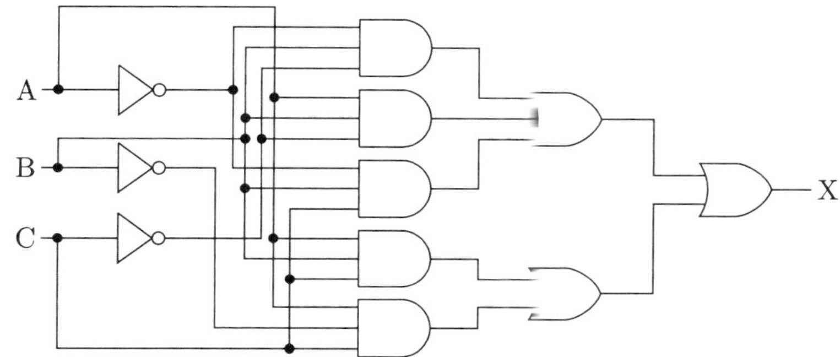

그림 6.9 논리식이 $X = \overline{A}B\overline{C} + AB\overline{C} + \overline{A}BC + ABC + A\overline{B}C$인 논리회로

2. 논리식 $X = B + AC$인 그림 6.10 회로를 구성한다. 실험 표 6.1의 입력조건에 대해 출력 Y를 측정하여 기록한다.

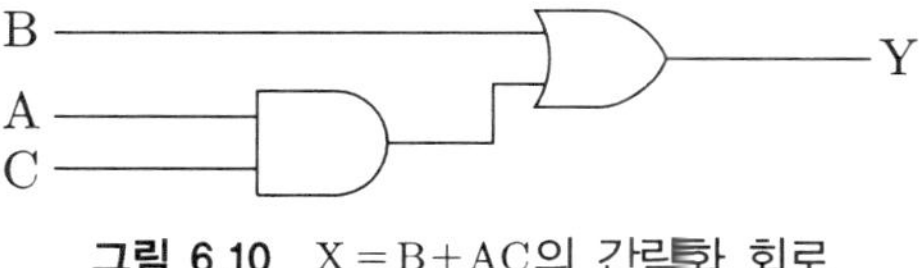

그림 6.10 $X = B + AC$의 간략화 회로

3. 3변수의 논리식 $X = \overline{A}B\overline{C} + AB\overline{C} + \overline{A}BC + ABC + A\overline{B}C$을 부울 대수식과 카르노맵을 이용하여 간단한 논리식을 만들어 보아라.

4. 논리식 $X = A\overline{B} + \overline{A}\,\overline{B}C + \overline{A}BC$을 카르노맵으로 간략화하면 $Y = A\overline{B} + \overline{A}C$이 됨을 보이고 각각 회로도를 실험그림 6.2에 그린다. 그리고 각 회로 IC 7404, 7408, 7432를 이용하여 구성한 후 진리표와 같이 동작하는지 확인하고 출력을 실험 표 6.2에 기록한다.

5. $Y = A\overline{B} + \overline{A}C$를 2-입력 NAND 게이트 7400만을 사용한 회로도를 실험그림 6.3에 그린다.

6 실험 결과

실험 결과 보고서					
실험제목	실험 ( ) ________________				
학과 및 학년		학 번		확인	
이 름		실험조			
실험일		담당교수			

실험 표 6.1 과정 1, 2에서 출력 측정

입력			출력	
A	B	C	X	Y
0	0	0		
0	0	1		
0	1	0		
0	1	1		
1	0	0		
1	0	1		
1	1	0		
1	1	1		

실험그림 6.1 과정 3에서 간단한 논리식 만들기

〈절취선〉

〈절취선〉

실험그림 6.2 과정 4에서 간략화 유도 및 회로도 그리기

실험 표 6.2 과정 4에서 출력 측정

입력			출력	
A	B	C	X	Y
0	0	0		
0	0	1		
0	1	0		
0	1	1		
1	0	0		
1	0	1		
1	1	0		
1	1	1		

실험그림 6.3 과정 5에서 회로도 그리기

7 결과고찰 및 질문

1. 실험 표 6.1의 결과에 대해 설명하여라.

2. 과정 3의 논리식을 부울대수로 간략화 하고 결과를 비교한다.

3. 과정 5에서 NOR 게이트만을 사용하여 회로도를 만들어 보고 차이점을 설명하여라.

4. 본 실험에서 느낀 점을 기술하여라.

〈절취선〉

실험 07 가산기 및 감산기

1 실험 목적

- 반가산기, 전가산기 등의 가산 동작을 숙지한다.
- 반감산기, 전감산기 등의 감산 동작을 숙지한다.

2 예비 이론

반가산기

반가산기(half adder)는 이진법을 표시된 두 개의 수를 합하는 가산기이다. 그림 7.1(a)과 같이 두 개의 수 A, B를 합해서 나오는 합(sum) S와 자리올림(carry) C는 A, B를 입력으로 하여 각각 XOR 게이트와 AND 게이트를 이용하여 출력한다. 따라서 반가산기의 회로는 그림 7.1 (b)와 같고 합과 자리올림의 부울식은 다음과 같다.

$$S = A \oplus B, C = AB \tag{7-1}$$

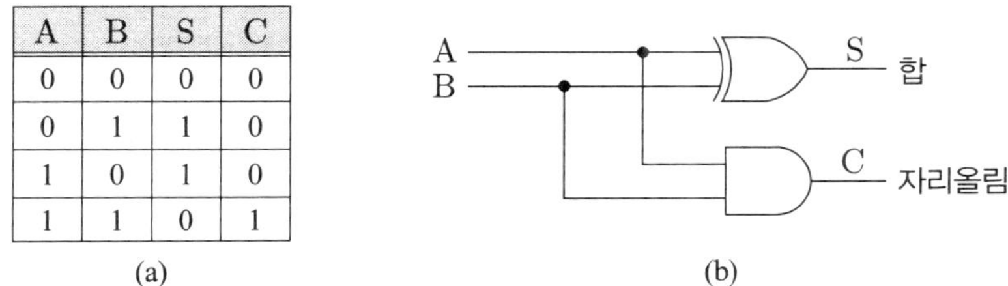

A	B	S	C
0	0	0	0
0	1	1	0
1	0	1	0
1	1	0	1

(a)

(b)

그림 7.1 반가산기 (a) 진리표 (b) 회로

전가산기

전가산기(full adder)는 A, B 두 개의 수 이외에 자리올림으로 인한 입력 C_0까지도 합해 주도록 하는 가산기이다. 이때는 A, B를 반가산기로 계산해서 나온 합 S와 자리올림 C을 다시 한 번 반가산기로 계산해서 전가산기의 합을 얻는다. 단 두 번째 반가산기에서 나오는 자리올림은 첫 번째 반가산기에서 나오는 자리올림과 합해주어야 전가산기의 자리올림을 얻게 되며, 이 두 가지

가 동시에 '1'로 되는 경우는 없으므로 OR 게이트를 통과시키면 된다. 그림 7.2는 전가산기의 진리표 및 회로도를 나타내고 합과 자리올림 부울 식은 다음과 같다.

$$S_i = A_i \oplus B_i \oplus C_i,\ C_{i+1} = (A_i \oplus B_i)C_i + A_iB_i \tag{7-2}$$

A	B	C_i	S	C_{i+1}
0	0	0	0	0
0	0	1	1	0
0	1	0	1	0
0	1	1	0	1
1	0	0	1	0
1	0	1	0	1
1	1	0	0	1
1	1	1	1	1

(a)

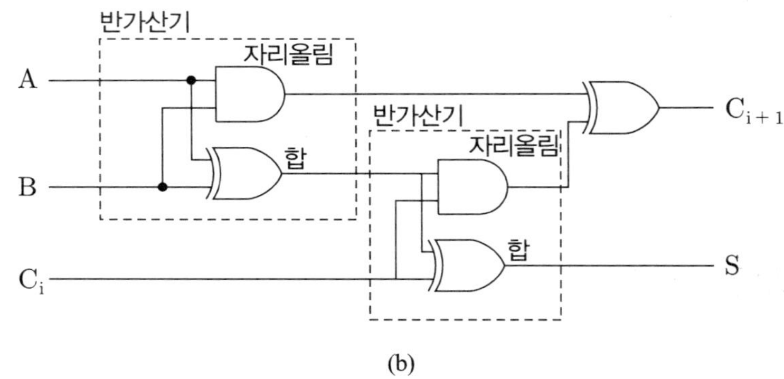

(b)

그림 7.2 전가산기 (a) 진리표 (2) 회로도

반감산기

반감산기(half subtracter)는 반가산기와 마찬가지로 두 개의 수에 대한 감산기이며, 그림 7.3(a)의 진리표에 따라서 반감산기를 구성하면 그림 7.3(b) 회로와 같고 차와 빌림의 부울식은 다음과 같다.

$$D = \overline{X}Y + X\overline{Y},\ B = \overline{X}Y \tag{7-3}$$

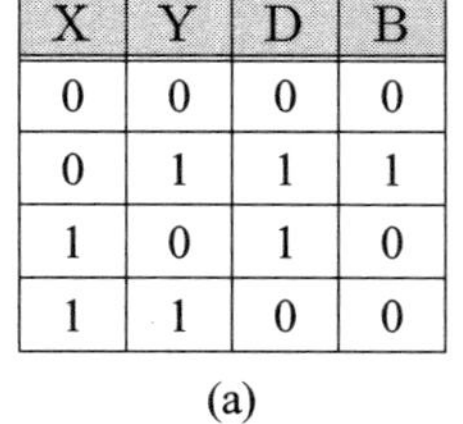

X	Y	D	B
0	0	0	0
0	1	1	1
1	0	1	0
1	1	0	0

(a)

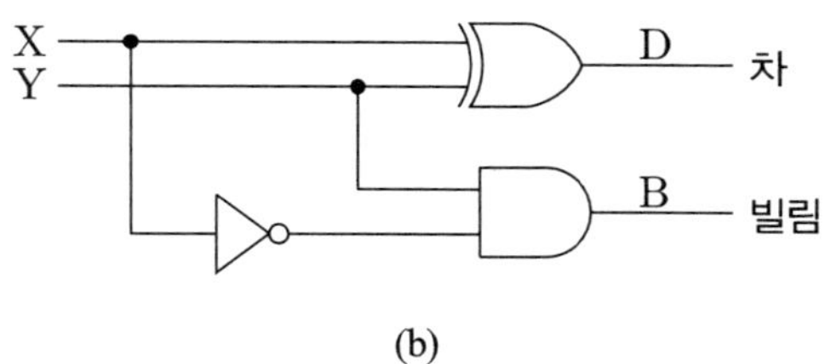

(b)

그림 7.3 2-비트 반감산기 (a) 진리표 (b) 회로도

전감산기

전감산기(full subtracter)는 전가산기와 마찬가지로 세 개의 입력에 대한 감산기이다. 단지 감산기의 경우에는 가산기에서의 합(sum) S가 차(difference) D로, 또 자리올림(carry) C가 빌림(borrow) B로 각각 대치되었다. 또 반가산기와 전가산기의 관계를 그대로 응용하여 그림 7.5(b)의

반감산기로부터 전감산기를 구성하면 그림 7.4와 같다.

일반적으로 뺄셈은 보수의 덧셈으로 변환하여 수행할 수 있다. 예로 뺄셈 X−Y는 X+(Y의 2보수)와 같이 Y에 대한 2의 보수(2's complement)를 취하고 X에 더하여 계산할 수 있다.

감산은 결국 보수에 의한 가산과도 같게 되므로 실제의 회로에서는 대개 감산기를 별도로 설계하지 않고 가산기를 이용하여 감산기로 병용한다. 이때 사용하는 감산법으로는 1의 보수에 의한 방법, 2의 보수에 의한 방법, 부호와 절대값(sign and magnitude)에 의한 방법 등이 있다. 전감산기의 차와 빌림의 부울식은 다음과 같다.

$$D_i = X_i \oplus Y_i \oplus B_i,\ B_{i+1} = \overline{X}Y + (\overline{X \oplus Y})B_i \tag{7-4}$$

- 보수는 '두 수의 합이 진법의 밑수(N)가 되게 하는 수'를 말한다. 예로 10진수 3의 10의 보수는 7이다. 보수는 컴퓨터에서 음의 정수를 표현하기 위해서 고안되었다.
- 1의 보수는 각 자릿수의 값이 모두 1인 수에서 주어진 2진수를 빼면 1의 보수를 얻을 수 있다. 2진수 1010의 1의 보수는 0101이다.
- 2의 보수는 1의 보수에 1을 더한 값과 같다.
- 부호 절대값 방식은 MSB을 부호 비트(0이면 양수, 1이면 음수)로 사용하고 나머지는 절대값을 표현한다(4비트인 경우 7은 0111, −7은 1111).

X	Y	B_i	D	B_{i+1}
0	0	0	0	0
0	0	1	1	1
0	1	0	1	1
0	1	1	0	1
1	0	0	1	0
1	0	1	0	0
1	1	0	0	0
1	1	1	1	1

(a)

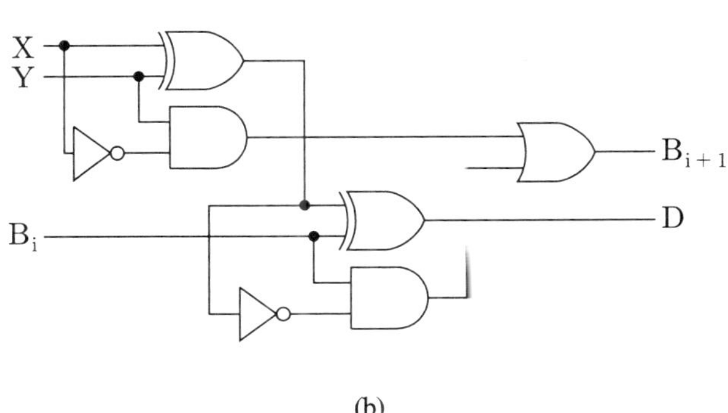

(b)

그림 7.4 3-비트 전감산기 (a) 진리표 (b) 회로도

병렬감산기(parallel subtracter)와 직렬 감산기(serial subtracter)는 각각 병렬 가산기와 직렬 가산기에 비할 때 기본 구성요소가 전감산기로 바뀐 것을 제외하고는 일체의 동일한 회로들이다.

곱하기는 연속된 더하기에 해당하므로 가산기와 시프트레지스터를 사용해서 더하기와 시프트 동작을 번갈아 반복해 주면 곱하기를 얻을 수 있다. 마찬가지로 나누기는 연속된 빼기에 해당하므로 빼기와 시프트 동작을 번갈아 시켜주면 결국 나누기를 얻게 된다. 즉 이 두 가지 연산의 기본 원리는 가산기와 시프트레지스터에 바탕을 두고 있다.

병렬 가산기와 감산기

병렬가산기(Parallel Adder)는 두 개의 N-비트를 가산하기 위해서는 N-개의 전가산기가 필요하다. N-비트의 가산기를 만드는데 있어서 N-개의 전가산기를 연결하여 하단의 자리올림이 상단의 입력으로 들어가도록 구성한 가산기가 병렬가산기이다.

그림 7.5(a)는 4-비트 병렬가산기의 구조를 나타낸다. 이 병렬가산기는 단순히 4단의 전가산기를 연결시켜 놓은 것이므로 회로의 구성은 간단하지만, 아랫단의 계산이 완료되어야만 그 자리올림을 받아서 상단 계산을 할 수 있으므로 동작시간이 비교적 길게 걸리는 단점이 있다. 이를테면 전가산기 한 단의 계산시간이 $30ns$ 정도이므로 4-비트 병렬가산기의 경우는 $120ns$ 의 시간이 소요되게 된다. 이러한 단점을 보완할 수 있는 가산기로는 look-ahead carry 가산기가 있다.

그림 7.5(b)와 (c)는 4-비트 병렬감산기의 구조를 나타내고 그림 7.5(b)는 2의 보수를 갖는 4비트 가산기와 인버터로 병렬감산기를 구성한다. 4비트 가산기 입력 B를 반전하고 $C_0 = 1$ 으로 입력한다. 그리고 4번째 비트 최종단에서 발생하는 자리올림은 버린다. 그림 7.5(c)는 전감산기를 연결하여 병렬감산기를 구성하고 첫 단계의 빌림 $B_{in} = 0$ 으로 입력한다. 2의 보수+가산기 구조와 전감산기를 이용한 구조는 $B_{out} = \overline{C_{out}}, B_{in} = \overline{C_{in}}$ 으로 치환하여 부울식을 정리하면 동일해진다.

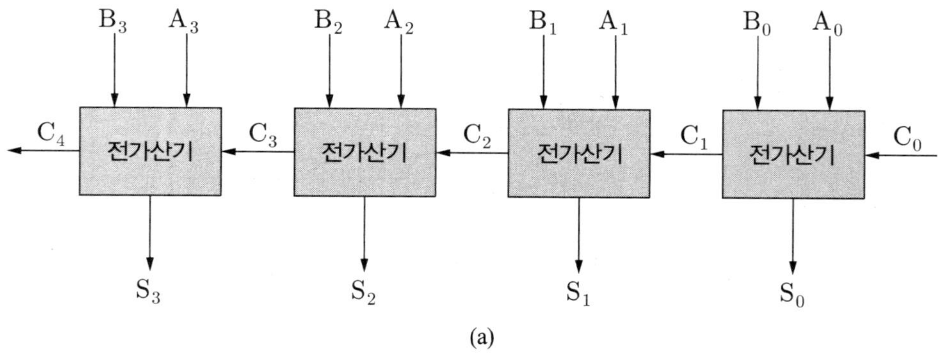

(a)

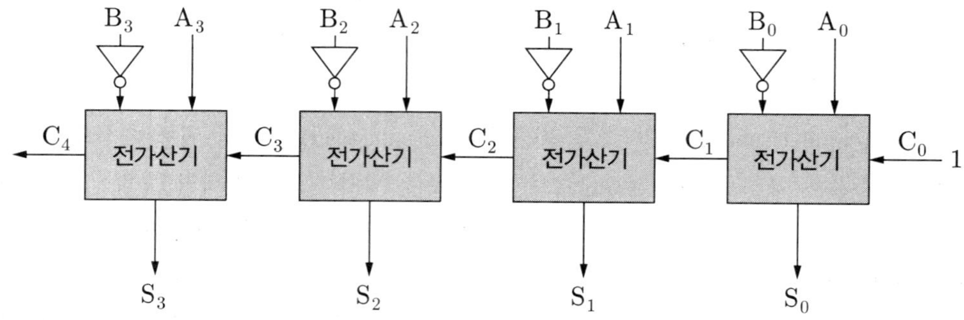

(b)

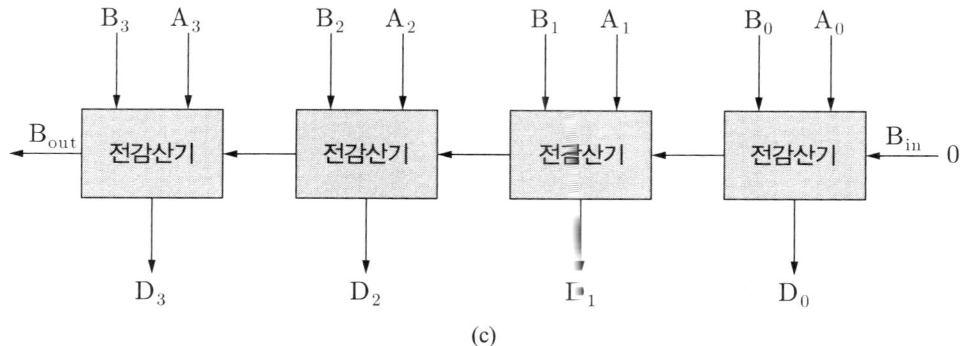

(c)

그림 7.5 4-비트 병렬 가산기와 감산기 (a) 전가산기를 이용한 가산기 (b) 전가산기를 이용한 감산기 (c) 전감산기를 이용한 감산기

그림 7.6은 IC74LS283 4비트 병렬 가산기의 구성도 및 핀 배치도를 나타낸다.

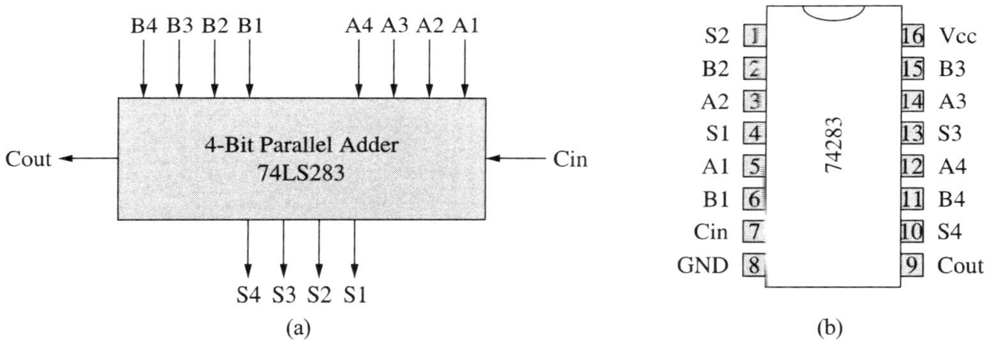

그림 7.6 74LS283 4비트 병렬 가산기 (a) 구성도 (b) 핀 버치도

3 실험 준비물

- 장비 : 직류전원 공급기, 함수발생기, 오실로스코프, DMM, 디지털실험 장비
- 기타 기기 : 논리 검출기(logic probe), 논리 펄스기(logic pulser), 논리 클립(logic clip)
- 소프트웨어 : PSpice 프로그램(OrCAD 등)
- IC 부품 : 7400, 7404, 7408, 7432, 7486 각각 2개
- 기타 부품 : LED 5개, 390Ω 5개, 토글스위치 5개, DIP 스위치

4 PSpice 시뮬레이션

반가산기 시뮬레이션

1. 7486, 7408 게이트를 이용하여 그림 7.7과 같은 반가산기 회로를 구성한다.

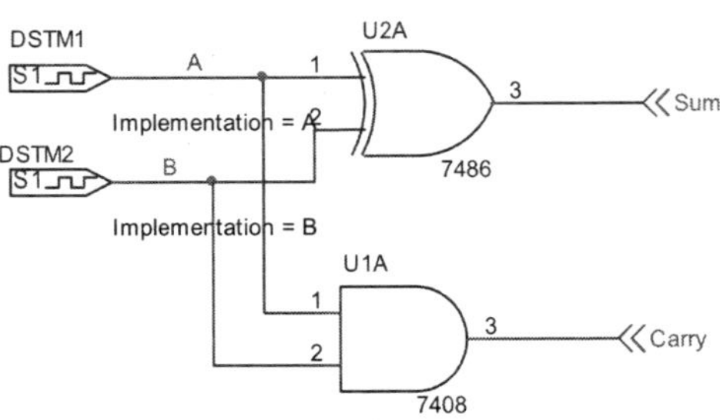

그림 7.7 반가산기

2. Time domain(Transient) Run to time : 1us로 설정하고 입력 00, 01, 10, 11 신호의 XOR의 합 회로와 AND 게이트의 자리올림 회로 결과를 확인한다. 입력 출력 사이에 약 20ns 정도의 시간지연이 있다.

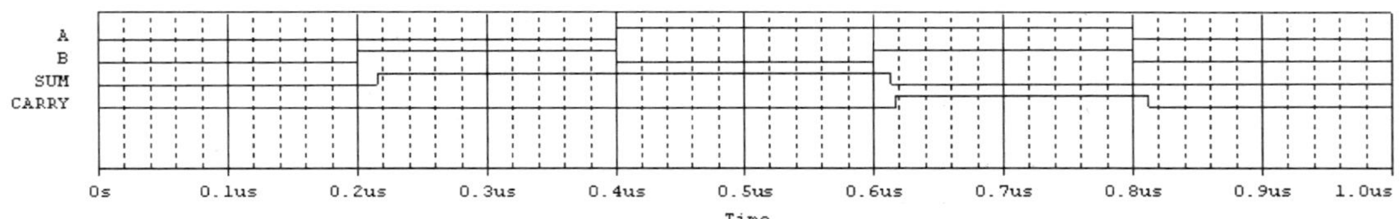

그림 7.8 반가산기 시뮬레이션 결과

전가산기 시뮬레이션

3. 7486, 7408, 7432 게이트를 이용하여 그림 7.9와 같은 전가산기 회로를 구성한다.

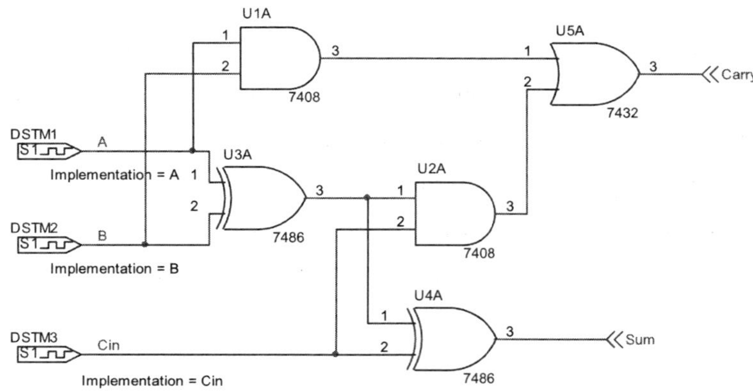

그림 7.9 전가산기

4. Time domain(Transient) Run to time : 2us로 설정하고, 입력(A, B, Cin)이 000, 001, 010, 011, 100, 101, 110, 111의 신호를 인가한다. 입력과 출력 사이에 게이트 수에 의해 약 정도의 25*ns* 정도의 시간지연이 있다. 시뮬레이션 결과로부터 합와 자리 올림 진리표를 확인한다.

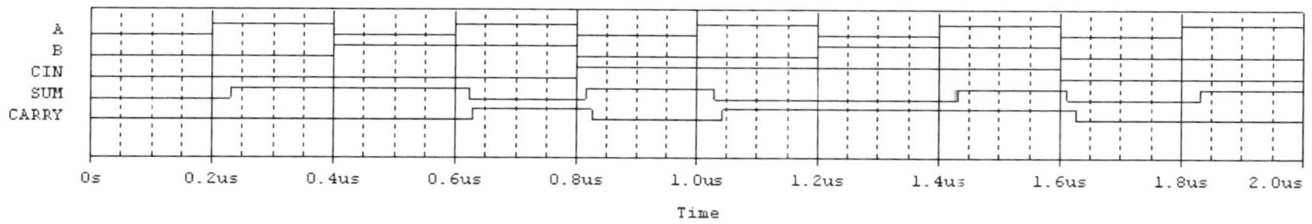

그림 7.10 전가산기 시뮬레이션 결과

반감산기 시뮬레이션

5. 7486, 7408, 7432 게이트를 이용하여 그림 7.11과 같은 반감산기 회로를 구성한다.

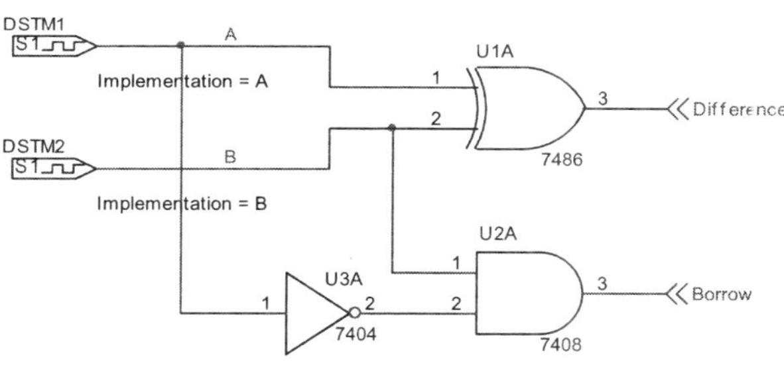

그림 7.11 반감산기

6. Time domain(Transient) Run to time : 1us로 설정하고 입력 00, 01, 10, 11 신호의 XOR의 차 회로와 AND 게이트의 자리빌림 회로 결과를 확인한다. 입력과 출력 사이에 약 20*ns* 정도의 시간지연이 있다.

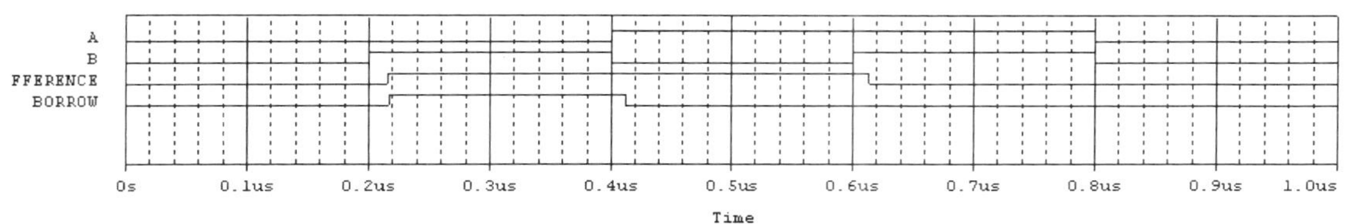

그림 7.12 반감산기 시뮬레이션 결과

전감산기 시뮬레이션

7. 7486, 7404, 7408, 7432 게이트를 이용하여 그림 7.13과 같은 전감산기 회로를 구성한다.

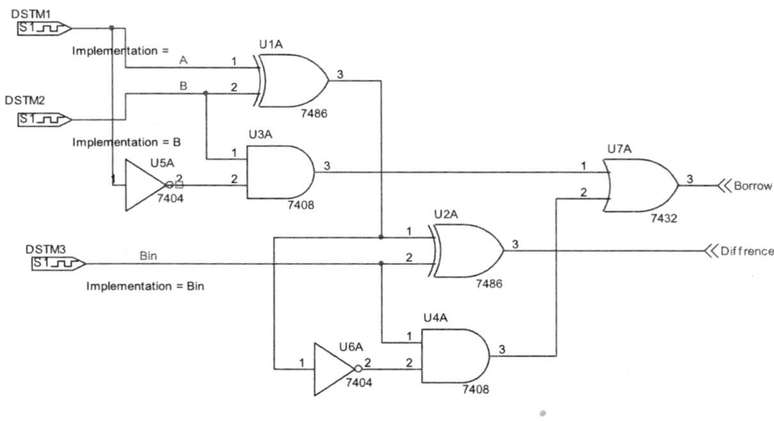

그림 7.13 전감산기

8. Time domain(Transient) Run to time : 200ms로 설정하고, 입력(A, B, Bin)이 000, 001, 010, 011, 100, 101, 110, 111의 신호를 인가한다. 시뮬레이션 결과로부터 차와 자리 빌림 진리표를 확인한다.

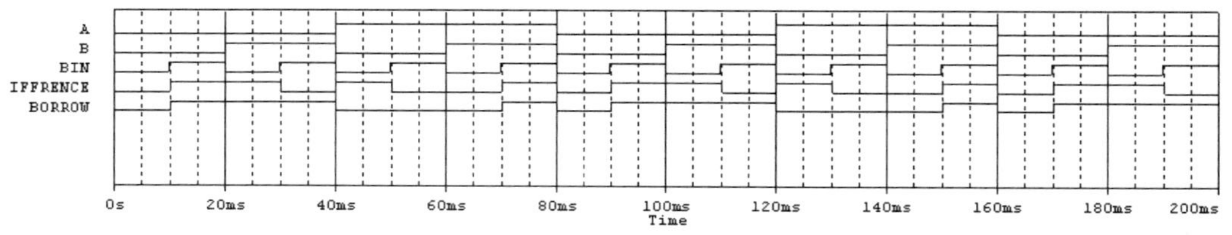

그림 7.14 전감산기 시뮬레이션 결과

5 실험 과정

가산기 실험

1. IC 7400 게이트를 이용해서 그림 7.15의 반가산기 회로를 구성한다. 데이터 스위치 SW1과 SW2를 실험 표 7.1과 같이 변화시키면서 논리검출기로 sum, S와 carry, C를 측정하여 실험 표 7.1에 기록한다.

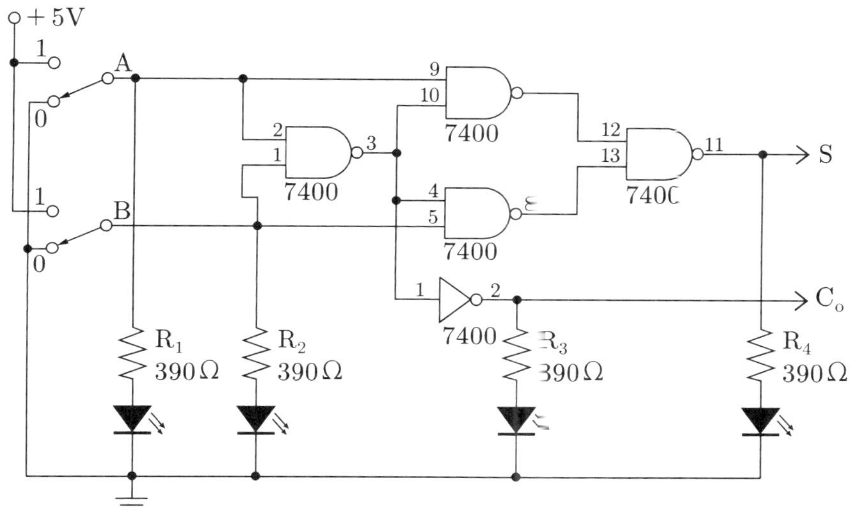

그림 7.15 반가산기 회로 구성

2. IC 7408, 7486 게이트를 이용해서 그림 7.16의 반가산기 회로를 구성하고, 데이터 스위치 SW1과 SW2를 실험 표 7.1과 같이 변화시키면서 논리검출기로 sum, S와 carry, C를 측정하여 실험 표 7.1에 기록한다.

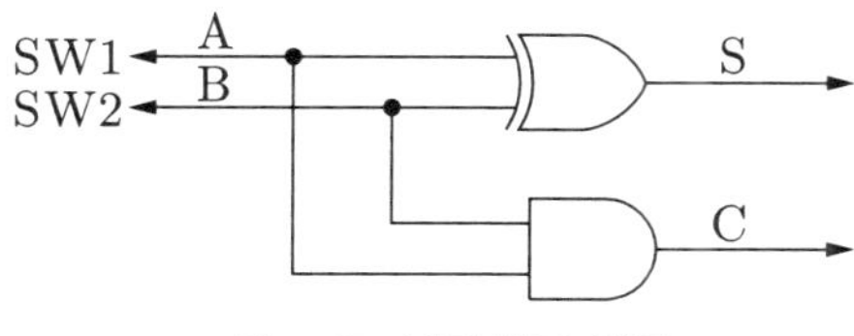

그림 7.16 반가산기 회로

3. IC 7408, 7432, 7486 게이트를 이용해서 그림 7.17의 전가산기 회로를 구성한다. 데이터 스위치 SW1, SW2, SW3를 실험 표 7.2와 같이 변화시키면서 sum, S와 carry, C를 측정하여 실험 표 7.2에 기록한다.

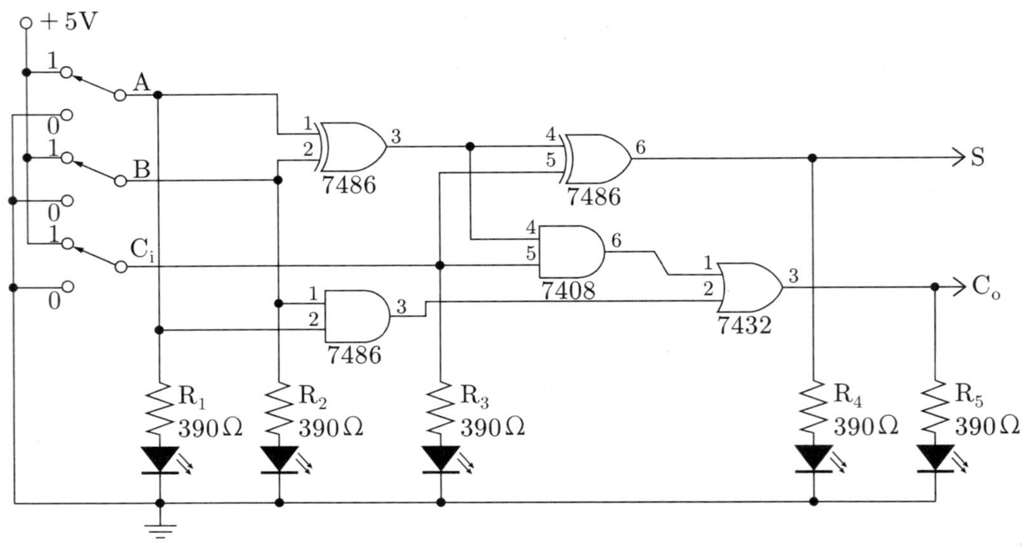

그림 7.17 전가산기 회로

감산기 실험

4. IC 7404, 7408, 7486 게이트를 이용해서 그림 7.18의 반감산기 회로를 구성한다. 데이터 스위치 SW1과 SW2를 실험 표 7.3과 같이 변화시키면서 논리검출기로 차(D)와 빌림(BR)을 측정하여 실험 표 7.3에 기록한다.

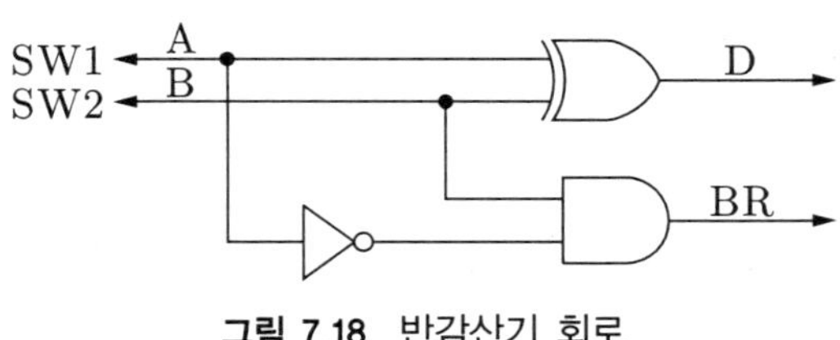

그림 7.18 반감산기 회로

5. IC 7404, 7408, 7432, 7486 게이트를 이용해서 그림 7.19의 전감산기 회로를 구성한다. 데이터 스위치 SW1, SW2, SW3를 실험 표 7.4와 같이 변화시키면서 차(D), 빌림(BR)을 측정하여 실험 표 7.4에 기록한다.

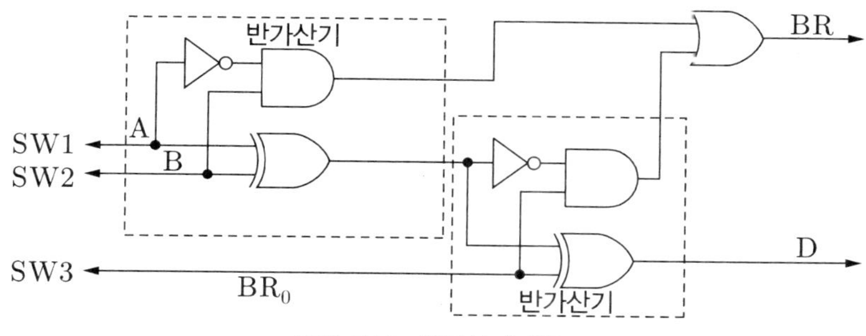

그림 7.19 전감산기 회로

3비트 병렬가산기 실험

6. IC 7408, 7432, 7486 게이트를 사용한 전가산기를 이용하여 그림 7.20과 같이 3-비트 병렬 가산기를 구성한다. $C_{in} = 0$이고 실험 표 7.5과 같이 입력 $A_1, B_1 \sim A_3, B_3$를 변화시키면서 출력을 측정하여 실험 표 7.5를 완성시킨다.

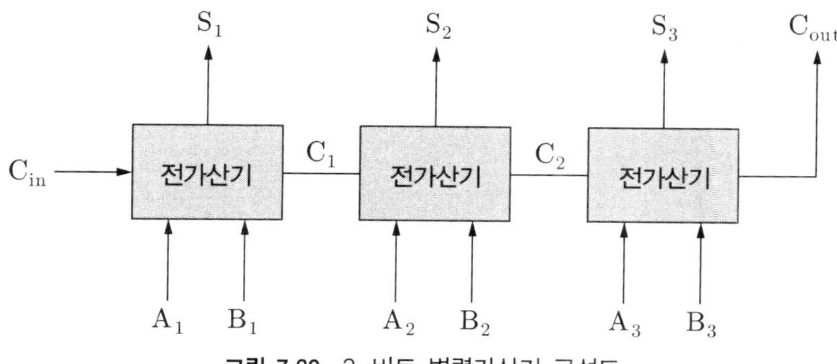

그림 7.20 3-비트 병렬가산기 구성도

6 실험 결과

실험 결과 보고서					
실험제목	실험 ( ) ______				
학과 및 학년		학 번		확인	
이 름		실험조			
실험일		담당교수			

실험 표 7.1 반가산기 결과

입력		과정 1의 출력		과정 2의 출력	
B	A	S	C	S	C
0	0				
0	1				
1	0				
1	1				

실험 표 7.2 전가산기

입력			출력	
C_i	B	A	S	C_o
0	0	0		
0	0	1		
0	1	0		
0	1	1		
1	0	0		
1	0	1		
1	1	0		
1	1	1		

실험 표 7.3 반감산기 결과

입력		출력	
B	A	D	BR
0	0		
0	1		
1	0		
1	1		

실험 표 7.4 전감산기

입력			출력	
BR_0	B	A	D	BR
0	0	0		
0	0	1		
0	1	0		
0	1	1		
1	0	0		
1	0	1		
1	1	0		
1	1	1		

〈절취선〉

실험 표 7.5 3-비트 병렬가산기 실험

입력 A				입력 B				출력(합과 자리올림)				
A_3	A_2	A_1	값	B_3	B_2	B_1	값	S_1	S_2	S_3	C_{out}	값
1	1	1		1	1	0						
1	1	0		0	1	0						
1	0	1		1	0	0						
1	0	0		1	0	1						
0	1	1		0	0	1						
0	1	0		0	0	0						
0	0	1		0	1	1						
0	0	0		1	1	1						

〈절취선〉

7 결과고찰 및 질문

1. 실험 표 7.2를 이용해서 전가산기의 동작 특성을 확인하고 반가산기와 비교하여라.

2. 실험 표 7.4를 이용해서 전감산기의 동작 특성을 확인하고 반감산기와 비교하여라.

3. 실험 표 7.5에서 병렬가산기의 입력과 출력들을 비교 설명하고 동작 특성을 논하여라.

4. 본 실험에서 느낀 점을 기술하여라.

〈절취선〉

실험 08

인코더와 디코더

1 실험 목적

- 디코더와 인코더의 동작원리를 이해한다.
- 디코더와 인코더의 특성을 확인한다.

2 예비 이론

인코더

인코더(encoder) 혹은 부호기는 디코더의 반대되는 동작을 하며 입력과 출력이 바뀐 기능을 수행하는 회로이다. 2^N개의 정보가 들어오면 N-비트로 코드화가 가능하고, 문자, 숫자, 기호 등을 2진 부호로 변환시킬 때 사용한다. 10진수를 2진 코드로 바꾸거나 입력단자에 나타낸 정보를 2진 코드화하여 출력시키는 회로이다.

그림 8.1은 4×2 인코더의 회로도, 심벌, 진리표를 나타낸다. 그림 8.1의 인코더에서 입력 D_0에 '1'이 들어오면 출력 AB는 00이 되고, 입력 D_1에 '1'이 들어오면 출력 AB는 01이 되고, 입력 D_2에 '1'이 들어오면 출력 AB는 10이 되고, 입력 D_3에 '1'이 들어오면 출력 AB는 11이 된다.

이 인코더는 4개의 입력 중 어느 한 입력으로만 '1'이 들어오는 경우를 가정하여 설계된 것이다. 입력의 하나 이상이 '1'인 경우 우선순위가 높은 비트자리에 의해 결정되며 논리식은 $A = D_2 + D_3$, $B = D_1 + D_3$이다.

CODEC = enCOder + DECoder

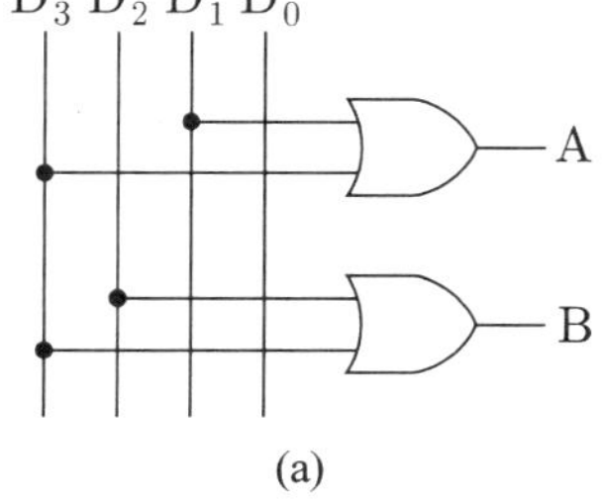

(a)

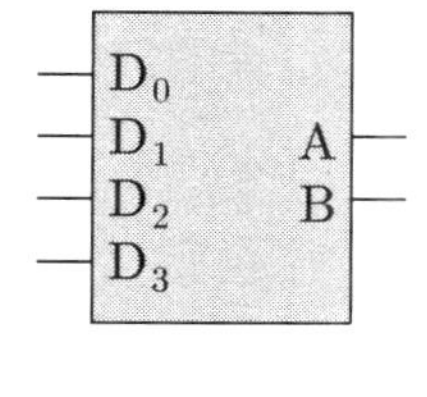

(b)

입력				출력	
D_0	D_1	D_2	D_3	A	B
1	0	0	0	0	0
0	1	0	0	0	1
0	0	1	0	1	0
0	0	0	1	1	1

(c)

그림 8.1 4×2 인코더 (a) 회로도 (b) 심벌 (c) 진리표

8×3비트 인코더

8×3비트 인코더(8 line-3bit encoder)는 8진수를 2진수로 변환한다. 8×3비트 인코더는 0~7까지 8개의 입력을 가지며, 출력은 세 개 비트로 구성한다. 그림 8.2는 입력과 출력 모두 active-high 상태로 보았을 때 심벌, 진리표와 회로도이다.

8×3 인코더의 논리식은 $A = D_4 + D_5 + D_6 + D_7$, $B = D_2 + D_3 + D_6 + D_7$, $C = D_1 + D_3 + D_5 + D_7$이다.

8×3비트 인코더는 임의의 시간에 하나의 입력만 '1'이 될 수 있다고 가정한다. 그렇지 않으면 회로는 의미가 없다. 회로는 8개의 입력을 가지고 있다. 따라서 $2^8 = 256$개의 입력 조합이 가능한데, 단지 이들 중 8개만이 의미를 가진다.

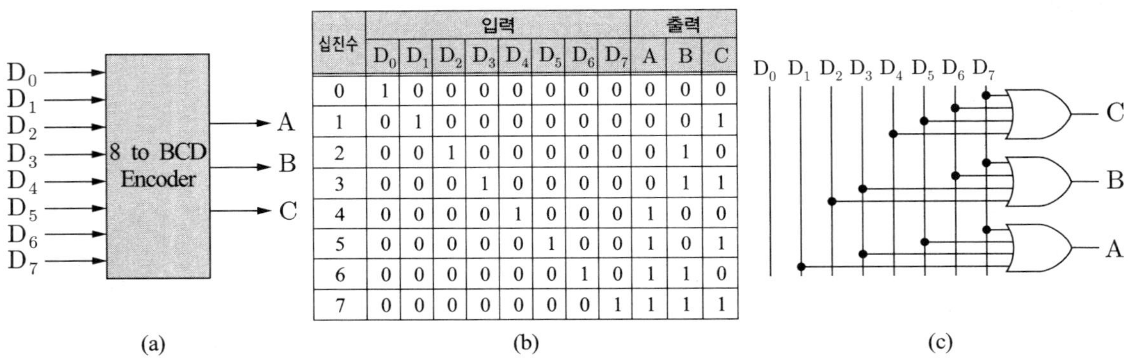

십진수	입력								출력		
	D_0	D_1	D_2	D_3	D_4	D_5	D_6	D_7	A	B	C
0	1	0	0	0	0	0	0	0	0	0	0
1	0	1	0	0	0	0	0	0	0	0	1
2	0	0	1	0	0	0	0	0	0	1	0
3	0	0	0	1	0	0	0	0	0	1	1
4	0	0	0	0	1	0	0	0	1	0	0
5	0	0	0	0	0	1	0	0	1	0	1
6	0	0	0	0	0	0	1	0	1	1	0
7	0	0	0	0	0	0	0	1	1	1	1

그림 8.2 8×3비트 인코더 (a) 심벌 (b) 진리표 (c) 회로도

10진-BCD 인코더는 표 8.1과 같이 각 10진 숫자에 대응하는 10개의 입력선과 입력에 대응하는 BCD 코드를 출력하는 4개의 출력선을 갖고 있다. '0'이 입력되면 모든 BCD 출력이 low가 되므로 0자리 입력은 사용하지 않는다. 그림 8.3은 10진-BCD 인코더의 심벌, 진리표, 그리고 회로도를 나타낸다. 표 8.2는 상용화된 인코더 기능을 갖는 주요 TTL 종류이다.

표 8.1 10진수 BCD 코드표

10진 숫자	BCD 코드			
	A	B	C	D
0	0	0	0	0
1	0	0	0	1
2	0	0	1	0
3	0	0	1	1
4	0	1	0	0
5	0	1	0	1
6	0	1	1	0
7	0	1	1	1
8	1	0	0	0
9	1	0	0	1

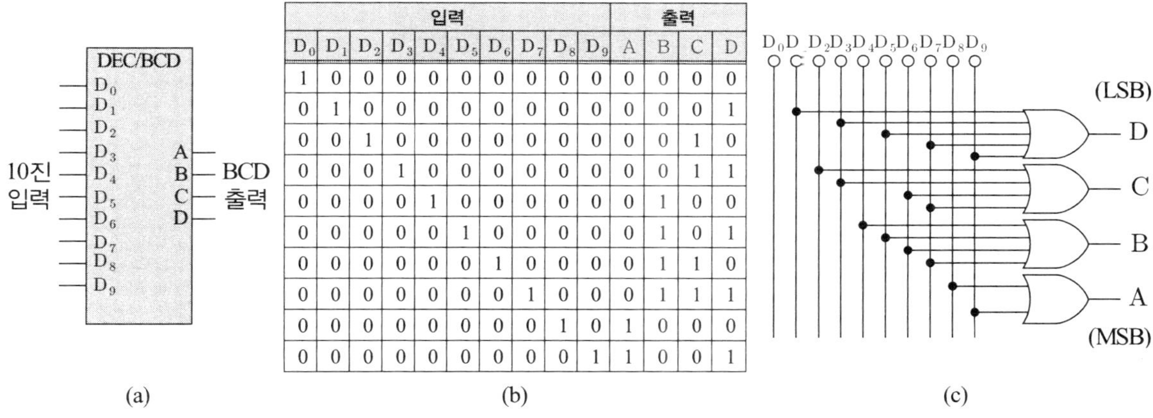

입력										출력			
D_0	D_1	D_2	D_3	D_4	D_5	D_6	D_7	D_8	D_9	A	B	C	D
1	0	0	0	0	0	0	0	0	0	0	0	0	0
0	1	0	0	0	0	0	0	0	0	0	0	0	1
0	0	1	0	0	0	0	0	0	0	0	0	1	0
0	0	0	1	0	0	0	0	0	0	0	0	1	1
0	0	0	0	1	0	0	0	0	0	0	1	0	0
0	0	0	0	0	1	0	0	0	0	0	1	0	1
0	0	0	0	0	0	1	0	0	0	0	1	1	0
0	0	0	0	0	0	0	1	0	0	0	1	1	1
0	0	0	0	0	0	0	0	1	0	1	0	0	0
0	0	0	0	0	0	0	0	0	1	1	0	0	1

그림 8.3 10진–BCD 인코더 (a) 심벌 (b) 진리표 (c) 회로도

표 8.2 인코더 기능을 갖는 주요 TTL

소자	설명
74147	10–Line–to–4–Line BCD Encoder
74148	8–Line–to–3–Line Octal Encoder
74348	8–Line–to–3–Line Priority Encoder with Tri–State Outputs

2×4 디코더

디코더(decoder) 혹은 복호기(해독기)란 N-비트의 2진 코드값을 입력으로 받아들여 최대 2^N 개의 서로 다른 정보로 바꿔 주는 조합 논리회로이다. 일반적으로 디코더는 N-개의 입력선과 최대 2^N개의 출력선을 가지며, 입력값에 따라 선택된 하나의 출력선이 나머지 출력선들과 반대값을 갖는다.

표 8.3과 같이 디코더는 2진 코드로 되어 있는 것을 10진수로 나타내거나 여러 개의 출력 중에서 입력 코드에 대응하여 한 개만 출력하는 회로이다(최소항 출력기, one hot code).

그림 8.4에 입력선이 2개, 출력선이 $2^2 = 4$개이고 AND 게이트를 이용한 2×4 디코더를 나타낸다. 그림에서 AB 입력값이 01일 경우에는 출력선 D_1만이 '1'이고 나머지 출력선 D_0, D_2, D_3은 모두 '0'이 되며, 나머지 입력값의 조합에 대해서도 한 출력선이 나머지 출력선들과 다른 값을 가짐을 확인할 수 있다.

표 8.3 인코더와 디코더 차이점

	인코더	디코더
기능	2^N to N 부호기	N to 2^N 복호기
입력코드	1 out of 2^N	2진 코드
출력 코드	2진 코드	1 out of 2^N
구조	Encoder	Decoder

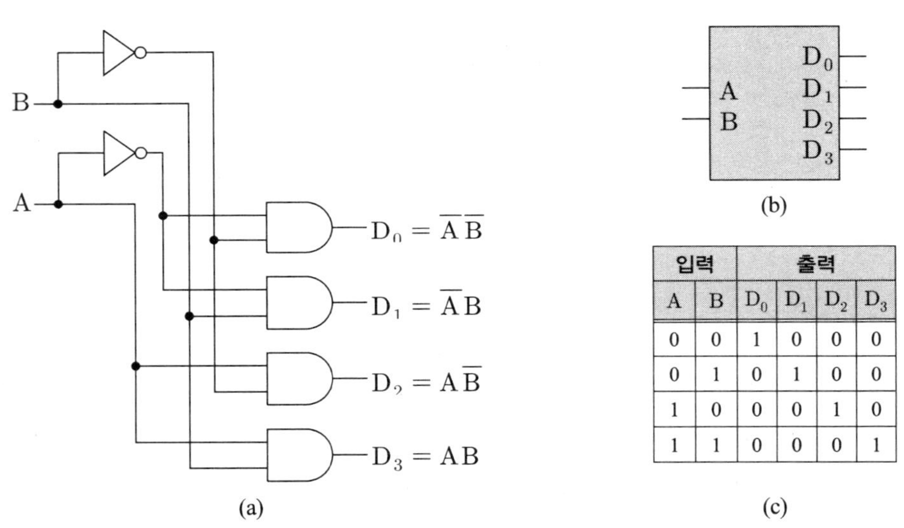

입력		출력			
A	B	D_0	D_1	D_2	D_3
0	0	1	0	0	0
0	1	0	1	0	0
1	0	0	0	1	0
1	1	0	0	0	1

그림 8.4 AND 게이트를 이용한 2×4 디코더 (a) 회로도 (b) 심벌 (c) 진리표

NAND 게이트를 이용한 2×4 디코더의 또 다른 형태로 그림 8.5와 같은 디코더가 있다. 그림 8.5의 디코더에 대한 진리표와 그림 8.4의 디코더에 대한 진리표를 비교해 볼 때 출력 값이 '0'은 '1'로, '1'은 '0'으로 바뀌었음을 알 수 있는데, 이 디코더 역시 입력 값의 각 조합에 대해 한 출력선이 나머지 출력선들과 반대값을 가진다. 논리식은 $D_0 = \overline{\overline{A}\,\overline{B}} = A + B$, $D_1 = \overline{\overline{A}B} = A + \overline{B}$, $D_2 = \overline{A\overline{B}} = \overline{A} + B$, $D_3 = \overline{AB} = \overline{A} + \overline{B}$ 으로 최대항으로 표현된다.

일반적으로 AND 게이트를 칩 내부에 구현할 때는 NAND 게이트 뒤에 NOT 게이트를 연결한 형태로 구현되므로 실제로 회로 구성에 사용되는 디코더는 주로 NAND 형태가 많다. 따라서 게이트를 더 적게 쓰기 때문에 경제적이고 성능 측면에서도 NOT 게이트의 신호전달 지연시간만큼 줄일 수 있다.

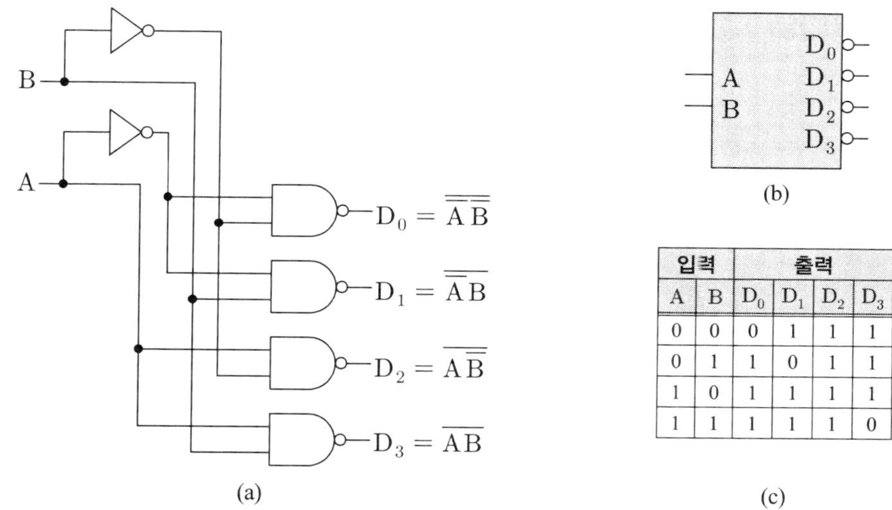

입력		출력			
A	B	D_0	D_1	D_2	D_3
0	0	0	1	1	1
0	1	1	0	1	1
1	0	1	1	1	1
1	1	1	1	1	0

그림 8.5 NAND 게이트를 이용한 2×4 디코더 (a) 회로도 (b) 심벌 (c) 진리표

Enable 제어신호를 갖는 2×4 디코더

그림 8.6과 같은 2×4 디코더의 출력을 보면 입력값에 따라 선택된 하나의 출력선 만이 '0'이 되고 enable 제어신호 E를 가진 디코더이다.

이 회로에서 enable 제어신호 E는 디코더의 동작을 제어하는 역할을 수행하여, 만일 제어신호 E가 '0'일 경우에는 회로가 디코더로 동작하지 않게 된다. 즉, 입력 A, B의 값에 상관없이 모든 출력들이 동일한 값 '1'이 되며 E가 '1'일 경우에는 디코더로 동작하게 된다. 논리식은 $D_0 = \overline{E\overline{A}\,\overline{B}} = \overline{E} + A + B$, $D_1 = \overline{E\overline{A}B} = \overline{E} + A + \overline{B}$, $D_2 = \overline{EA\overline{B}} = \overline{E} + \overline{A} + B$, $D_3 = \overline{EAB} = \overline{E} + \overline{A} + \overline{B}$로 최대항으로 표현된다.

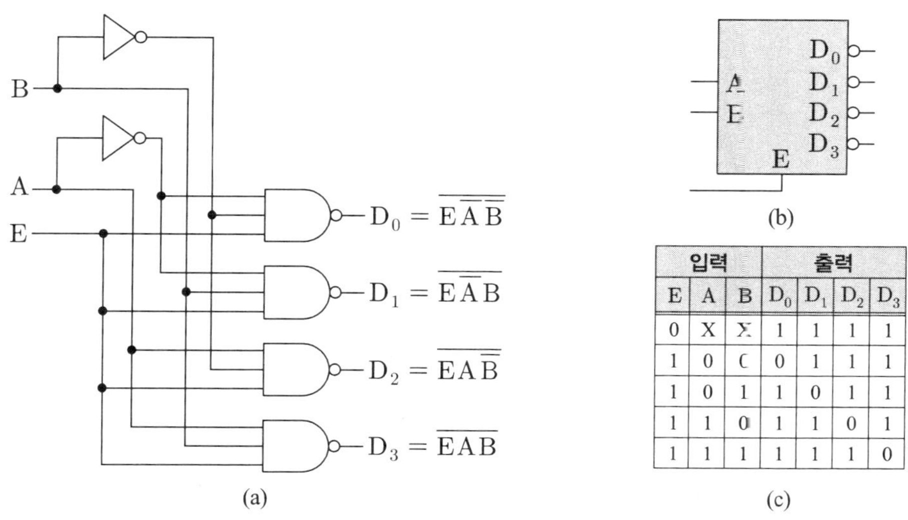

입력			출력			
E	A	B	D_0	D_1	D_2	D_3
0	X	X	1	1	1	1
1	0	0	0	1	1	1
1	0	1	1	0	1	1
1	1	0	1	1	0	1
1	1	1	1	1	1	0

그림 8.6 Enable 제어신호를 갖는 2×4 디코더 (a) 회로도 (b) 심벌 (c) 진리표

3×8 디코더

디코더는 코드를 정보화하는 회로이고, N-비트의 2진수는 2^N의 정보를 담고 있다. 그러므로 보통 $N \times 2^N$ 디코더라 한다. 그림 8.7은 3×8 디코더의 회로도와 진리표를 나타내고 출력은 최소항으로 나타난다.

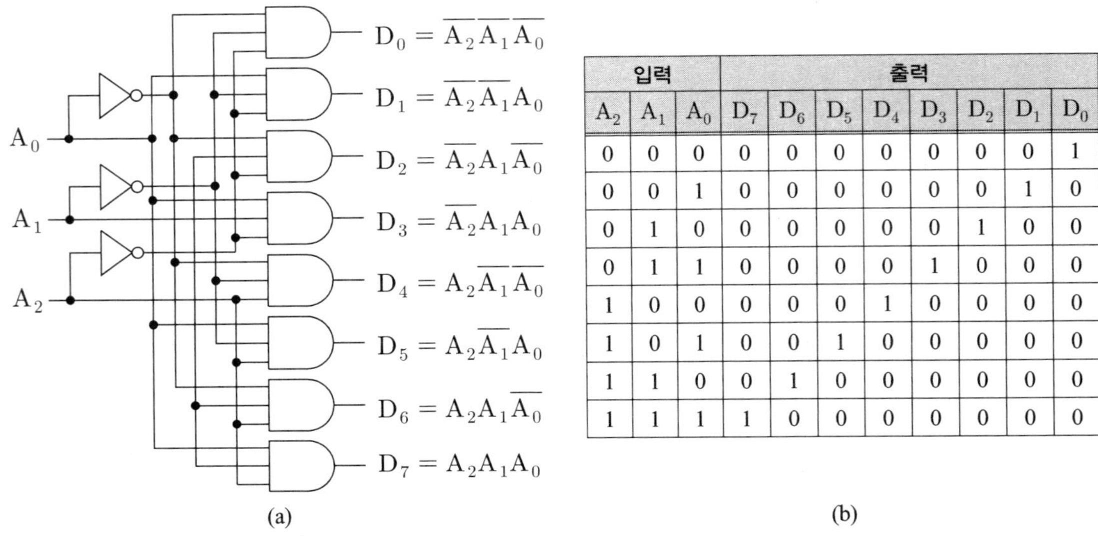

입력			출력							
A_2	A_1	A_0	D_7	D_6	D_5	D_4	D_3	D_2	D_1	D_0
0	0	0	0	0	0	0	0	0	0	1
0	0	1	0	0	0	0	0	0	1	0
0	1	0	0	0	0	0	0	1	0	0
0	1	1	0	0	0	0	1	0	0	0
1	0	0	0	0	0	1	0	0	0	0
1	0	1	0	0	1	0	0	0	0	0
1	1	0	0	1	0	0	0	0	0	0
1	1	1	1	0	0	0	0	0	0	0

그림 8.7 3×8 디코더 (a) 회로도 (b) 진리표

그림 8.8은 두 개의 2×4 디코더를 사용하여 3×8 디코더를 구현하는 방법을 나타낸다.

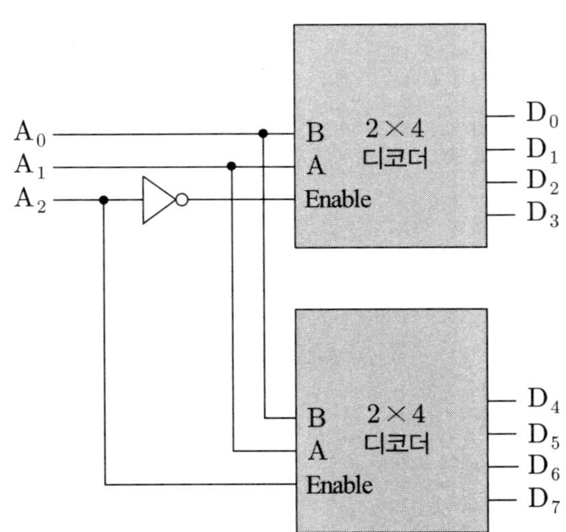

그림 8.8 두 개의 2×4 디코더를 사용한 3×8 디코더 구성도

무정의(don't care) 조건을 이용한 진리표 작성법

그림 8.9(a)의 진리표를 보면 E가 '0'일 경우에는 나머지 입력 A와 B에 상관없이 무조건 출력 $D_0D_1D_2D_3 = 1111$이 된다. 이런 경우에 무정의 조건을 사용하여 그림 8.9(b) 진리표의 첫 줄과 같이 E = 0, AB = xx로 표현할 수 있다. 참고로 입력 E는 나머지 입력 A, B에 비해 우선순위가 높다고 말하기도 한다. 왜냐하면 E가 0이기만 하면 나머지 입력 A와 B의 값에 상관없이 무조건 출력이 결정($D_0D_1D_2D_3 = 1111$)되기 때문이다.

(a)

입력			출력			
E	A	B	D_0	D_1	D_2	D_3
0	0	0	1	1	1	1
0	0	1	1	1	1	1
0	1	0	1	1	1	1
0	1	1	1	1	1	1
1	0	0	0	1	1	1
1	0	1	1	0	1	1
1	1	0	1	1	0	1
1	1	1	1	1	1	0

(b)

입력			출력			
E	A	B	D_0	D_1	D_2	D_3
0	x	x	1	1	1	1
1	0	0	0	1	1	1
1	0	1	1	0	1	1
1	1	0	1	1	0	1
1	1	1	1	1	1	0

그림 8.9 무정의 조건을 이용한 진리표 (a) 진리표 (b) 부정의 조건을 포함한 진리표

표 8.4은 상용화된 디코더 기능을 수행하는 TTL 종류를 나타내었다.

표 8.4 디코더 기능을 갖는 주요 TTL

소자	설명
7442	1-Line-to-10-Line BCD-to-Decimal Decoder
7443	Excess-3-to-Decimal Decoder
7444	Excess-3-Gray-to-Decimal Decoder
7445	BCD-to-Decimal Decoder
7446	BCD-to-7-Segment Decoder
74138	3-Line-to-8-Line Decoder
74154	4-Line-to-16-Line Line Decoder
74155	Dual 2-Line-to-4-Line Decoder/Demultiplexer
74445	BCD-to-Decimal Decoder

3 실험 준비물

- 장비 : 직류전원 공급기, 함수발생기, 오실로스코프, DMM, 디지털실험 장비
- 기타 기기 : 논리 검출기(logic probe), 논리 펄스기(logic pulser), 논리 클립(logic clip)
- 소프트웨어 : PSpice 프로그램(OrCAD 등)
- IC 부품 : 7404. 7408, 7432 각각 1개
- 기타 부품 : LED 4개, 390Ω 4개, 토글스위치 4개, DIP 스위치

4 PSpice 시뮬레이션

8진수를 2진수 인코더 시뮬레이션

1. 7432 OR 게이트 9개를 사용하여 그림 8.10과 같이 8진수를 2진수로 변환하는 8×3 인코더 회로를 구성한다. 표 8.5는 8진수를 2진수로 변환표를 나타낸다.

표 8.5 8진수를 2진수로 변환표

8진수		0	1	2	3	4	5	6	7	출력 논리식
2진수	Q_0	0	1	0	1	0	1	0	1	$I_1+I_3+I_5+I_7$
	Q_1	0	0	1	1	0	0	1	1	$I_2+I_3+I_6+I_7$
	Q_2	0	0	0	0	1	1	1	1	$I_4+I_5+I_6+I_7$

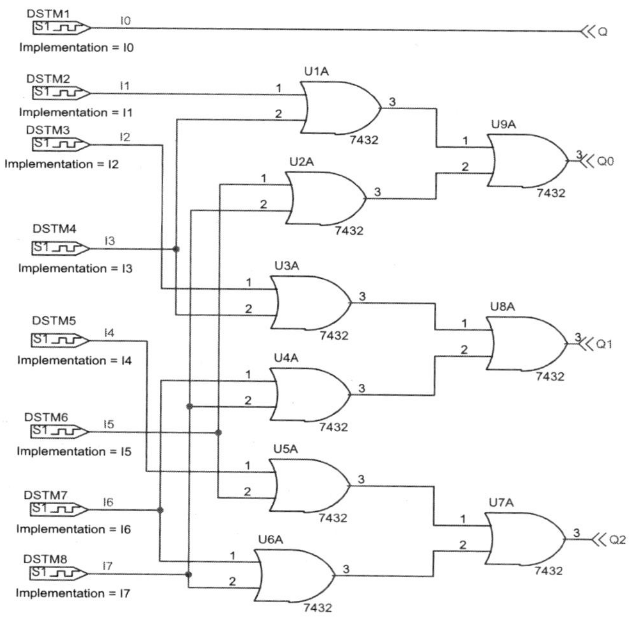

그림 8.10 8진수를 2진수 인코더 회로

2. 0.2us 간격으로 I1, I2, I3, I4, I5, I6, I7 순으로 인가한다. 그림 8.11과 같이 8입력에 대한 출력 Q0, Q1, Q2을 확인한다. 입력과 출력 사이 20ns의 지연이 있다.

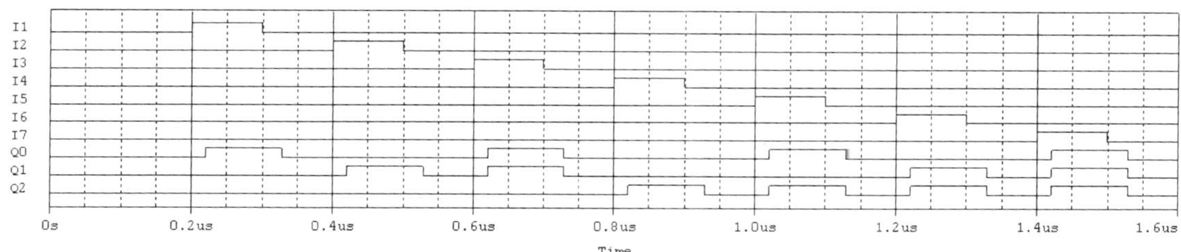

그림 8.11 8진수를 2진수 인코더 시뮬레이션 결과

2×4 디코더 시뮬레이션

3. 그림 8.12와 같이 7408 AND 게이트와 7404 인버터를 이용하여 2×4 디코더회로를 구성한다. A와 B의 두 2진수 입력의 4가지 조합에 대응하는 출력을 변환한다. 즉 $Y_1 = \overline{A} \cdot \overline{B}$, $Y_2 = \overline{A} \cdot B$, $Y_3 = A \cdot \overline{B}$, $Y_4 = A \cdot B$이다.

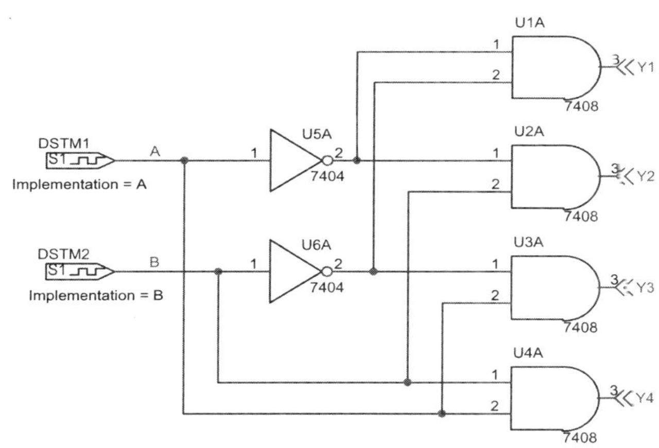

그림 8.12 2×4 디코더회로

4. A와 B의 입력이 00상태에서 Y1은 1이고, 01 입력에서 Y2가 1이며, 10이면 Y3가 1상태, 11이면 Y4가 1상태가 됨을 확인한다.

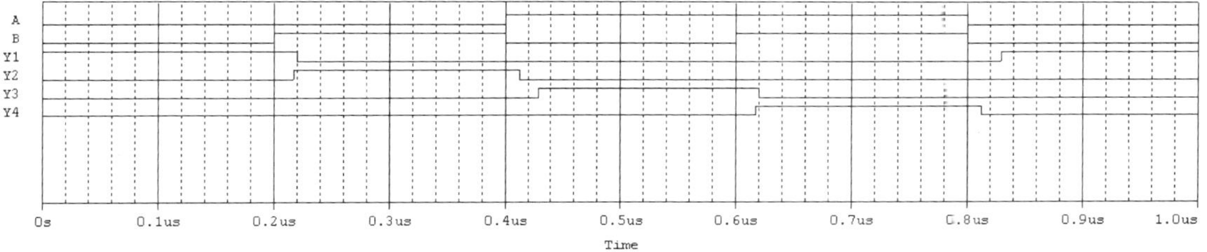

그림 8.13 2×4 디코더 시뮬레이션 결과

5 실험 과정

4×2 인코더 실험

1. TTL 7432 1개를 이용하여 그림 8.14 인코더 회로를 구성한다. 스위치를 이용하여 실험 표 8.1과 같은 순서로 SW1 ~SW4의 입력을 변화시키면서 Y_1, Y_2의 상태를 측정하여 실험 표 8.1에 기록한다.

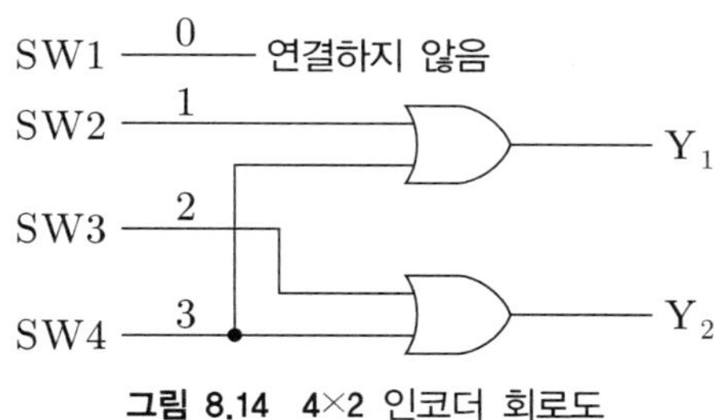

그림 8.14 4×2 인코더 회로도

2×4 디코더 실험

2. TTL 7404 1개, 7408 AND 1개를 사용하여 그림 8.15와 같이 2×4 디코더 회로를 구성한다. 스위치를 이용하여 실험 표 8.2와 같은 순서로 A, B 입력을 변화시키면서 D_0 ~ D_3의 상태를 측정하여 실험 표 8.2에 기록한다.

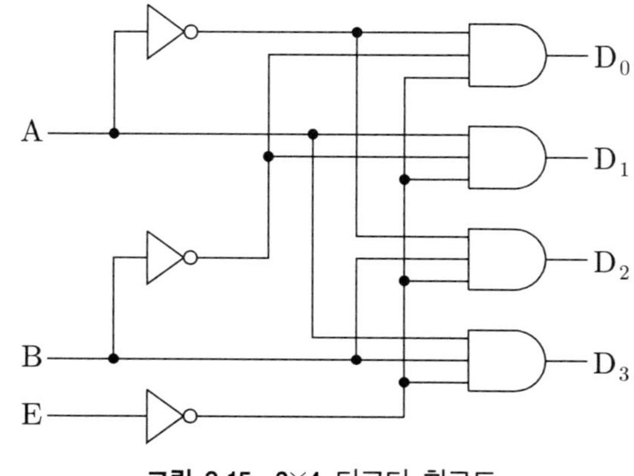

그림 8.15 2×4 디코더 회로도

디코더와 인코더

3. TTL 7404 NOT 1개, 7408 AND 1개, 7432 OR 1개를 이용하여 그림 8.16의 2×4 디코더와 4×2 인코더 회로를 구성한다. 디코더의 입력 I_1, I_0를 실험 표 8.3과 같이 변화시키면서 디코더 출력과 인코더 출력을 조사하여 실험 표 8.3에 기록한다.

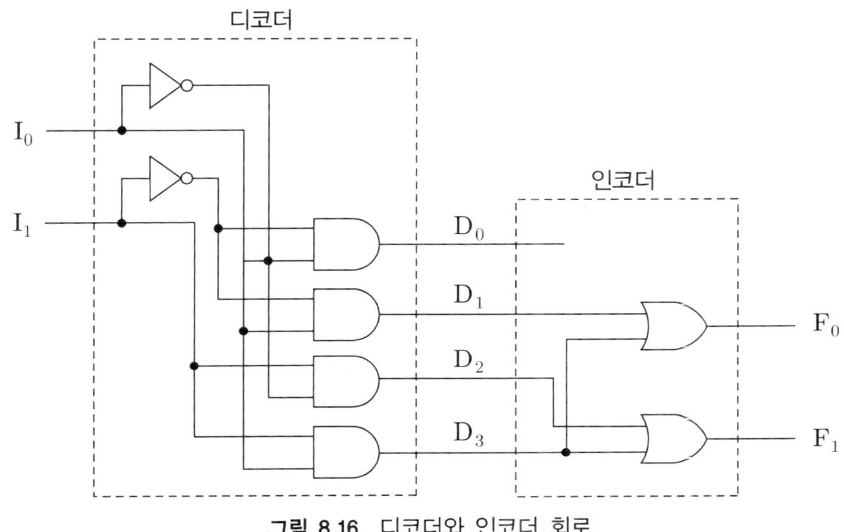

그림 8.16 디코더와 인코더 회로

6 실험 결과

실험 결과 보고서					
실험제목	실험 (　　) ________				
학과 및 학년		학 번		확인	
이 름		실험조			
실험일		담당교수			

실험 표 8.1 4×2 인코더 실험결과

입력				출력	
SW1	SW2	SW3	SW4	Y_1	Y_2
1	0	0	0		
0	1	0	0		
0	0	1	0		
0	0	0	1		

실험 표 8.2 2×4 디코더 실험 결과

입력			출력			
A	B	E	D_0	D_1	D_2	D_3
0	0	0				
0	1	0				
1	0	0				
1	1	0				
0	0	1				
0	1	1				
1	0	1				
1	1	1				

실험 표 8.3 디코더와 인코더 연결회로 실험 결과

입력		디코더 출력				인코더 출력	
I_1	I_0	D_0	D_1	D_2	D_3	F_1	F_0
0	0						
0	1						
1	0						
1	1						

〈절취선〉

7 결과고찰 및 질문

1. 실험 표 8.1에서 4×2 라인 인코더의 입력과 출력들을 비교 설명하며 동작특성을 논하여라.

2. 실험 표 8.2에서 2×4 라인 디코더의 입력과 출력들을 비교 설명하며 동작특성을 논하여라.

3. 실험 표 8.3에서 디코더와 인코더의 동작특성을 설명하여라.

4. 본 실험에서 느낀 점을 기술하여라.

〈절취선〉

실험 09

멀티플렉서 및 디멀티플렉서

1 실험 목적

- 멀티플렉서의 동작을 이해하고 회로를 학습한다.
- 디멀티플렉서의 동작을 이해하고 회로를 학습한다.

2 예비 이론

멀티플렉서

멀티플렉서(MUX : multiplexer)는 그림 9.1(a)과 같이 $n+1$개의 입력 데이터 중에서 선택신호의 $m+1=\log_2(n+1)$개에 의해 필요한 데이터 하나를 출력으로 선택해서 내보내는 조합논리회로이다. 그래서 채널 선택기 혹은 데이터 선택기라 하고, 같은 통신통로에 여러 소자가 공유하는 버스구조를 가진 컴퓨터시스템에 사용한다.

그림 9.1(b)는 2×1 멀티플렉서를 나타내고 입력은 D_0, D_1 두 개가 있다. 선택신호 S가 '0'이면 출력은 D_0 상태가 나타나고 선택신호가 '1'이면 출력은 D_1 상태가 나타난다. 그래서 선택신호에 따라 두 개 다른 소자 사이에 출력이 전환되고 주어진 시간에 한 소자만 활성화되고 버스에 연결된다.

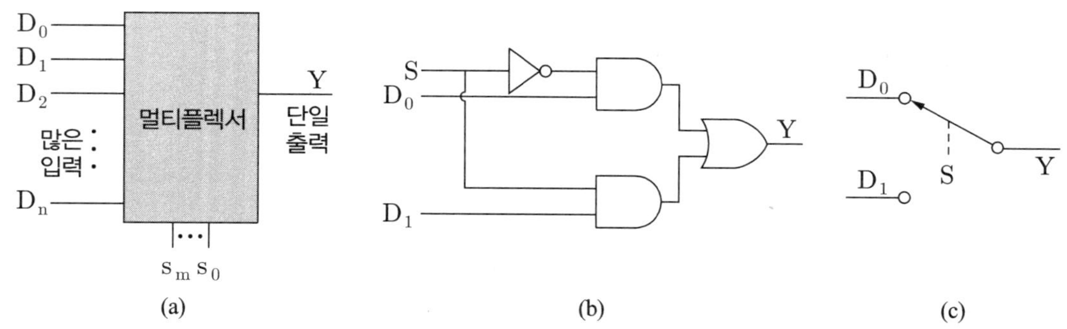

그림 9.1 멀티플렉서 (a) 구조 (b) 2×1 회로도 (c) 등가회로

그림 9.2는 4×1 멀티플렉서 회로를 나타낸다. 그림의 진리표에서 입력 S_1, S_0는 선택신호로, $S_1S_0=00$일 경우 입력 I_0의 값이 출력 Y로 나가며, $S_1S_0=01$일 경우에는 입력 I_1의 값이,

$S_1S_0 = 10$일 경우에는 입력 I_2의 값이, $S_1S_0 = 11$일 경우에는 입력 I_3의 값이 출력 Y로 나가게 된다. 논리식은 $Y = \overline{S_1}\,\overline{S_0}I_0 + \overline{S_1}S_0I_1 + S_1\overline{S_0}I_2 + S_1S_0I_3$이다.

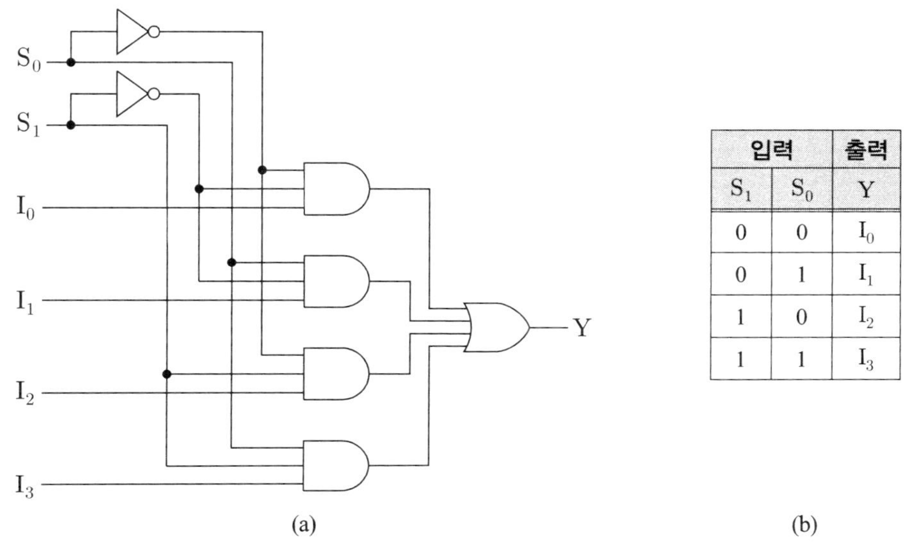

입력		출력
S_1	S_0	Y
0	0	I_0
0	1	I_1
1	0	I_2
1	1	I_3

그림 9.2 4×1 멀티플렉서 (a) 회로도 (b) 진리표

표 9.1은 멀티플렉서 기능을 수행하는 상용화된 TTL 종류를 나타내었다.

표 9.1 멀티플렉서 기능을 갖는 TTL 종류

소자	설명
74151	8-Line-to-1-Line Multiplexer
74153	Dual 4-Line-to-1-Line Multiplexer
74157	Quad 2-Line-to-1-Line Multiplexer
74158	Quad 2-Line-to-1-Line Multiplexer with Inverting Outputs
74151	8-Line-to-1-Line Multiplexer
74153	Dual 4-Line-to-1-Line Multiplexer
74157	Quad 2-Line-to-1-Line Multiplexer

그림 9.3은 다중 입/출력 멀티플렉서 회로도와 진리표를 나타낸다. 두 개의 4-비트 입력이 그룹으로 하나의 선택선 S에 의하여 출력된다.

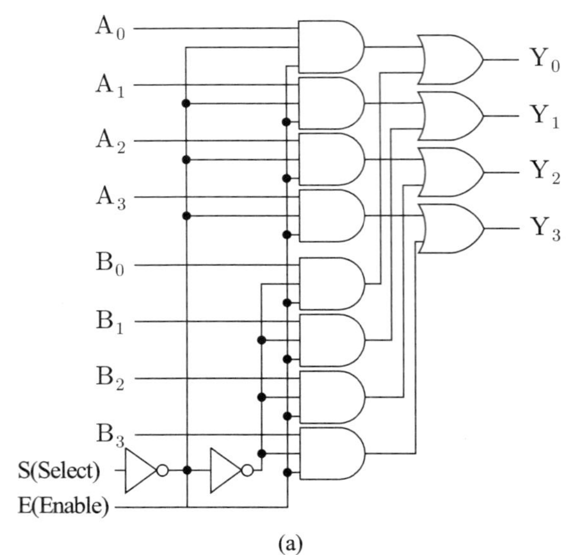

(a)

입력		출력
E	S	Y
0	x	모두 0
1	0	Select A
1	1	Select B

(b)

그림 9.3 다중 입/출력 멀티플렉서 (a) 회로도 (b) 진리표

디멀티플렉서

디멀티플렉서(DEMUX, demultiplexer)는 그림 9.4와 같이 멀티플렉서의 입력과 출력이 바뀐 반대되는 기능을 수행하는 회로로, 하나의 입력을 통해 들어오는 신호를 $\log_2(n+1)$개 의 선택 신호의 제어에 따라 $n+1$개의 출력 중 하나로 내보내는 조합 논리회로이다. 따라서 채널분배기, 데이터 분배기라고 한다.

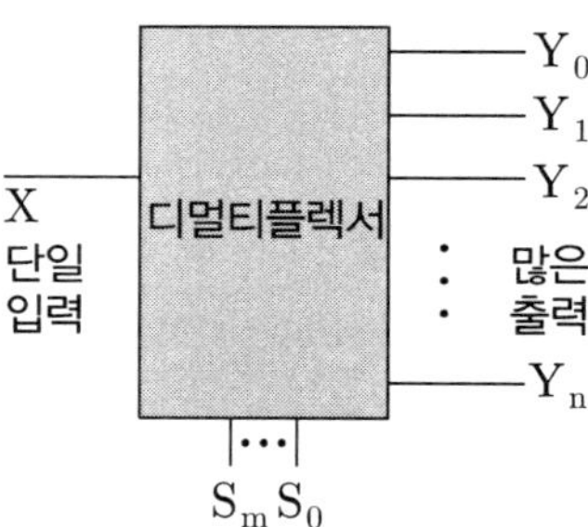

그림 9.4 디멀티플렉서 구조

그림 9.5는 MUX와 DEMUX의 동작에 대한 설명이고, MUX의 주요한 기능은 입력 신호를 조합하고, 정보를 압축하여 한 전송선을 나누어 사용한다. DEMUX는 직렬-병렬 변환기, ALU, 통신시스템에 응용된다.

멀티플렉서는 여러 개의 입력선들 중에서 하나를 선택하여 입력선의 2진 정보를 출력선에 연결하는 조합논리회로이다. 선택선들의 값에 따라서 특별한 입력선이 선택된다.

디멀티플렉서는 정보를 한 선으로 받아서 N개의 선택선의 값에 의해 2^N개의 가능한 출력선들 중 하나를 선택하여, 받은 정보를 전송하는 회로다.

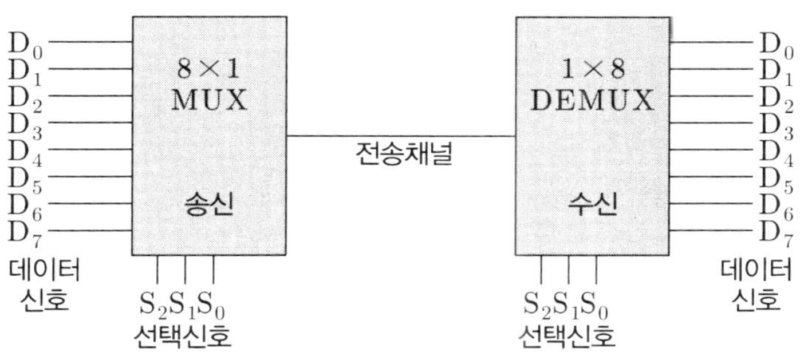

그림 9.5 MUX와 DEMUX의 동작

그림 9.6은 1×4 디멀티플렉서 회로를 나타내고, enable이 있는 2×4 디코더와 같다. 하나의 입력에서 들어온 정보를 4개로 나누어 출력한다. 일반적으로 2^N개의 출력에 대하여 N-비트의 선택선이 있어야 한다. 논리식은 $D_0 = \overline{S_1}\,\overline{S_0}I$, $D_1 = \overline{S_1}S_0I$, $D_2 = S_1\overline{S_0}I$, $D_3 = S_1S_0I$이다.

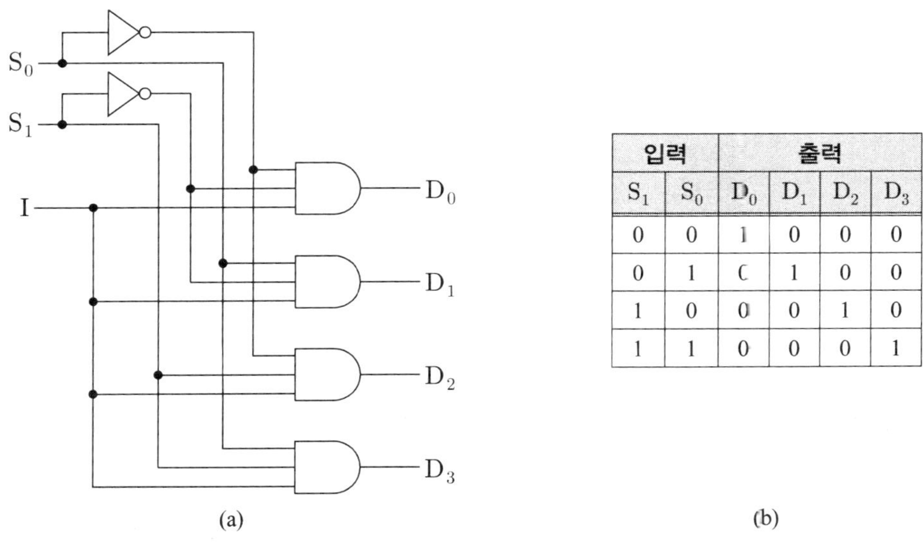

입력		출력			
S_1	S_0	D_0	D_1	D_2	D_3
0	0	1	0	0	0
0	1	0	1	0	0
1	0	0	0	1	0
1	1	0	0	0	1

그림 9.6 1×4 디멀티플렉서 (a) 회로도 (b) 진리표

디코더는 입력선에 나타나는 N-비트의 2진 코드를 최대 2^N개의 서로 다른 정보로 바꿔주는 조합논리회로이고 enable 단자를 가지고 있는 경우는 디멀티플렉서의 기능도 실제 수행한다. 상용 74138(3×8 디코더/디멀티플렉서) IC의 경우에는 디코더와 디멀티플렉서의 기능으로 모두 사용한다. 그림 9.7은 디코더와 디멀티플렉서 구조를 비교한다.

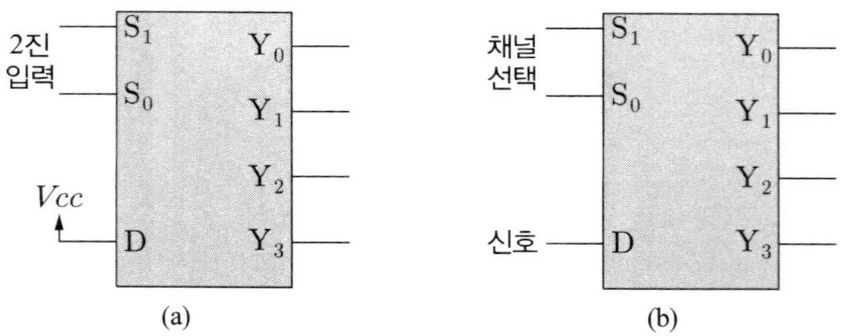

그림 9.7 디코더와 디멀티플렉서 구조 비교 (a) 디코더 (b) 디멀티플렉서

멀티플렉서 심벌을 그림 9.8(a)와 같이 나타낼 수도 있고 2×1 MUX인 경우 선택신호가 '0'이면 출력은 A가 나가고 '1'이면 B가 출력된다. 2-비트 MUX는 1-비트 MUX 두 개를 중첩하고 선택신호 S는 함께 묶어서 공급하면 된다. 그리고 화살표에 대각선으로 사선을 그린 후 숫자 2을 쓰면 2비트 MUX가 된다. 이런 방법으로 쉽게 N-비트 폭의 MUX도 만들 수 있다.

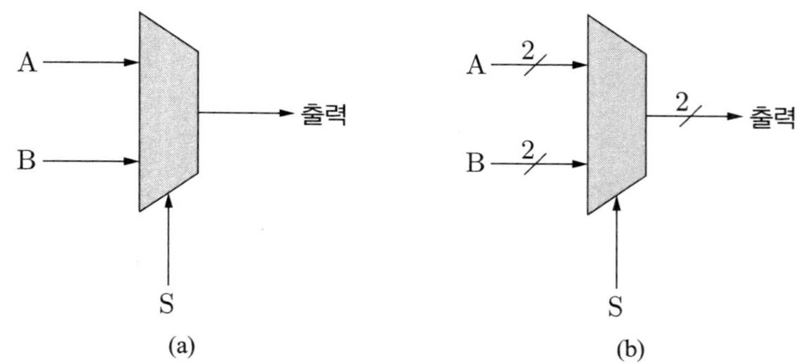

그림 9.8 멀티플렉서 (a) 1비트 폭 2×1 (b) 2비트 폭 2×1

3 실험 준비물

- 장비 : 직류전원 공급기, 함수발생기, 오실로스코프, DMM, 디지털실험 장비
- 기타 기기 : 논리 검출기(logic probe), 논리 펄스기(logic pulser), 논리 클립(logic clip)
- 소프트웨어 : PSpice 프로그램(OrCAD 등)
- IC 부품 : 7404, 7411 2개, 7432
- 기타 부품 : LED 4개, 390Ω 4개, 토글스위치 4개, DIP 스위치

4 PSpice 시뮬레이션

멀티플렉서 시뮬레이션

1. enable 신호 EN=1이고, 7420 4-입력 NAND 게이트 5개와 7404 인버터 2개로 그림 9.9과 같이 4×1 멀티플렉서를 구성한다. 4개의 입력 A, B, C, D는 선택신호 S1, S2에 의해 출력 $Y=\overline{EN}\left(A\overline{S_1}\,\overline{S_2}+B\overline{S_1}S_2+CS_1\overline{S_2}+DS_1S_2\right)$을 결정하는 4×1 멀티플렉서이다.

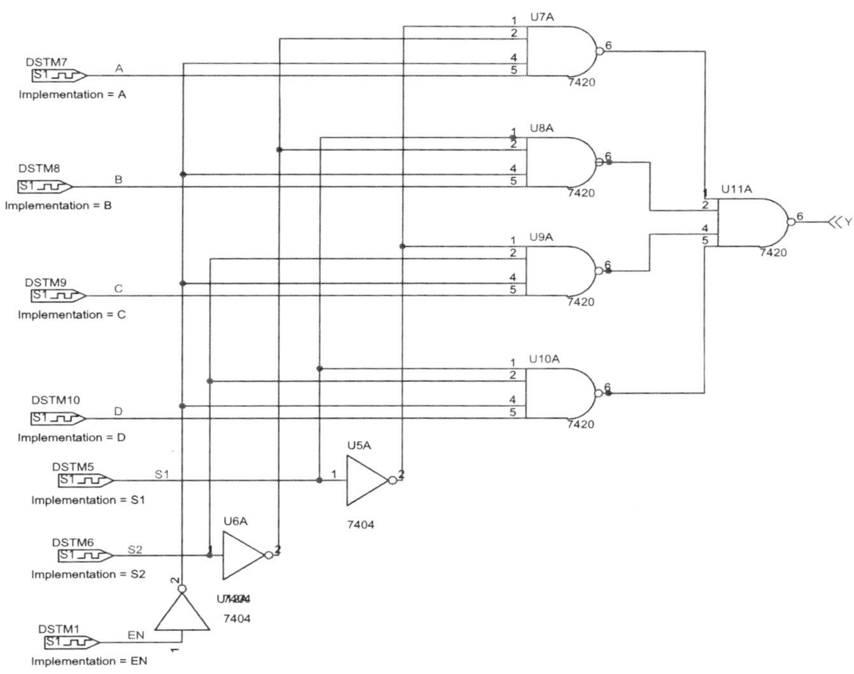

그림 9.9 4×1 멀티플렉서 회로도

2. 선택신호에 따라 어느 입력이 출력 Y로 나오는 지 확인한다. 선택신호 00이면 A가 출력되고, 01이면 B, 10이면 C, 11이면 D가 출력된다.

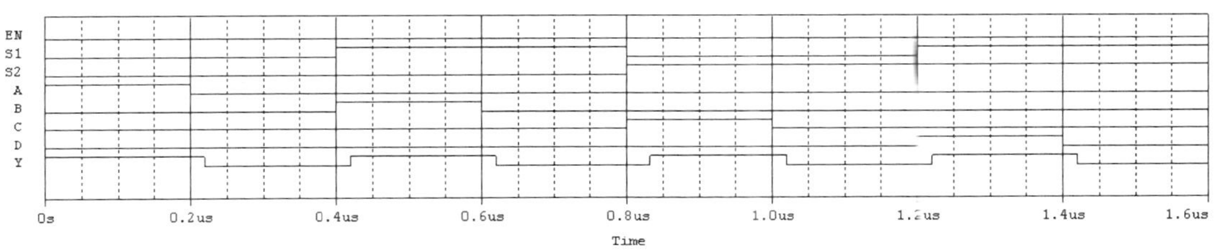

그림 9.10 4×1 멀티플렉서 시뮬레이션 결과

디멀티플렉서 시뮬레이션

3. 7411 3입력 AND 게이트, 7404 인버터를 이용하여 그림 9.11과 같이 디멀티플렉서를 구성한다. 선택신호 S1, S2에 따라 Q0, Q1, Q2, Q3 중에서 어느 한 출력이 선택된다.

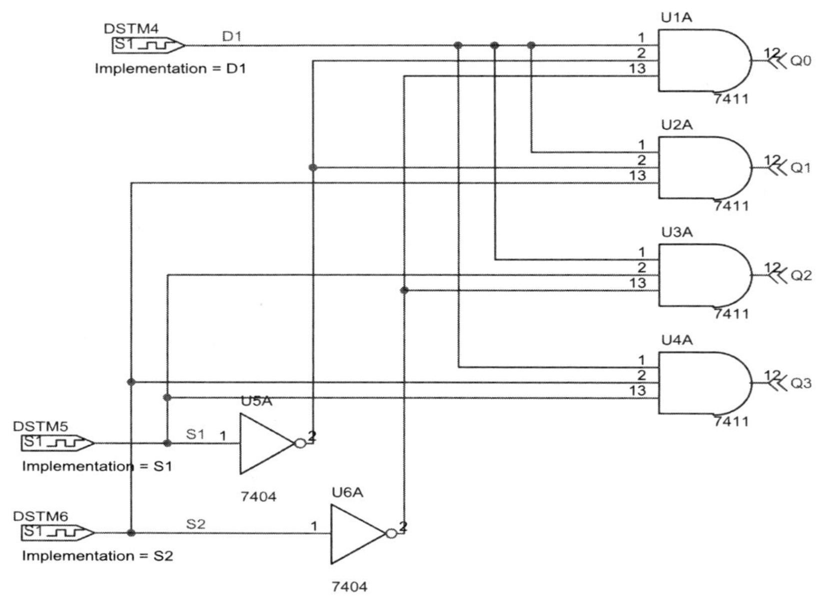

그림 9.11 디멀티플렉서 구성도

4. 데이터 D1이 '1'일 때 선택신호 S1, S2가 00이면 Q0, 01이면 Q1, 10이면 Q2, 11이면 Q3가 출력된다.

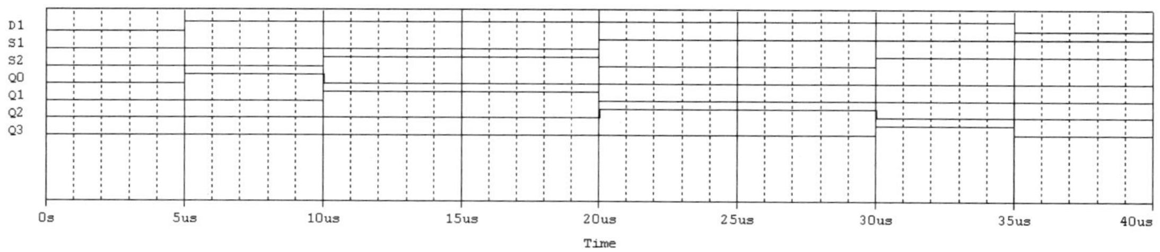

그림 9.12 디멀티플렉서 시뮬레이션 결과

5 실험 과정

멀티플렉서 실험

1. 7404 NOT 1개, 7411 AND 1개, 7432 OR 1개를 사용하여 그림 9.13과 같이 4×1 멀티플렉서 회로를 구성한다. SW0, SW1 값을 실험 표 9.1과 같이 변화시키며 Y 값을 측정하여 실험 표 9.1에 기록한다.

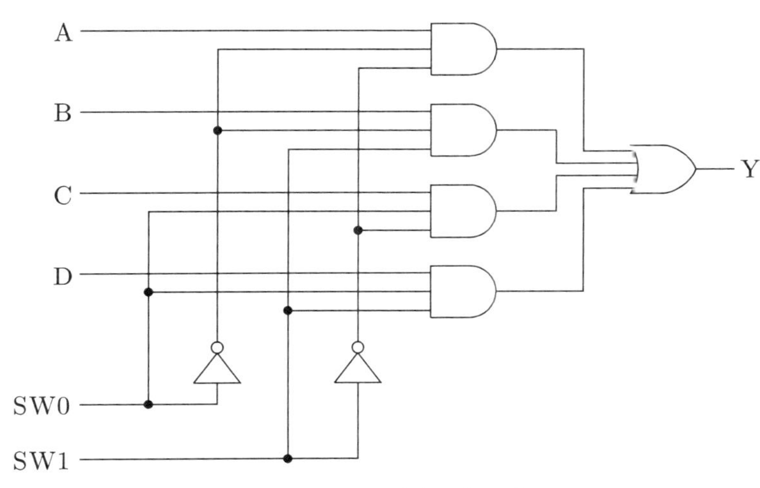

그림 9.13 4×1 멀티플렉서 회로

디멀티플렉서 실험

2. TTL 7404 NOT 1개, 7411 3-입력 AND 1개를 사용하여 그림 9.14와 같이 1×4 디멀티플렉서 회로를 구성한다. 실험 표 9.2와 같이 입력을 변화시키며 출력값을 측정하여 실험 표 9.2에 기록한다.

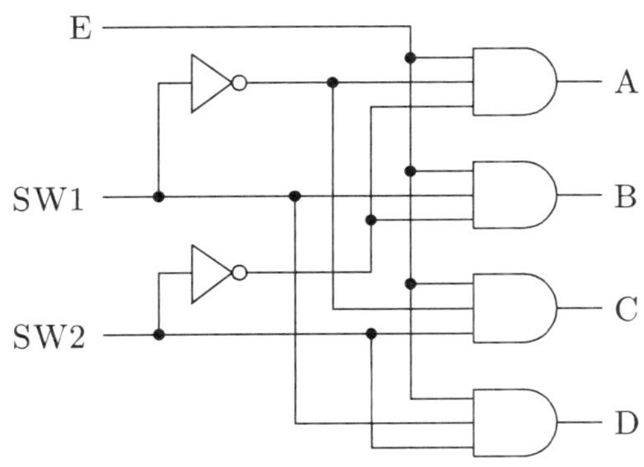

그림 9.14 1×4 디멀티플렉서 회로

멀티플렉서-디멀티플렉서 실험

3. 7404 NOT 1개, 7411 AND 2개, 7432 OR 1개를 사용하여 그림 9.15와 같이 4×1 멀티플렉서와 1×4 디멀티플렉서를 연결하여 실험보드에 구성한다. 멀티플렉서의 선택신호 S_1, S_0과 입력신호 I_0, I_1, I_2, I_3을 실험 표 9.3과 같이 인가할 때 멀티플렉서와 디멀티플렉서의 출력값을 측정하여 실험 표 9.3에 기록한다.

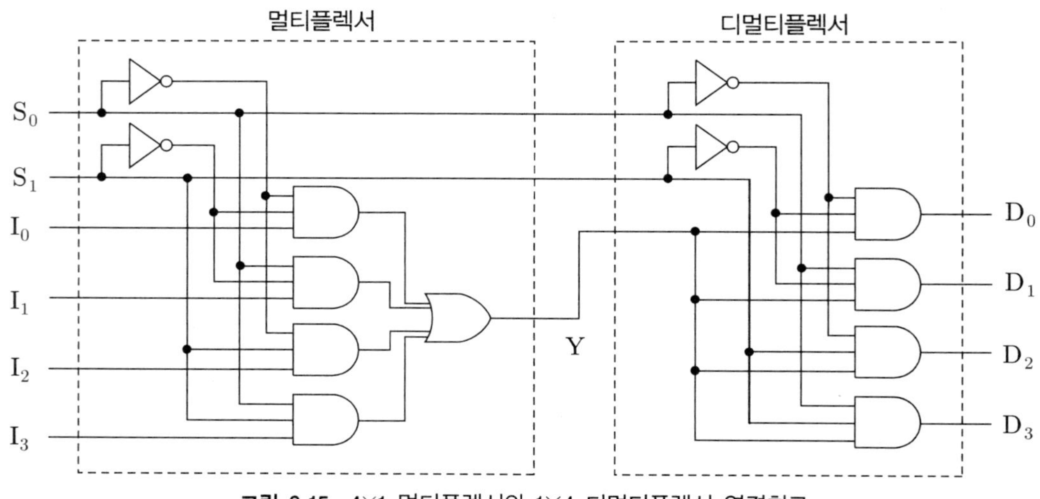

그림 9.15 4×1 멀티플렉서와 1×4 디멀티플렉서 연결회로

6 실험 결과

실험 결과 보고서					
실험제목	실험 ( ) ______				
학과 및 학년		학 번		확인	
이 름		실험조			
실험일		담당교수			

실험 표 9.1 4×1 멀티플렉서 실험

입력				출력, Y			
D	C	B	A	SW0 = 0 SW1 = 0	SW0 = 0 SW1 = 1	SW0 = 1 SW1 = 0	SW0 = 1 SW1 = 1
0	0	0	0				
0	0	0	1				
0	0	1	0				
0	0	1	1				
0	1	0	0				
0	1	0	1				
0	1	1	0				
0	1	1	1				
1	0	0	0				
1	0	0	1				

실험 표 9.2 1×4 디멀티플렉서 실험

입력			출력			
SW0	SW1	E	A	B	C	D
0	0	0				
0	0	1				
0	1	0				
0	1	1				
1	0	0				
1	0	1				
1	1	0				
1	1	1				

〈절취선〉

실험 표 9.3 멀티플렉서와 디멀티플렉서 연결 회로 실험 결과

입력						멀티플렉서 출력	디멀티플렉서 출력			
S_1	S_0	I_0	I_1	I_2	I_3	Y	D_0	D_1	D_2	D_3
0	0	1	0	0	0					
0	0	0	1	0	0					
0	1	0	1	0	0					
0	1	0	0	1	0					
1	0	0	0	1	0					
1	0	0	0	0	1					
1	1	0	0	0	1					
1	1	1	0	0	0					

〈절취선〉

7 결과고찰 및 질문

1. 실험 표 9.1에서 4×1 멀티플렉서의 입/출력들을 비교 설명하며 동작 특성을 논하라.

2. 실험 표 9.2에서 1×4 디멀티플렉서의 입/출력들을 비교 설명하며 동작 특성을 논하라.

3. 실험 표 9.3에서 멀티플렉서와 디멀티플렉서 연결 회로의 실험 결과를 설명하여라.

4. 본 실험에서 느낀 점을 기술하여라.

〈절취선〉

실험 10 RS 및 D 플립플롭

1 실험 목적

- NAND 게이트를 이용한 RS 래치 동작 특성을 고찰한다.
- NAND 게이트를 이용하여 RS 플립플롭을 구성하고 그 동작 특성을 고찰한다.
- D 플립플롭을 구성하고 그 동작 특성을 고찰한다.

2 예비 이론

플립플롭

플립플롭(flip-flop)은 제어신호와 클럭신호를 입력으로 갖는 기억소자이고 쌍안정 멀티바이브레이터(bistable multivibrator)를 일컫는 것으로, '0'과 '1' 두 개의 안정된 상태를 출력한다. 이때 두 개의 출력은 항시 반대상태에 있으며 한쪽의 출력을 Q라 하면 다른 한쪽의 출력은 $\overline{Q}$가 된다. 한번 외부입력에 의하여 안정상태가 결정되면, 새로운 입력조건이 주어질 때까지 회로는 그 안정상태를 그대로 유지한다.

플립플롭은 기억소자로서 사용되며, 또한 주파수를 분할하거나 카운터를 제작하는 등에 널리 운용된다. 일반적으로 플립플롭은 입력조건을 주는 방법 따라서 RS(Reset-Set) 플립플롭, D(Data 혹은 Delay) 플립플롭, T(Toggle) 플립플롭, JK 플립플롭 등으로 구분된다.

주로 D 플립플롭을 많이 사용하며, T 플립플롭은 카운터 등 제한적으로 사용된다. JK 플립플롭은 게이트레벨 설계 시 게이트 수를 줄일 수 있는 장점이 있지만 집적화할 경우 D 플립플롭으로 설계한 것과 면적의 차이가 없다.

클럭

클럭(clock) 신호는 일반적으로 그림 10.1에 나타낸 것과 같이 시간에 따라 '0'과 '1' 값을 주기적으로 반복하여 갖는 신호를 말한다. 참고로 클럭의 한 주기 내에서 '1'이 되는 구간과 '0'이 되는 구간의 길이가 반드시 같을 필요는 없다.

그림에서 클럭신호 값이 '0'에서 '1'로 변하는 부분을 상승엣지(positive-edge, positive-going edge, rising edge)라고 말하고, '1'에서 '0'으로 변하는 부분을 하강엣지(negative-edge, negative-going edge, falling edge)라고 말한다. 일반적으로 클럭신호는 회로도에서 CLK, CK 또는 CP라고 표기한다.

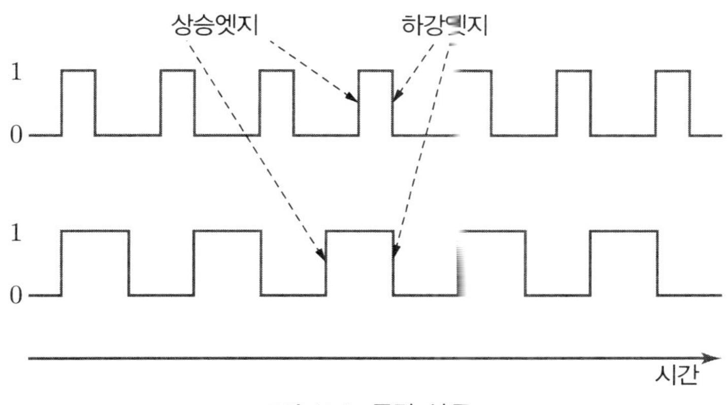

그림 10.1 클럭 신호

상승엣지 트리거 방식과 하강엣지 트리거 방식 플립플롭에 대한 기호

대부분의 플립플롭에서 클럭은 엣지 트리거이다. 그림 10.2와 같이 플립플롭의 클럭 입력단자는 작은 삼각형을 그려서 나타내고 삼각형 앞에 작은 원이 있으면 하강엣지 트리거 방식이고 없으면 상승엣지 트리거 방식이다.

진리표에서 클럭값을 표현하기 위해 상승엣지 트리거 방식은 '↑' 또는 ⎍ 심볼을 사용하고, 하강엣지 트리거 방식은 '↓' 또는 ⎍ 심볼을 사용한다.

하나 이상의 제어입력을 갖고 제어입력은 클럭엣지가 발생하기 전에는 출력에 영향을 미치지 않아 동기 제어입력이라 한다. 제어입력은 '무엇'을 결정하고, 클럭은 '언제'를 결정한다.

> • 논리 회로도에서의 작은 원
> ① NOT 게이트 ② 신호가 active-low 신호 ③ 플립플롭의 클럭단자 앞에 사용되어 하강엣지 트리거 방식 플립플롭

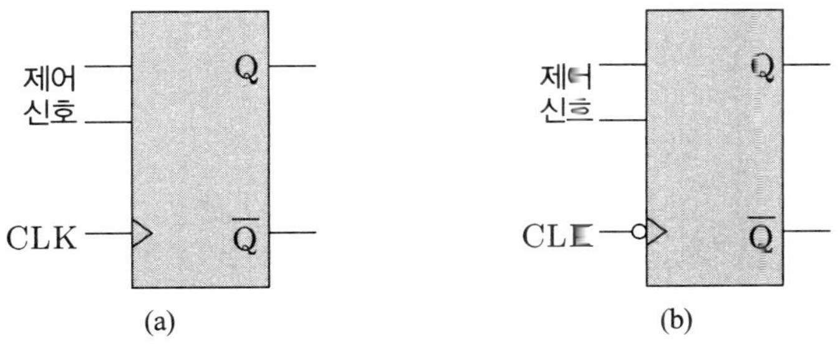

그림 10.2 플립플롭 기호 (a) 상승엣지 트리거 방식 b) 하강엣지 트리거 방식

• 래치와 플립플롭 차이
래치는 enable 제어신호가 '1'인 동안에 SR 입력이 변화하면 이에 따라 출력값이 변한다. 반면에 플립플롭은 클럭신호가 '0'에서 '1'로 변화되는 시점에만 출력값이 변하게 되며, 클럭 신호가 '1'인 동안에 SR 입력이 변해도 출력은 변하지 않는다. 그래서 플립플롭은 엣지 트리거(edge-triggered) 방식으로 동작하고, 래치는 레벨 트리거(level-triggered) 방식으로 동작한다.

기본 RS 래치

가장 단순한 형태의 RS 래치는 단지 두 개의 NAND 게이트나 NOR 게이트에 의해서 구성할 수 있다. 그림 10.3(a)와 (b)에는 두 개의 게이트로 만든 기본 RS 플립플롭의 회로도 이다. 입력은 각각 S(set)와 R(reset)로 표기되고, 출력은 각각 Q와 $\overline{Q}$로 된다. 이 회로에서 $\overline{S}$와 $\overline{R}$가 입력으로 사용된 것은 각각의 입력과 NAND 게이트 사이에 NOT 게이트가 하나씩 연결된 것이다.

만일 S=1, R=0으로 해주면 Q와 $\overline{Q}$는 앞의 상태와는 관계없이 항상 '1'과 '0'의 상태로 되고 S=0, R=1로 해주면 반대로 '0'과 '1'의 상태로 된다. 또, 만일 S와 R을 동시에 '0'으로 해주면 Q와 $\overline{Q}$는 앞의 상태를 그대로 유지하게 된다. 그래서 RS 래치는 상태를 유지하거나 상태를 바꿀 수 있는 상태기억소자로 사용할 수 있다.

그러나 만일 S와 R을 동시에 '1'로 해주면 Q와 $\overline{Q}$ 또한 동시에 '1'로 되기 때문에 래치의 기본적인 성질에 위반되므로 이 경우는 RS 래치에서 부정으로 규정한다. 이 같은 동작하는 래치를 RS 래치라 하고, 그림 10.3(d)는 이러한 관계들의 진리표이다.

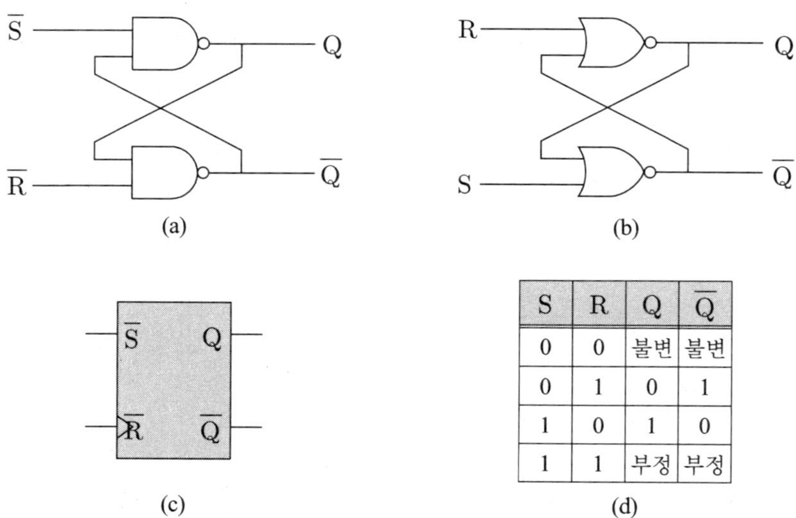

S	R	Q	$\overline{Q}$
0	0	불변	불변
0	1	0	1
1	0	1	0
1	1	부정	부정

그림 10.3 기본 RS 래치 (a) NAND 게이트 회로 (b) NOR 게이트 회로 (c) 심벌 (d) 진리표

S와 R이 '1'이고 Q와 $\overline{Q}$ 또한 '1'이 되어 있는 상태에서 만일 S와 R을 동시에 '0'으로 바꿔주면 Q와 $\overline{Q}$는 예측할 수 없는 상태로 변화하게 되는데, 이를 레이스(race) 조건이라고 부른다.

클럭 신호를 갖는 RS 래치

RS 래치는 2진법으로 표시되는 정보를 저장했다가, 클록펄스가 들어오면 이를 플립플롭의 출력에 전달할 수 있도록 되어있다. 그림 10.4 (a)와 (c)는 NAND와 NOR 래치를 이용한 RS 래치의 회로를 나타내고 있다. 이 회로에서 만일 클럭펄스 CLK가 '0'의 상태에 있다면 마치 기본 RS 래치에서 S=R=0인 것과도 같은 경우가 되므로, 출력 Q와 $\overline{Q}$는 불변이다.

그러나 만일 클럭펄스가 들어와서 CLK가 '1'의 상태로 된 동안에는 그림 10.4 (a)의 RS 래치가 그림 10.3 (a)의 기본 RS 래치와 꼭 같게 되므로 그림 10.3 (d)와 같은 진리표를 나타나게 된다. 클럭펄스가 끝난 뒤에는 Q와 $\overline{Q}$는 또 다시 불변으로 남게 된다. 그러므로 RS 래치는 클럭펄스가 들어올 때에만 입력 S와 R에 대한 출력 Q와 $\overline{Q}$를 내는 래치이다. 그림 10.4(b)와 (d)에는 RS 래치에 대한 기호와 진리표를 나타낸다. 이때 진리표는 클럭펄스가 들어올 때에만 성립하게 된다.

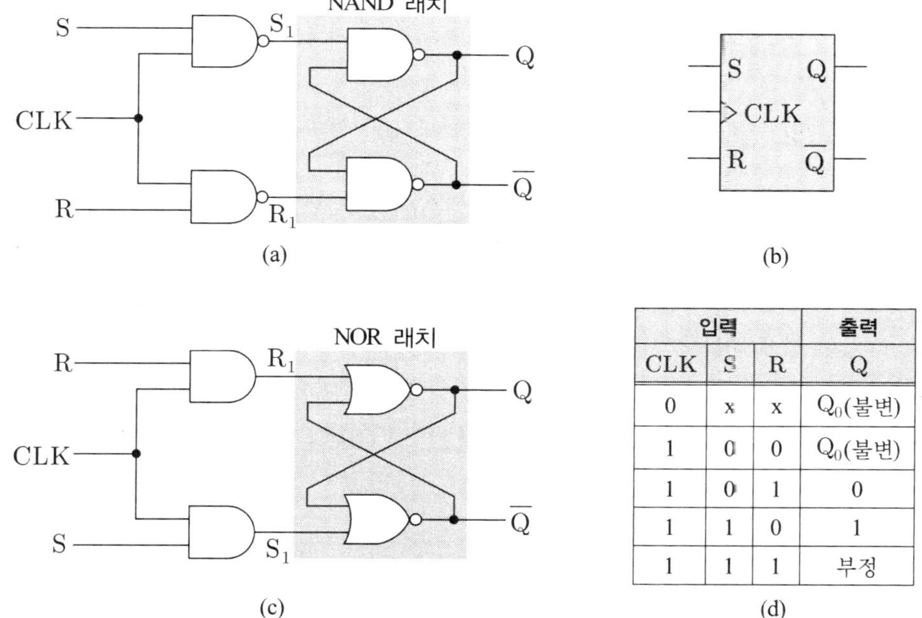

입력			출력
CLK	S	R	Q
0	x	x	Q_0(불변)
1	0	0	Q_0(불변)
1	0	1	0
1	1	0	1
1	1	1	부정

그림 10.4 클럭 신호를 갖는 RS 래치 회로 (a) NAND 래치를 이용한 회로 (b) 심벌 (c) NOR 래치를 이용한 회로 (d) 진리표

PR/CLR RS 래치

PR(preset)/CLR(clear) RS 래치는 RS 래치에 PR과 CLR의 두 입력을 추가한 래치이다. 입력 S와 R 또는 클럭펄스 CLK에 관계없이 래치를 set(Q=1)시키거나, reset(Q=0)시킬 수 있는 입력이다. 입력 PR이나 CLR은 모든 입력에 선행하므로 제어입력이라고도 부르며 이 둘을 동시에 사용해서는 안 된다. 그림 10.5(a)에는 PR/CLR RS 래치가 주어져 있고 (b)는 이에 대한 간소화 회로이며 (c)는 기호를 표시한다. 이때 PR이나 CLR에 작은 동그라미가 그려져 있는 것은 음의 펄스에 대해서 동작을 한다는 의미이다.

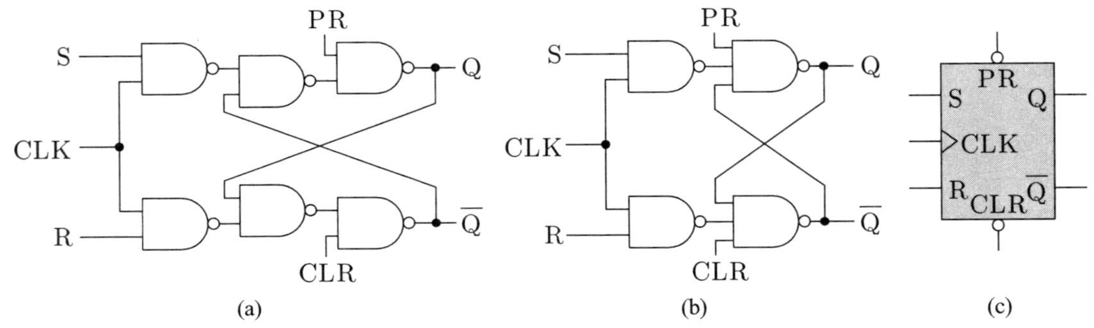

그림 10.5 PR/CLR RS 래치 (a) 회로 (b) 간소화 회로 (c) 심벌

마스터-슬레이브 플립플롭

마스터-슬레이브 플립플롭(Master-Slave flip-flop)은 두 단의 플립플롭을 직렬 연결한 것을 일컫는 것으로서 앞 단을 마스터, 뒷 단을 슬레이브라고 한다. 한 개의 클럭펄스가 동시에 마스터와 슬레이브를 동작시키도록 연결되어 있으며, 이때 슬레이브 쪽에는 NOT 게이트가 한 개 삽입되어 있다. 따라서 클록펄스가 '1'로 될 때는 마스터를 동작시키고, '0'으로 될 때에는 슬레이브를 동작시키게 된다. 그러므로 마스터-슬레이브 플립플롭에 있어서는 입력과 출력이 분리되어 레이스 문제가 최소로 감소한다. 그림 10.6(a)에는 RS 마스터-슬레이브 플립플롭의 블록도가 그려져 있고, (b)는 엣지 트리거 RS 플립플롭 회로도이다.

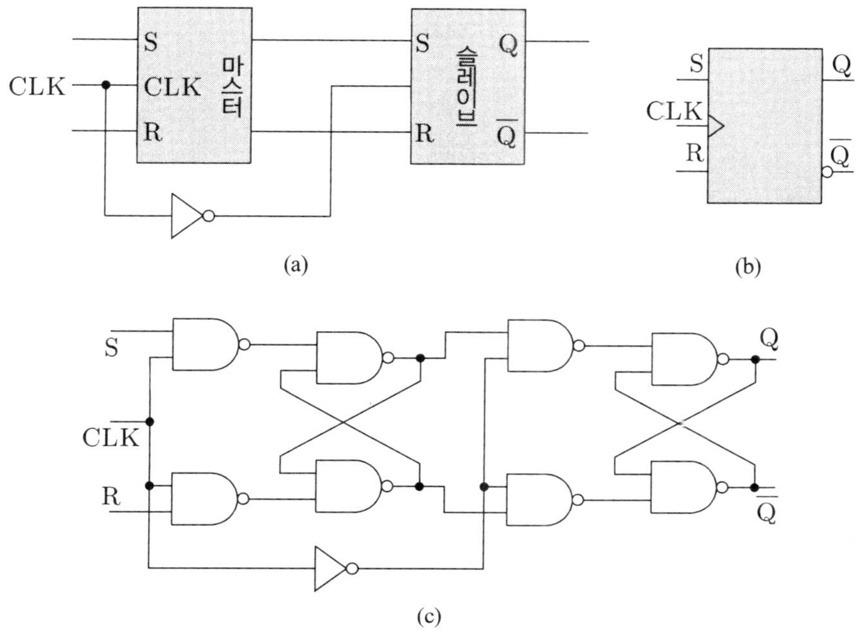

그림 10.6 RS 마스터-슬레이브 플립플롭 (a) 블록도 (b) 심벌 (c) 엣지 트리거 RS 플립플롭 회로

D 플립플롭

D 플립플롭(Delay flip-flop 또는 Data flip-flop)은 RS 플립플롭에 약간의 변형으로 구성한다. 그림 10.7(a)로부터 D 래치는 RS 래치의 두 입력을 결합하고, 그 한쪽에 NOT 게이트를 삽입시킨다. 따라서 양쪽의 NAND 게이트에는 항상 상반되는 입력이 들어오게 되므로 RS 래치에서 나타났던 레이스 조건은 더 이상 일어나지 않는다. D 플립플롭에 대한 기호와 진리표가 그림 10.7(b)와 (d)에 주어져 있다. 여기서 CLK는 클럭펄스를 나타내며 Q_{n+1}은 $n+1$번째 클럭펄스가 들어왔을 때 출력을 나타낸다.

그림 10.7(e)는 엣지 트리거 D 플립플롭 회로를 나타낸다. D 플립플롭에서 클럭펄스 CLK가 들어오기 전에 입력 D에 데이터가 들어와 있어야 하며, 이때 CLK에 앞서서 D가 들어와야 하는 최소한의 시간간격을 set-up time이라고 한다.

D 플립플롭은 그림 10.7(c)와 같이 RS 플립플롭과 NOT 게이트 한 개를 사용하여 만들 수 있다. 만일 D 입력에 '0'이 들어오면 SR=01이 되어 RS 플립플롭은 리셋 기능을 수행하여 출력 Q=0이 된다. 만일 D 입력에 '1'이 들어오면 SR=10이 되고 RS 플립플롭은 세트 기능을 수행하여 출력 Q=1이 된다. 따라서 D 플립플롭에서는 클럭의 상승엣지가 발생하는 시점에 입력 D 값이 그대로 출력 Q로 전달한다.

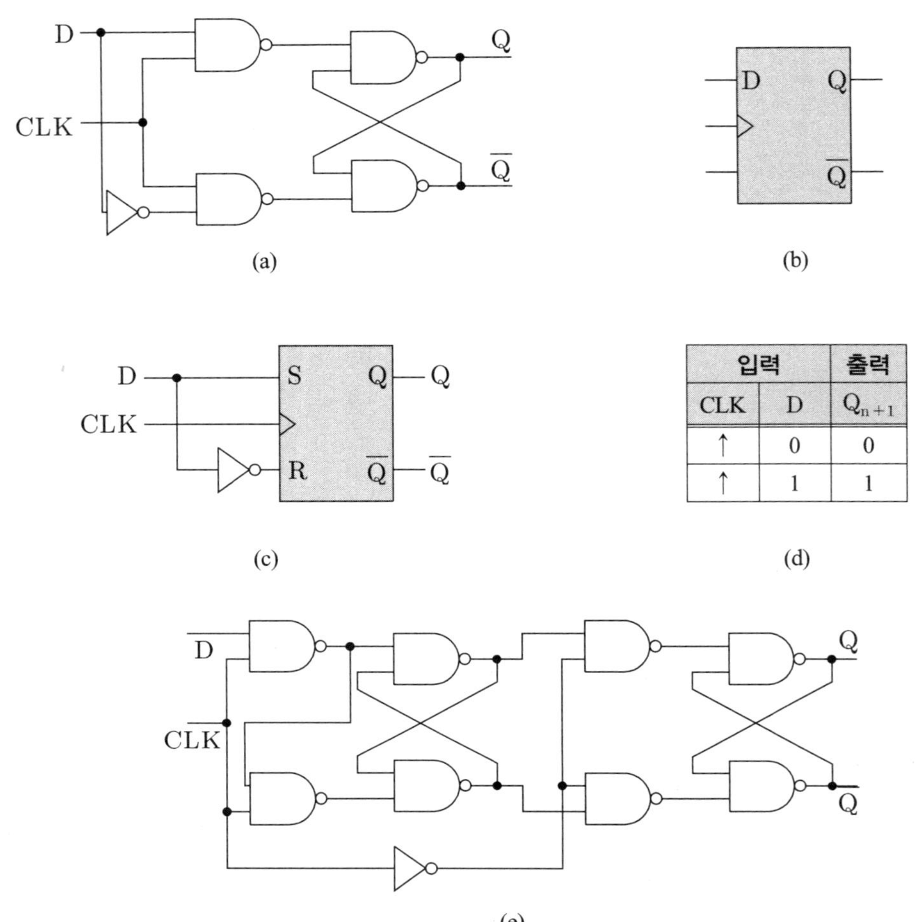

입력		출력
CLK	D	Q_{n+1}
↑	0	0
↑	1	1

그림 10.7 D 플립플롭 (a) 레벨 트리거 래치 회로 (b) 엣지 트리거 심벌 (c) 엣지 트리거 SR 플립플롭을 이용한 구성도 (d) 진리표 (e) 엣지 트리거 플립플롭 회로

3 실험 준비물

- 장비 : 직류전원 공급기, 함수발생기, 오실로스코프, DMM, 디지털실험 장비
- 기타 기기 : 논리 검출기(logic probe), 논리 펄스기(logic pulser), 논리 클립(logic clip)
- 소프트웨어 : PSpice 프로그램(OrCAD 등)
- IC 부품 : 7400 2개, 7402, 7404, 7410, 7474
- 기타 부품 : LED 4개, 390Ω 4개, 토글스위치 4개, DIP 스위치

4 PSpice 시뮬레이션

RS 래치 시뮬레이션

1. 7400 NAND 게이트를 이용하여 그림 10.8과 같은 RS 래치 회로를 구성한다.
2. Time domain(Transient) Run to time : 0.9us로 설정하고 입력신호 S와 R은 0.2us 간격으로 10, 00, 01, 00, 11을 인가한다.

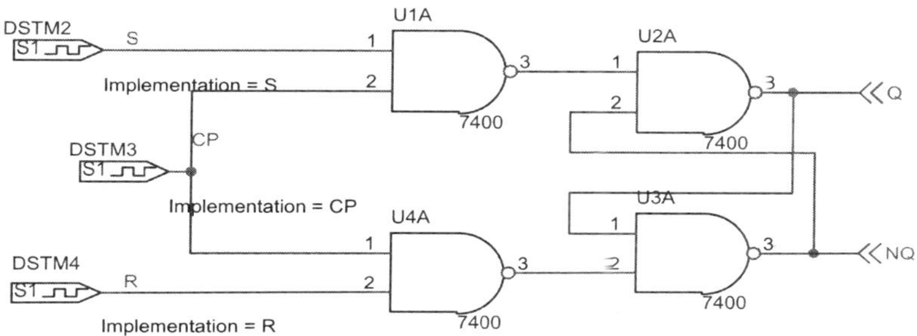

그림 10.8 RS 래치 회로도

3. CP=1일 때 플립플롭이 동작하고 CP=0일 때 래치의 상태를 유지한다. S와 R이 10이면 출력 Q는 1 상태, 입력이 00이면 출력 Q는 상태불변, 입력이 01이면 출력 Q는 0상태, 입력이 11이면 출력은 결정되지 않으면서 진동하는 것을 확인한다.

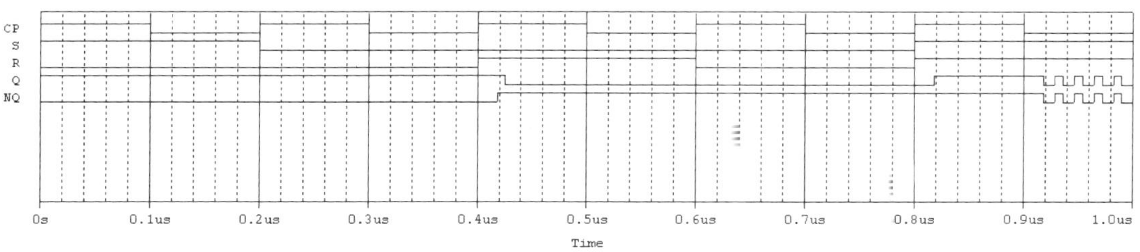

그림 10.9 RS 래치 시뮬레이션 결과

D 래치 시뮬레이션

4. 7400 NAND, 7404 인버터 게이트로 그림 10.10과 같은 D 래치 회로를 구성한다.

5. Time domain(Transient) Run to time : 1.0us로 설정하고 입력신호 CP와 D 디지털 입력을 인가한다.

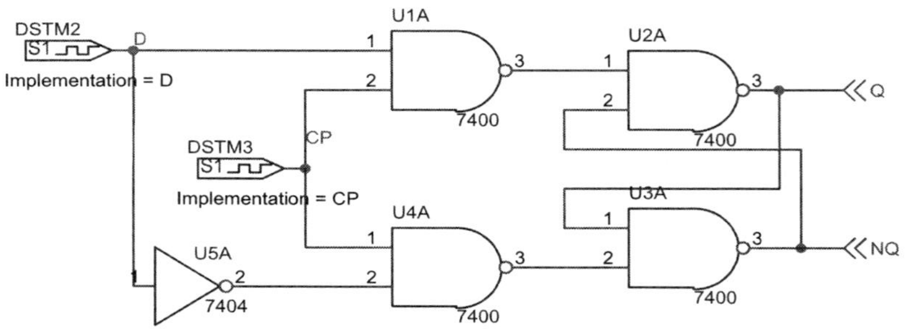

그림 10.10 D 래치 회로도

6. CP = 0인 초기 0.2us까지 출력 Q의 상태가 정해지지 못한다. CP = 1이면 입력 D와 Q가 같이 변한다. 0.8us 이후 CP = 0인 경우 입력 D가 변해도 Q는 변하지 않는 것을 확인한다.

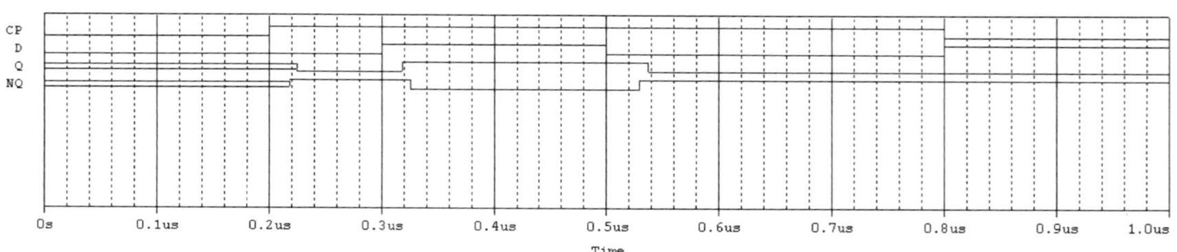

그림 10.11 D 래치 시뮬레이션 결과

5 실험 과정

RS 래치 실험

1. IC 7402 게이트를 이용해서 그림 10.12의 회로를 구성한다. 데이터 스위치로 S와 R의 논리상태를 실험 표 10.1과 같이 변화시키면서 논리검출기로 Q와 $\overline{Q}$의 논리 상태를 확인하여 실험 표 10.1에 기록한다.

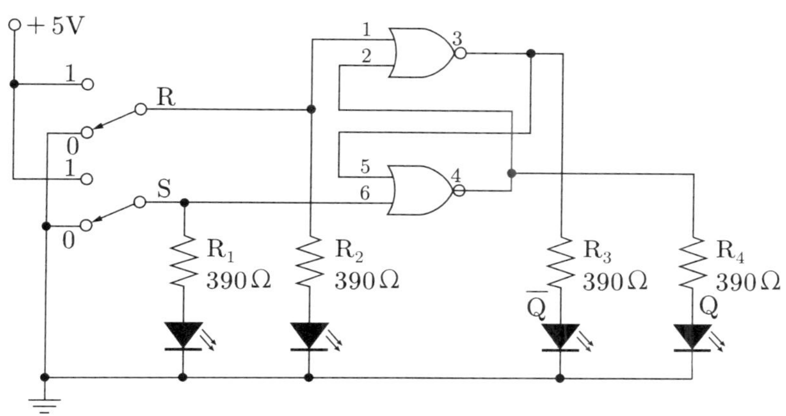

그림 10.12 NOR RS 래치

2. IC 7400 게이트를 이용해서 그림 10.13의 회로를 구성한다. 데이터 스위치로 S와 R의 논리상태를 실험 표 10.1과 같이 변화시키면서 논리검출기로 Q와 $\overline{Q}$의 논리 상태를 확인하여 실험 표 10.1에 기록한다.

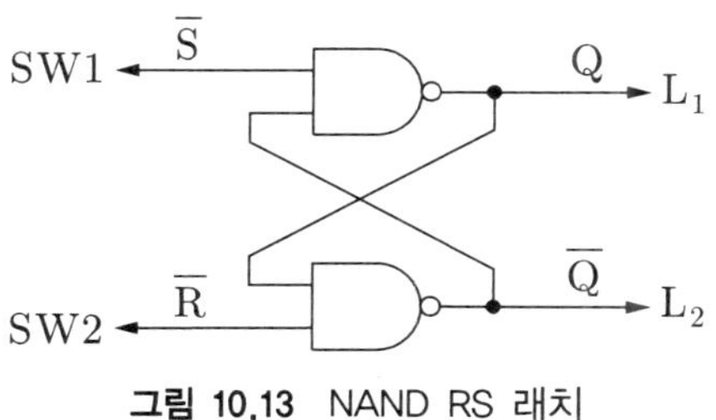

그림 10.13 NAND RS 래치

3. IC 7400과 IC 7404를 이용해서 그림 10.14의 회로를 구성한다. 데이터 스위치로 S와 R의 논리상태를 실험 표 10.1과 같이 변화시키면서 논리검출기로 Q와 $\overline{Q}$의 논리 상태를 확인하여 실험 표 10.1에 기록한다.

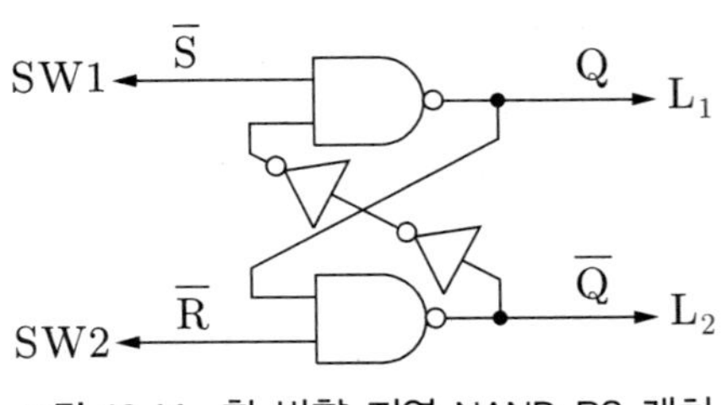

그림 10.14 한 방향 지연 NAND RS 래치

4. IC 7400과 IC 7404를 이용해서 그림 10.15의 회로를 구성한다. 데이터 스위치로 S와 R의 논리상태를 실험 표 10.1과 같이 변화시키면서 논리검출기로 Q와 $\overline{Q}$의 논리 상태를 확인하여 실험 표 10.1에 기록한다.

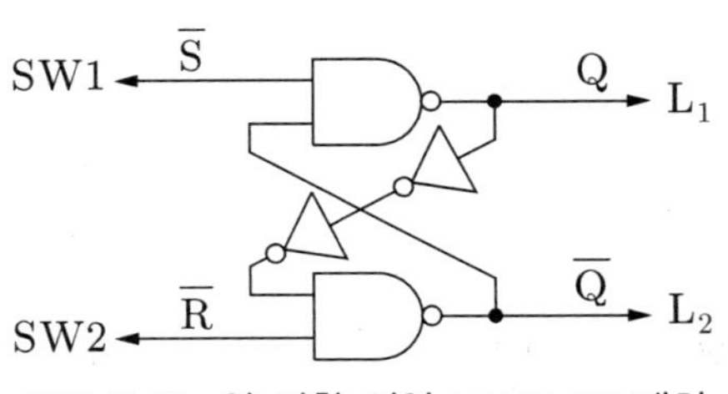

그림 10.15 양 방향 지연 NAND RS 래치

RS 래치 실험

5. IC 7400을 이용해서 그림 10.16과 같은 CLK 제어신호를 갖는 회로를 구성한다. 데이터 스위치 입력은 먼저 SR값을 00으로 설정한 후 CLK 값을 0→1→0으로 변화시키면서 논리검출기로 Q와 $\overline{Q}$의 논리상태를 측정하여 실험 표 10.2에 기록한다. 같은 방법으로 표에 나타난 각 S와 R과 CLK의 논리 상태에 대해 차례로 실험을 수행하고 실험 결과가 이론에서 제시했던 진리표와 같이 동작하는지 확인하여라.

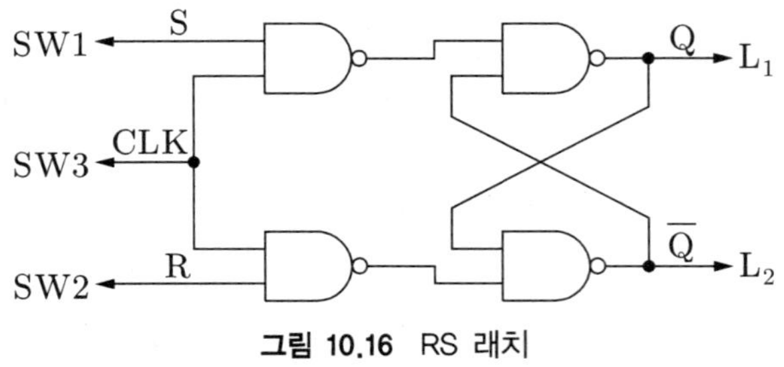

그림 10.16 RS 래치

PR/CLR를 가진 RS 래치 실험

6. IC 7400과 IC 7410을 이용해서 그림 10.17의 회로를 구성한다. 데이터 스위치로 S, R, CLK, PR, CLR의 논리상태를 실험 표 10.3과 같이 변화시키면서 논리검출기로 Q와 $\overline{Q}$의 논리상태를 측정하여 실험 표 10.3에 기록한다.

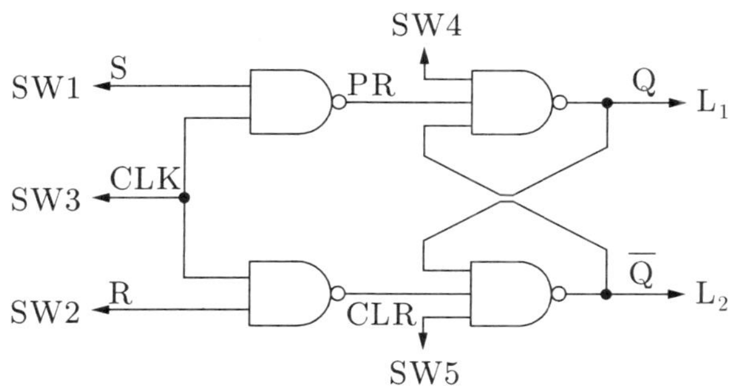

그림 10.17 PR/CLR를 가진 RS 래치

RS 마스터-슬레이브 플립플롭 실험

7. 그림 10.18과 같이 enable 제어신호를 갖는 IC 7400로 만든 RS 플립플롭 회로 2개와 NOT 게이트를 사용하여 RS 마스터-슬레이브 방식 플립플롭을 구성한다. 데이터 스위치 입력은 먼저 SR값을 00으로 설정한 후 CLK 값을 0→1→0으로 변화시키면서 논리검출기로 Q와 $\overline{Q}$의 논리상태를 측정하여 실험 표 10.4에 기록한다. 같은 방법으로 실험 표 10.4에 나타난 각 S와 R과 CLK의 논리 상태에 대해 차례로 실험을 수행하고 실험 결과를 실험 표 10.4에 기록한다. 실험 결과로부터 이 회로가 하강 모서리 트리거 방식으로 동작함을 확인한다.

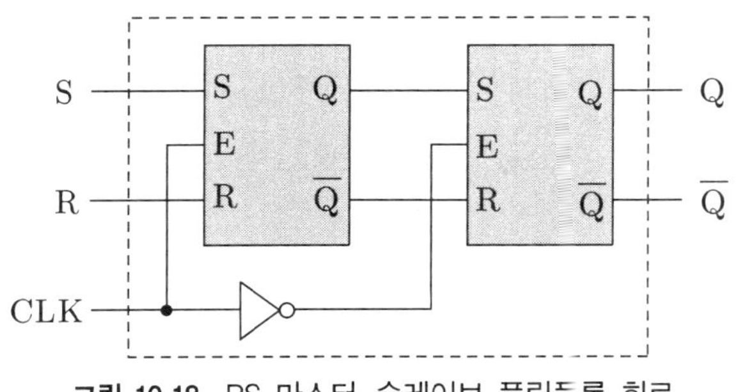

그림 10.18 RS 마스터-슬레이브 플립플롭 회로

D 래치 실험

8. IC 7400를 이용해서 그림 10.19와 같은 회로를 구성한다. D와 CLK를 실험 표 10.5와 같이 순서대로 변화시키면서 논리검출기로 Q와 $\overline{Q}$의 논리상태를 측정하여 실험 표 10.5에 기록한다.

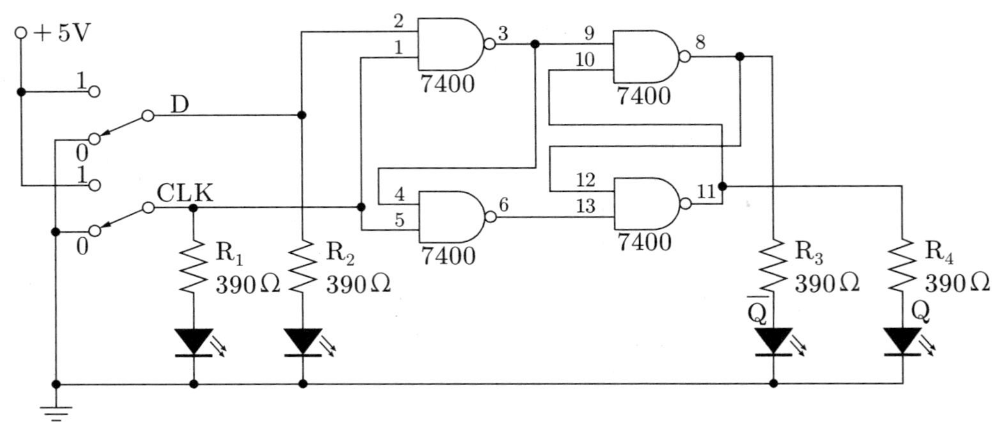

그림 10.19 D 래치 회로 1

9. IC 7400, 7404를 이용해서 그림 10.20과 같은 회로를 구성한다. D와 CLK를 실험 표 10.5와 같이 순서대로 변화시키면서 논리검출기로 Q와 $\overline{Q}$의 논리상태를 측정하여 실험 표 10.5에 기록한다.

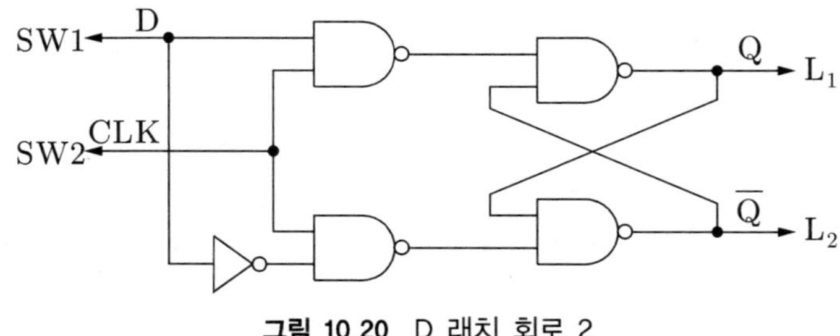

그림 10.20 D 래치 회로 2

10. 그림 10.21과 같은 TTL 7474를 이용하여 그림 10.22와 같은 회로를 구성한다. D를 실험 표 10.5와 같이 변화시키면서 Q와 $\overline{Q}$의 논리상태를 측정하여 실험 표 10.5에 기록한다.

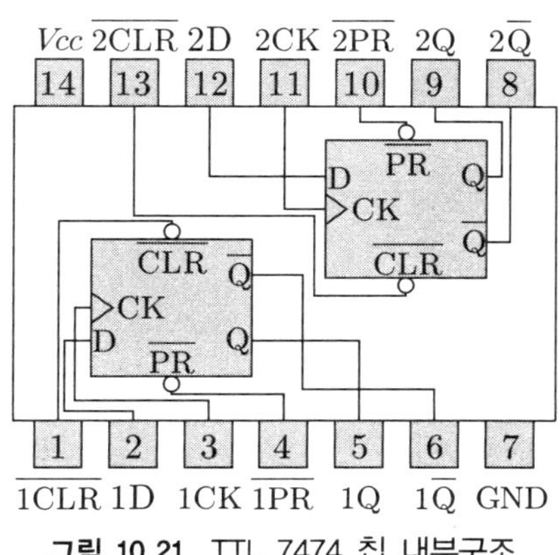

그림 10.21 TTL 7474 칩 내부구조

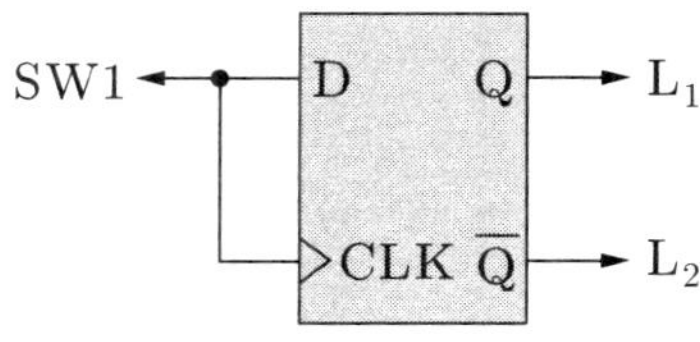

그림 10.22 D 플립플롭 IC

11. IC 7474와 IC 7404를 이용하여 그림 10.23과 같은 회로를 구성한다. D를 실험 표 10.5와 같이 변화시키면서 Q와 $\overline{Q}$의 논리상태를 측정하여 실험 표 10.5에 기록한다. 실험에서 설정시간(set-up time)에 대해 고려해보자.

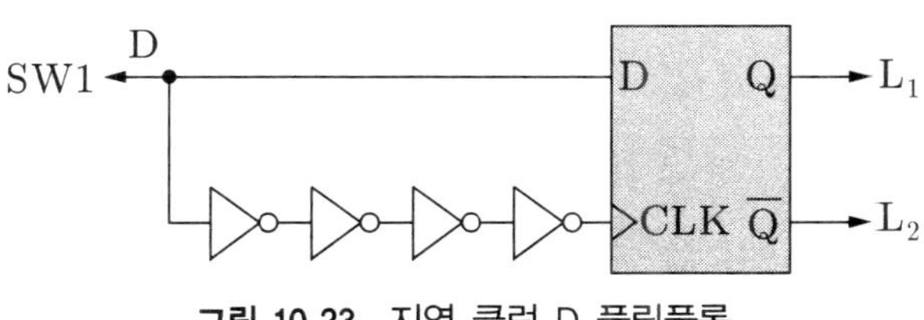

그림 10.23 지연 클럭 D 플립플롭

6 실험 결과

실험 결과 보고서					
실험제목	실험 (　　) ______				
학과 및 학년		학 번		확인	
이 름		실험조			
실험일		담당교수			

실험 표 10.1 기본 RS 래치와 레이스 조건 결과

입력		과정 1		과정 2		과정 3		과정 4	
S	R	Q	$\overline{Q}$	Q	$\overline{Q}$	Q	$\overline{Q}$	Q	$\overline{Q}$
0	1								
0	0								
1	0								
1	1								
0	0								

실험 표 10.2 RS 래치 결과

입력			출력	
S	R	CLK	Q	$\overline{Q}$
0	0	0		
0	0	1		
0	0	0		
0	1	0		
0	1	1		
0	1	0		
1	0	0		
1	0	1		
1	0	0		

〈절취선〉

실험 표 10.3 PR/CLR를 가진 RS 래치 결과

입력					출력	
CLR	PR	S	R	CLK	Q	$\overline{Q}$
0	0	0	0	0		
0	0	0	0	1		
0	0	0	0	0		
0	0	0	1	0		
0	0	0	1	1		
0	0	0	1	0		
0	0	1	0	0		
0	0	1	0	1		
0	0	1	0	0		
0	1	0	0	0		
0	1	0	1	1		
0	1	0	0	0		
0	0	0	0	0		
0	0	0	0	0		
1	0	0	1	1		
1	0	0	0	0		
0	0	0	0	0		

실험 표 10.4 RS 마스터 슬레이브 플립플롭 회로 실험 결과

입력			출력	
S	R	CLK	Q	$\overline{Q}$
0	0	0		
		1		
		0		
0	1	0		
		1		
		0		
1	0	0		
		1		
		0		
1	0	0		
		1		
		0		
0	0	0		
		1		
		0		
0	1	0		
		1		
		0		
1	1	0		
		1		
		0		

실험 표 10.5 지연 클럭 D 플립플롭 결과

입력		과정 8		과정 9		과정 10		과정 11	
		출력		출력		출력		출력	
D	CLK	Q	$\overline{Q}$	Q	$\overline{Q}$	Q	$\overline{Q}$	Q	$\overline{Q}$
0	0								
0	1								
0	0								
1	0								
1	1								
1	0								

〈절취선〉

7 결과고찰 및 질문

1. 실험 표 10.1에서 레이스 조건을 설명하여라.

2. 그림 10.18 회로의 측정값과 진리표를 비교하고, PR/CLR RS 래치의 장점을 설명하여라.

3. 그림 10.21과 그림 10.23 회로에서 실험에서 특성의 차이점을 설명하고 클럭펄스가 정상적인 동작을 위한 조건을 설명하여라.

4. 본 실험에서 느낀 점을 기술하여라.

〈절취선〉

실험 11

JK 및 T 플립플롭

1 실험 목적

- JK 플립플롭의 동작 원리를 살펴보고 실험을 통하여 그 특성을 확인한다.
- T 플립플롭의 동작 원리를 살펴보고 실험을 통하여 그 특성을 확인한다.

2 예비 이론

JK 플립플롭

RS 플립플롭에서는 입력단자 R와 S에 '1'을 동시에 인가해서는 안 된다. JK 플립플롭은 이와 같은 RS 플립플롭의 단점을 보완한 플립플롭으로, J와 K 입력단자에 동시에 '1'이 인가될 때 출력값이 반대로 바뀌는 기능(토글, toggle)을 수행한다.

JK 플립플롭의 J와 K 입력단자를 각각 RS 플립플롭의 R와 S 입력단자로 생각하면, JK=00, 01, 10일 경우에는 RS 플립플롭과 동일한 기능을 수행하며, JK=11일 경우에는 클럭의 상승엣지가 발생하기 이전에 가지고 있던 출력값이 클럭의 상승엣지가 발생하고 난 다음에는 반대로('0' 이었으면 '1'로, '1'이었으면 '0'으로) 바뀌게 된다. 그림 11.1은 상승엣지 트리거 방식 JK 플립플롭의 회로, 심벌 그리고 진리표를 나타낸다.

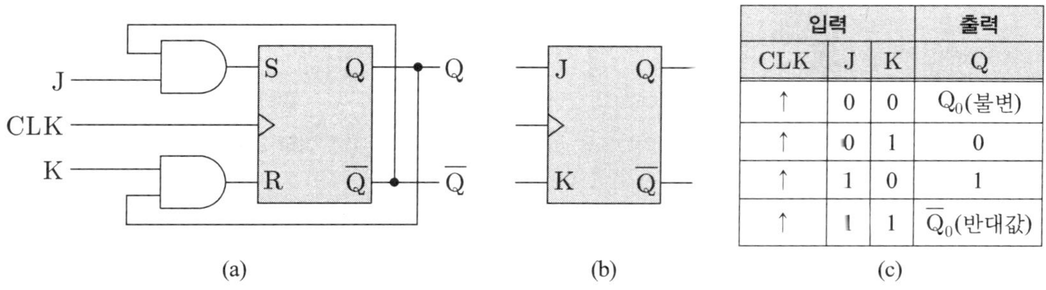

입력			출력
CLK	J	K	Q
↑	0	0	Q_0(불변)
↑	0	1	0
↑	1	0	1
↑	1	1	$\overline{Q}_0$(반대값)

그림 11.1 상승 모서리 트리거 방식 JK 플립플롭 (a) 회로도 (b) 심벌 (c) 진리표

마스터-슬레이브 JK 플립플롭

JK 플립플롭은 RS 플립플롭과 T 플립플롭을 결합한 것이다. 입력은 J, K 두 개로써 각각 RS 플립플롭의 R, S와 마찬가지의 역할을 한다. 다만 RS 플립플롭에서는 T 플립플롭에서처럼 J=K =1일 때 출력이 반전된다. JK 플립플롭의 회로도, 표시기호 및 진리표가 그림 11.2에 나타낸다. 회로도로부터 JK 플립플롭이 A와 B의 마스터(master)와 슬레이브(slave)로 구성되어 있음을 알 수 있다.

> J와 K의 어원에 대한 정확한 근거는 없으나, 2000년에 노벨 물리학상을 수상한 미국의 물리학자 잭 킬비(Jack S. Kilby, 1923~2005)의 이름 유래설과 가장 흔한 미국 남녀 이름인 John과 Kate에서 따온 말이라고 알려져 있다.

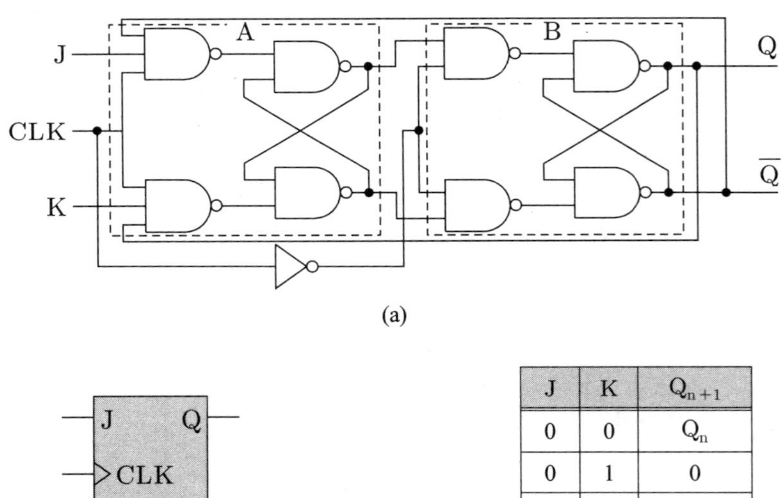

(a)

(b)

J	K	Q_{n+1}
0	0	Q_n
0	1	0
1	0	1
1	1	$\overline{Q_n}$

(c)

그림 11.2 마스터-슬레이브 JK 플립플롭 (a) 회로도 (b) 심벌 (c) 진리표

T 플립플롭

T 플립플롭은 토글(toggle) 플립플롭 또는 트리거(trigger) 플립플롭이라고도 부르며, 입력이 들어올 때마다 출력상태가 바뀌는 성질을 갖고 있다. 그림 11.3(a)로부터 알 수 있듯이 T 플립플롭은 RS 플립플롭의 두 입력 R과 S을 각각 Q와 $\overline{Q}$로 취한 것과 같은 회로 형태를 가진다. 따라서 클럭펄스가 들어올 때마다 출력이 바뀌게 되며, 이 관계가 그림 11.3(d)의 진리표에 표시되어

있다. T 플립플롭의 심벌은 그림 11.3(b)와 같고, 이때 CLK는 클럭펄스를 나타낸다.

T 플립플롭은 그림 11.3(c)와 같이 JK 플립플롭을 이용하여 만들 수 있으며, 입력 T=0일 경우 JK=00이 되어 출력 Q는 변하지 않게 되고, 입력 T=1일 경우 JK=11이 되어 출력 Q값이 반대로 바뀌게 된다. 참고로 출력 Q값이 반대로 바뀌는 것을 토글 기능이라고 한다.

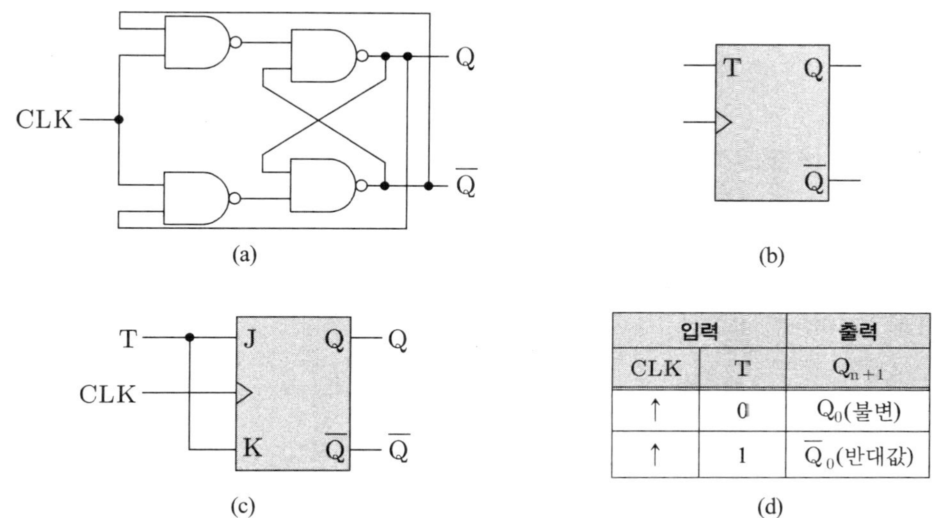

입력		출력
CLK	T	Q_{n+1}
↑	0	Q_0(불변)
↑	1	$\overline{Q}_0$(반대값)

그림 11.3 상승 모서리 트리거 T 플립플롭 (a) 회로도 (b) 심벌 (c) JK 플립플롭을 이용한 구성도 (d) 진리표

그림 11.4와 같이 T 플립플롭을 구성할 때 T 입력에 클럭신호가 가해질 때마다 출력 핀의 상태가 반전한다. 즉 입력 펄스의 두 사이클에 대하여 출력에서 한 사이클이 출력된다. 이것은 입력 펄스를 분주 또는 2를 단위로 하여 수를 셀 때 사용된다.

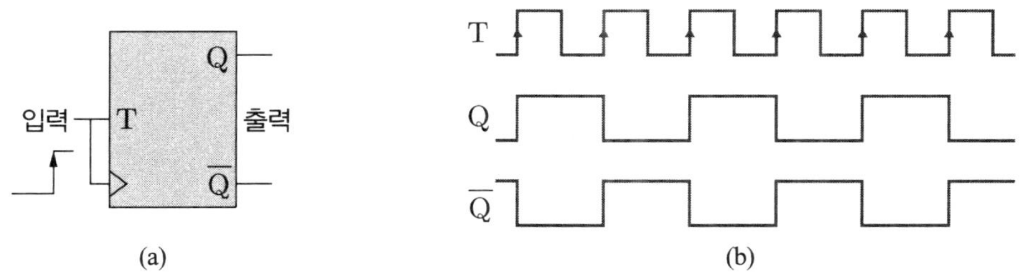

그림 11.4 상승엣지에 동작하는 T 플립플롭 (a) 구성도 (b) 타이밍도

T 및 JK 플립플롭에도 RS 플립플롭에서와 마찬가지로 active low의 preset(PR)과 clear(CLR) 스위치를 삽입시킬 수 있으며, 이러한 경우에 대한 표시기호는 그림 11.5와 같다.

그림 11.5 PR/CLR 신호를 가진 플립플롭 (a) T 플립플롭, (b) JK 플립플롭

동기입력과 비동기 입력

그림 11.6(a)와 같은 블록도에서 S(set), R(reset), J, K 입력 그리고 CLK 입력은 플립플롭을 동기 시키기 때문에 동기(synchronous)입력이라 한다.

비동기(asynchronous)입력은 PRESET, CLEAR와 같이 다른 입력조건과 관계없이 임의의 시간에 플립플롭을 '1' 또는 '0' 상태로 세트 또는 리셋(클리어)시키기 위해 사용되며 오버라이드(override) 입력이라고도 한다.

동적 LOW 입력($\overline{\text{PRESET}} = \overline{\text{CLEAR}} = 1$에서 정상적인 동작)에서 조건은 그림 11.6(b)와 같고, 일반적으로 동적 Low보다 동적 High(PRESET = CLEAR = 0에서 정상적인 동작)를 많이 사용한다.

ⓐ $\overline{\text{PRESET}} = \overline{\text{CLEAR}} = 1$, 비동기 입력은 활성화 되지 않고 정상적인 동작을 한다.
ⓑ $\overline{\text{PRESET}} = 0$, $\overline{\text{CLEAR}} = 1$, $\overline{\text{PRESET}}$ 입력이 활성화, '1'로 세트된다.
ⓒ $\overline{\text{PRESET}} = 1$, $\overline{\text{CLEAR}} = 0$, $\overline{\text{CLEAR}}$ 입력이 활성화, '0'으로 리셋 된다.
ⓓ $\overline{\text{PRESET}} = \overline{\text{CLEAR}} = 0$, 사용하지 않는다.

• 표기법 : PRESET(PRE, SET, S), CLEAR(CLR, RES, RESET, R)

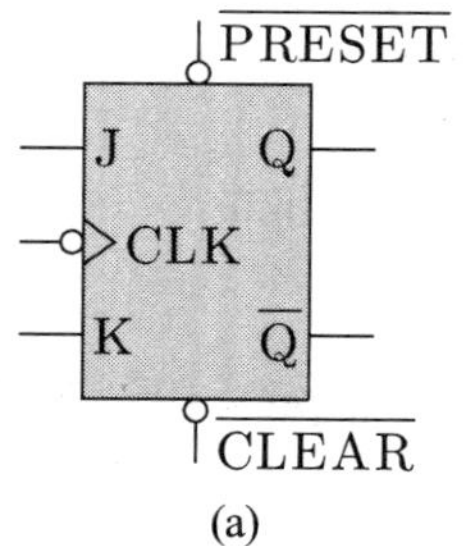

(a)

$\overline{\text{PRESET}}$	$\overline{\text{CLEAR}}$	플립플롭 응답
1	1	클럭과 입력에 의해 동작
0	1	Q = 1
1	0	Q = 0
0	0	사용 안함

(b)

그림 11.6 동기입력과 비동기 입력 (a) 블록도 (b) 진리표

그림 10.7은 J = K = 1일 때 동기입력과 비동기 입력에 의한 실제 동작을 설명한다. 점 a는 $\overline{\text{CLK}}$가 하강엣지일 때 동기 토글(toggle) 동작이고, 점 b는 $\overline{\text{PRE}} = 0$인 비동기 셋(set) 동작이며, 점 c와 점 d는 동기 토글 동작이고, 점 e는 $\overline{\text{CLR}} = 0$ 비동기 리셋동작이며, 점 f는 동기 토글 동작을 한다. 동기는 $\overline{\text{CLK}}$가 하강엣지에서 토글 동작이 일어나는 것이고 비동기는 비동기 입력 $\overline{\text{PRE}} = 0$ 혹은 $\overline{\text{CLR}} = 0$일 때 셋 혹은 리셋동작이 일어나는 것이다.

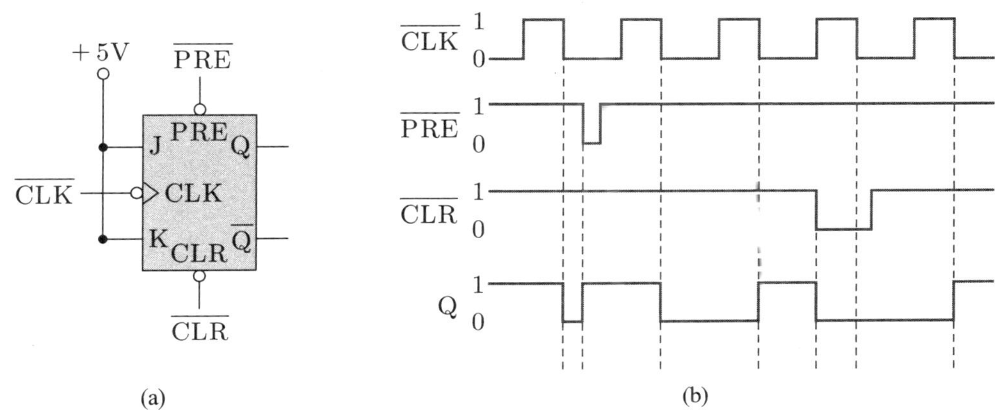

그림 11.7 동기입력과 비동기 입력에 의한 동작 (a) 블록도 (b) 타이밍도

3 실험 준비물

- **장비** : 직류전원 공급기, 함수발생기, 오실로스코프, DMM, 디지털실험 장비
- **기타 기기** : 논리 검출기(logic probe), 논리 펄스기(logic pulser), 논리 클립(logic clip)
- **소프트웨어** : PSpice 프로그램(OrCAD 등)
- **IC 부품** : 7400 2개, 7404, 7410, 7476
- **기타 부품** : LED 4개, 390Ω 4개, 토글스위치 4개, DIP 스위치

4 PSpice 시뮬레이션

JK 플립플롭 시뮬레이션

1. 그림 11.8과 같이 7476 JK 플립플롭을 연결하여 JK 플립플롭의 특성을 시뮬레이션 한다.

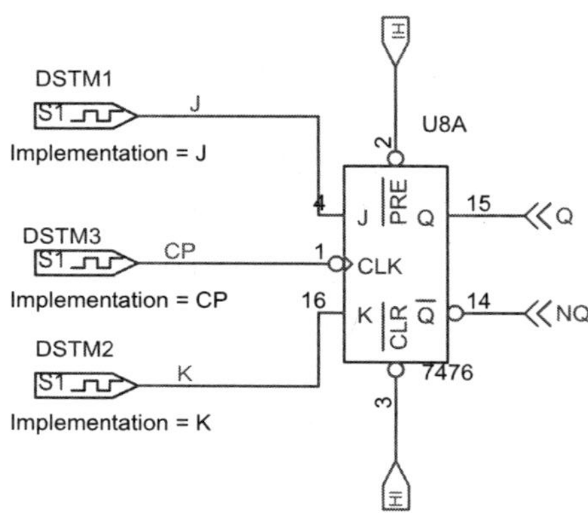

그림 11.8 JK 플립플롭 구성도

2. 그림 11.9는 모든 플립플롭의 Q의 초기값을 설정하지 않고 시뮬레이션을 하면 처음 Q와 $\overline{Q}$ 출력이 정하지 못하는 불안정한 상태가 되는 것을 보여준다.

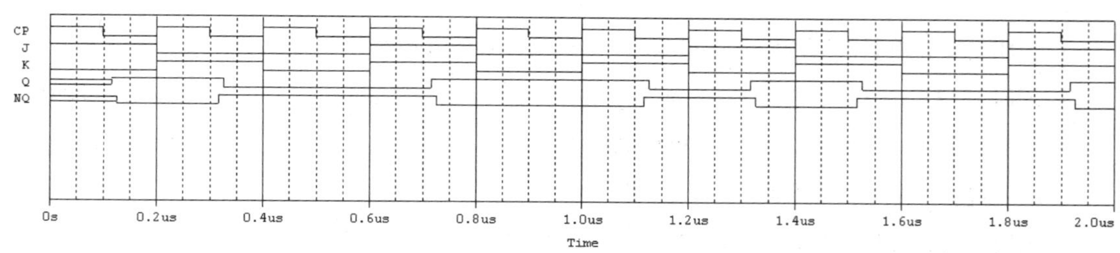

그림 11.9 초기값을 '0'으로 설정없이 한 JK 플립플롭 시뮬레이션 결과

3. 시뮬레이션 회로에서 모든 플립플롭의 Q의 초기값을 '0'으로 설정 : PSpice/Edit Simulation Profile에서 Simulation Setting 설정창에서 Options -> Category(Gate-level Simulation) -> Initialize all flip-flops : 0 선택 순으로 선택한다.

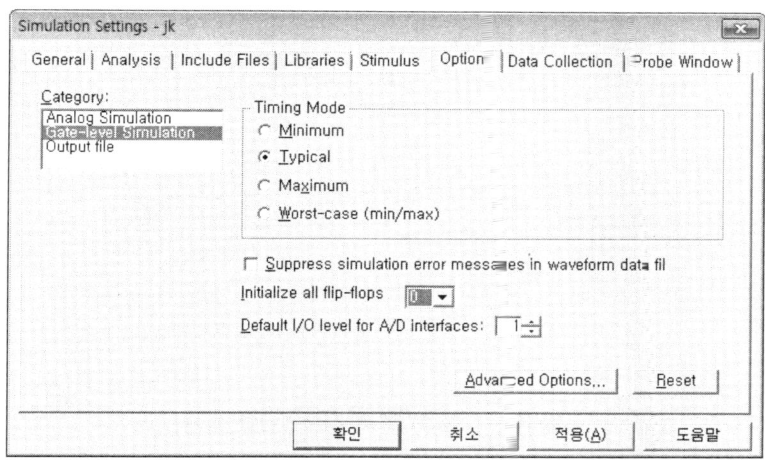

그림 11.10 Simulation Setting창에서 초기값을 '0'으로 설정

4. CP의 하강엣지에서 입력 JK가 10이면 출력 Q는 '1' 상태가 되고 입력이 01이면 출력은 '0' 상태가 된다. 입력이 00이면 출력은 불변이고 입력이 11인 경우 출력은 입력의 반대가 됨을 확인한다.

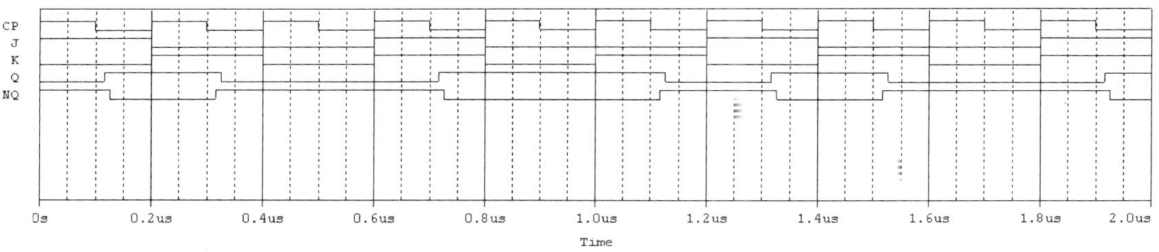

그림 11.11 초기값을 설정한 JK 플립플롭 시뮬레이션 결과

T-플립플롭 시뮬레이션

5. 그림 11.12와 같이 7476 JK 플립풀롭을 이용하여 T-플립플롭을 구성한다.

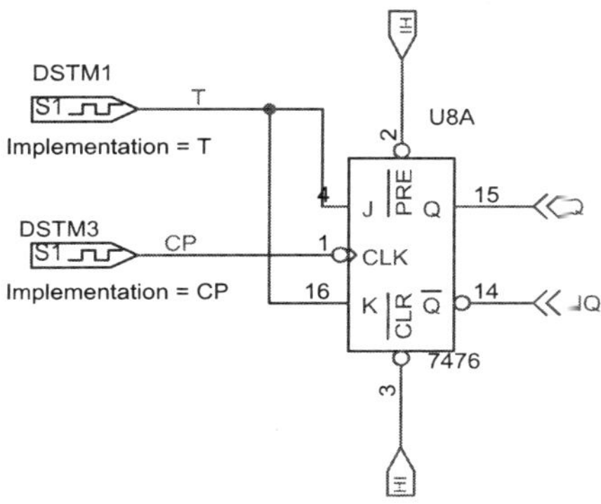

그림 11.12 T-플립플롭 IC 구성도

6. T 신호를 0, 1, 1, 0, 1을 인가한다. 펄스 CP의 하강엣지에서 입력 T 신호가 '0'이면 출력은 불변이고, 입력이 '1'이면 출력은 현재 출력의 반대(토글)가 되는 지 확인한다.

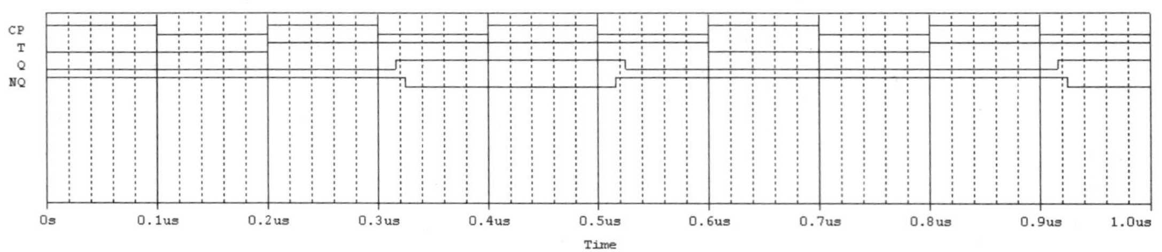

그림 11.13 T-플립플롭 시뮬레이션 결과

5 실험 과정

T 플립플롭 실험

1. IC 7400을 이용해서 그림 11.14와 같은 회로를 구성한다. T를 실험 표 11.1과 같이 변화시키면서 Q와 $\overline{Q}$를 측정하여 실험 표 11.1에 기록한다.

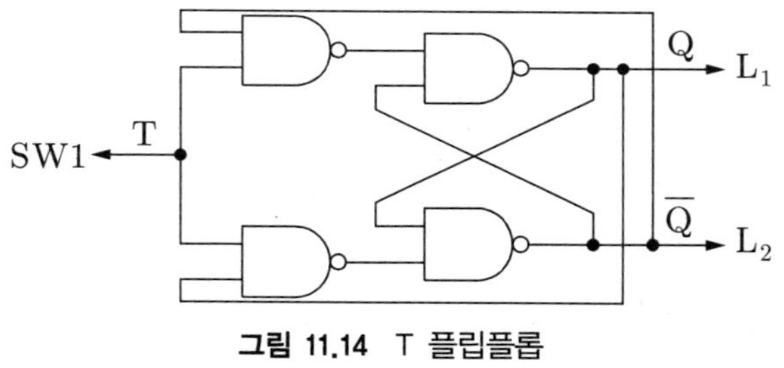

그림 11.14 T 플립플롭

JK 플립플롭 실험

2. IC 7400 2개와 IC 7404, IC 7410을 이용해서 그림 11.15와 같은 회로를 구성한다. J와 K를 실험 표 11.2와 같이 변화시키면서 논리펄스기로 클럭펄스 CLK를 넣어주고, 논리검출기로 Q와 $\overline{Q}$의 논리 상태를 측정하여 실험 표 11.2에 기록한다.

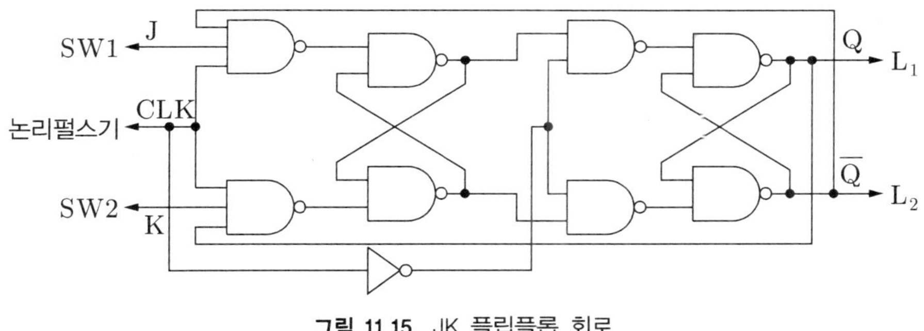

그림 11.15 JK 플립플롭 회로

3. 그림 11.16에 나타낸 것과 같이 TTL 7476는 2개의 JK 플립플롭을 포함하고 있는 IC 칩이다. 7476 JK 플립플롭을 사용하여 J와 K를 실험 표 11.2와 같이 변화시키면서 논리펄스기로 클럭펄스 CLK를 넣어주고, 논리검출기로 Q와 $\overline{Q}$의 는리 상태를 측정하여 실험 표 11.2에 기록한다.

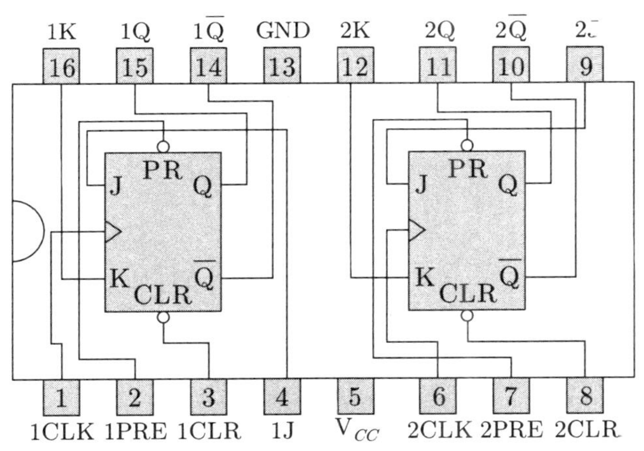

그림 11.16 JK 플립플롭 TTL 7476 칩 내부구조

4. TTL 7476 JK 플립플롭을 사용하여 JK=00인 경우 각각 PRE, CLR, CLK 신호를 실험 표 11.3과 같이 변화시키면서 논리검출기로 Q와 $\overline{Q}$의 논리상태를 측정하여 실험 표 11.3에 기록한다. 실험 표 11.3의 결과로부터 7476 JK 플립플롭은 하강엣지 트리거 방식으로 동작함을 확인한다.

5. TTL 7476 JK 플립플롭을 사용하여 JK=01인 경우 각각 PRE, CLR, CLK 신호를 실험 표 11.4과 같이 변화시키면서 논리검출기로 Q와 $\overline{Q}$의 논리상태를 측정하여 실험 표 11.4에 기록한다.

6. TTL 7476 JK 플립플롭을 사용하여 JK=10인 경우 각각 PRE, CLR, CLK 신호를 실험 표 11.5과 같이 변화시키면서 논리검출기로 Q와 $\overline{Q}$의 논리 상태를 측정하여 실험 표 11.5에 기록한다.
7. TTL 7476 JK 플립플롭을 사용하여 JK=11인 경우 각각 PRE, CLR, CLK 신호를 실험 표 11.6과 같이 변화시키면서 논리검출기로 Q와 $\overline{Q}$의 논리 상태를 측정하여 실험 표 11.6에 기록한다.

6 실험 결과

실험 결과 보고서					
실험제목	실험 ( ) ______				
학과 및 학년		학 번		확인	
이 름		실험조			
실험일		담당교수			

실험 표 11.1 T 플립플롭 결과

입력	과정 1 출력	
T	Q	$\overline{Q}$
0		
1		
0		
1		

실험 표 11.2 JK 플립플롭 결과

입력			과정 2 출력		과정 3 출력	
J	K	CLK	Q	$\overline{Q}$	Q	$\overline{Q}$
0	0	1				
0	1	1				
1	0	1				
1	1	[illegible]				

실험 표 11.3 JK=00 경우 7476 JK 플립플롭 실험 결과

입력					출력		비고
PRE	CLR	J	K	CLK	Q	$\overline{Q}$	
1	1	0	0	0			비동기식 리셋
	0						
	1						
1	1	0	0	0			출력 불변
				1			
				0			
1	1	0	0	0			비동기식 세트
0							
1							
1	1	0	0	0			출력 불변
				1			
				0			

〈절취선〉

실험 표 11.4 JK=01 경우 7476 JK 플립플롭 실험 결과

<table>
<tr><th colspan="5">입력</th><th colspan="2">출력</th><th rowspan="2">비고</th></tr>
<tr><th>PRE</th><th>CLR</th><th>J</th><th>K</th><th>CLK</th><th>Q</th><th>$\overline{Q}$</th></tr>
<tr><td rowspan="3">1</td><td>1</td><td rowspan="3">0</td><td rowspan="3">1</td><td rowspan="3">0</td><td></td><td></td><td rowspan="3">비동기식
리셋</td></tr>
<tr><td>0</td><td></td><td></td></tr>
<tr><td>1</td><td></td><td></td></tr>
<tr><td rowspan="3">1</td><td rowspan="3">1</td><td rowspan="3">0</td><td rowspan="3">1</td><td>0</td><td></td><td></td><td rowspan="3">동기식
리셋</td></tr>
<tr><td>1</td><td></td><td></td></tr>
<tr><td>0</td><td></td><td></td></tr>
<tr><td>1</td><td rowspan="3">1</td><td rowspan="3">0</td><td rowspan="3">1</td><td rowspan="3">0</td><td></td><td></td><td rowspan="3">비동기식
세트</td></tr>
<tr><td>0</td><td></td><td></td></tr>
<tr><td>1</td><td></td><td></td></tr>
<tr><td rowspan="3">1</td><td rowspan="3">1</td><td rowspan="3">0</td><td rowspan="3">1</td><td>0</td><td></td><td></td><td rowspan="3">동기식
리셋</td></tr>
<tr><td>1</td><td></td><td></td></tr>
<tr><td>0</td><td></td><td></td></tr>
</table>

실험 표 11.5 JK=10 경우 7476 JK 플립플롭 실험 결과

<table>
<tr><th colspan="5">입력</th><th colspan="2">출력</th><th rowspan="2">비고</th></tr>
<tr><th>PRE</th><th>CLR</th><th>J</th><th>K</th><th>CLK</th><th>Q</th><th>$\overline{Q}$</th></tr>
<tr><td rowspan="3">1</td><td>1</td><td rowspan="3">1</td><td rowspan="3">0</td><td rowspan="3">0</td><td></td><td></td><td rowspan="3">비동기식
리셋</td></tr>
<tr><td>0</td><td></td><td></td></tr>
<tr><td>1</td><td></td><td></td></tr>
<tr><td rowspan="3">1</td><td rowspan="3">1</td><td rowspan="3">1</td><td rowspan="3">0</td><td>0</td><td></td><td></td><td rowspan="3">동기식
세트</td></tr>
<tr><td>1</td><td></td><td></td></tr>
<tr><td>0</td><td></td><td></td></tr>
<tr><td>1</td><td rowspan="3">1</td><td rowspan="3">1</td><td rowspan="3">0</td><td rowspan="3">0</td><td></td><td></td><td rowspan="3">비동기식
세트</td></tr>
<tr><td>0</td><td></td><td></td></tr>
<tr><td>1</td><td></td><td></td></tr>
<tr><td rowspan="3">1</td><td rowspan="3">1</td><td rowspan="3">1</td><td rowspan="3">0</td><td>0</td><td></td><td></td><td rowspan="3">동기식
세트</td></tr>
<tr><td>1</td><td></td><td></td></tr>
<tr><td>0</td><td></td><td></td></tr>
</table>

〈절취선〉

실험 표 11.6 JK=11 경우 7476 JK 플립플롭 실험 결과

<table>
<tr><th colspan="5">입력</th><th colspan="2">출력</th><th rowspan="2">비고</th></tr>
<tr><th>PRE</th><th>CLR</th><th>J</th><th>K</th><th>CLK</th><th>Q</th><th>$\overline{Q}$</th></tr>
<tr><td rowspan="3">1</td><td>1</td><td rowspan="3">1</td><td rowspan="3">1</td><td rowspan="3">0</td><td></td><td></td><td rowspan="3">비동기식
리셋</td></tr>
<tr><td>0</td><td></td><td></td></tr>
<tr><td>1</td><td></td><td></td></tr>
<tr><td rowspan="3">1</td><td rowspan="3">1</td><td rowspan="3">1</td><td rowspan="3">1</td><td>0</td><td></td><td></td><td rowspan="3">동기식
토글</td></tr>
<tr><td>1</td><td></td><td></td></tr>
<tr><td>0</td><td></td><td></td></tr>
<tr><td>1</td><td rowspan="3">1</td><td rowspan="3">1</td><td rowspan="3">1</td><td rowspan="3">0</td><td></td><td></td><td rowspan="3">비동기식
세트</td></tr>
<tr><td>0</td><td></td><td></td></tr>
<tr><td>1</td><td></td><td></td></tr>
<tr><td rowspan="3">1</td><td rowspan="3">1</td><td rowspan="3">1</td><td rowspan="3">1</td><td>0</td><td></td><td></td><td rowspan="3">동기식
토글</td></tr>
<tr><td>1</td><td></td><td></td></tr>
<tr><td>0</td><td></td><td></td></tr>
</table>

〈절취선〉

7 결과고찰 및 질문

1. 실험 표 11.1의 데이터로부터 T 플립플롭의 동작특성을 설명하여라.

2. 실험 표 11.2의 데이터로부터 JK 플립플롭의 동작특성을 설명하여라.

3. 실험 표 11.3~11.6의 결과로부터 7476 JK 플립플롭은 하강엣지 트리거 방식으로 동작함을 설명하여라.

4. 본 실험에서 느낀 점을 기술하여라.

〈절취선〉

실험 12

시프트 레지스터

1 실험 목적

- 플립플롭을 이용하여 시프트 레지스터의 기본원리를 이해하고 동작 특성을 확인한다.
- 플립플롭을 이용하여 링 카운터를 구성하고 동작 특성을 확인한다.
- 플립플롭을 이용하여 PRBS 등을 구성하고 동작 특성을 확인한다.

2 예비 이론

레지스터

플립플롭은 클럭 펄스가 인가되기 전에는 출력을 변하지 않고 현재 상태를 유지한다. 현재상태를 유지하는 것은 데이터를 기억한다고 할 수 있고. 플립플롭 한 개는 1비트 데이터를 저장한다.

레지스터는 플립플롭 여러 개를 일렬로 배열하여 적당히 연결함으로써 여러 비트로 구성된 2진수를 저장할 수 있게 한 것이다. 보통 N-비트 레지스터는 N 플립플롭이 필요하다.

레지스터는 외부로부터 들어오는 데이터를 저장하거나 이동하는 목적으로 사용하며, 상태의 순서적인 특성을 갖는 것이 아니다. 레지스터는 CPU 내부에서 연산의 중간 결과를 임시 저장하는 경우나 어떤 2진수의 보수를 구한다든지, 곱셈 또는 나눗셈을 하는 경우에도 사용된다.

카운터가 레지스터의 특별한 형태이지만 이름을 달리하여 레지스터와 구별하는 것이 보통이다. 레지스터는 다양한 종류의 카운터를 구성하는 데 사용될 뿐만 아니라 여러 비트를 일시적으로 저장하거나 저장된 비트를 좌측으로 또는 우측으로 하나씩 시프트(shift)할 때도 사용된다.

시프트 레지스터

시프트 레지스터(shift register)는 데이터 저장 기능과 데이터를 각각의 저장소자 사이에서 자리 이동할 수 있다. 즉 저장된 2진 데이터를 클럭펄스가 들어올 때마다 인접한 플립플롭을 통해 1비트씩 이동시킬 수 있는 레지스터이다.

시프트 레지스터는 데이터 입력을 넣어주는 방법에 따라 직렬입력(Serial-In), 병렬입력(Parallel-In)으로 나누고, 데이터 출력을 취하는 방법에 따라 직렬출력(Serial-Out), 병렬출력(Parallel-Out)으로 나눈다.

그림 12.1(a)는 데이터를 직렬로 넣어주고 직렬로 출력을 취하였으므로 SISO 시프트 레지스터가 되고, (b)는 데이터를 직렬로 넣어주고 출력을 병렬로 취했으므로 SIPO 시프트 레지스터가 된다. 그 밖에도 PISO(병렬입력, 직렬출력) 시프트 레지스터와 PIPO(병렬입력, 병렬출력) 시프트 레지스터가 있다.

데이터 이동 방향에 따라서 시프트 레지스터는 Shift-Right, Shift-Left, 양방향의 세 가지로 구분되며, 그림 12.1(a)나 (b)는 클럭펄스가 들어올 때마다 데이터가 오른쪽으로 한 번씩 이동하게 되므로 Shift Right 시프트 레지스터이다.

직렬입력, 병렬입력, 직렬출력, 병렬출력, Shift-Left, Shift-Right 등의 모든 기능을 동시에 갖추고 있는 시프트 레지스터를 만능 시프트 레지스터(universal shift register)라고 한다.

시프트 레지스터의 용도로서 대표적인 것은 데이터의 직렬-병렬 변환에 있다. 직렬입력, 병렬출력 시프트 레지스터를 이용하면 직렬-병렬(Serial-to-Parallel) 데이터 변환을 얻고, 병렬입력, 직렬출력 시프트 레지스터를 이용하면 병렬-직렬(Parallel-to Serial) 데이터 변환을 얻을 수 있다.

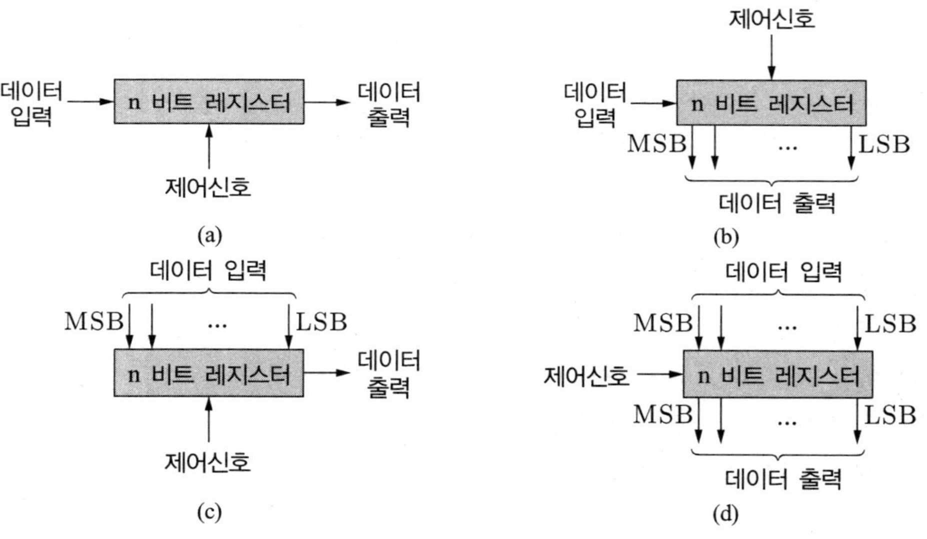

그림 12.1 시프트 레지스터의 종류 (a) SISO (b) SIPO (c) PISO (d) PIPO

D 플립플롭의 특성은 클럭엣지에서 D 입력이 출력에 전달된다. 그림 12.2는 두 개의 D 플립플롭으로 2비트 직렬-직렬 시프트 레지스터를 나타낸다. 동작 상태는 그림 12.2(b)와 같이 상승엣지 클럭에서 입력이 1비트 오른쪽으로 이동한다. 여기서 D 단자는 데이터 입력단자이고 Q_1, Q_2는 원하는 출력단자이며, CLK는 클럭 펄스를 인가하는 단자이다.

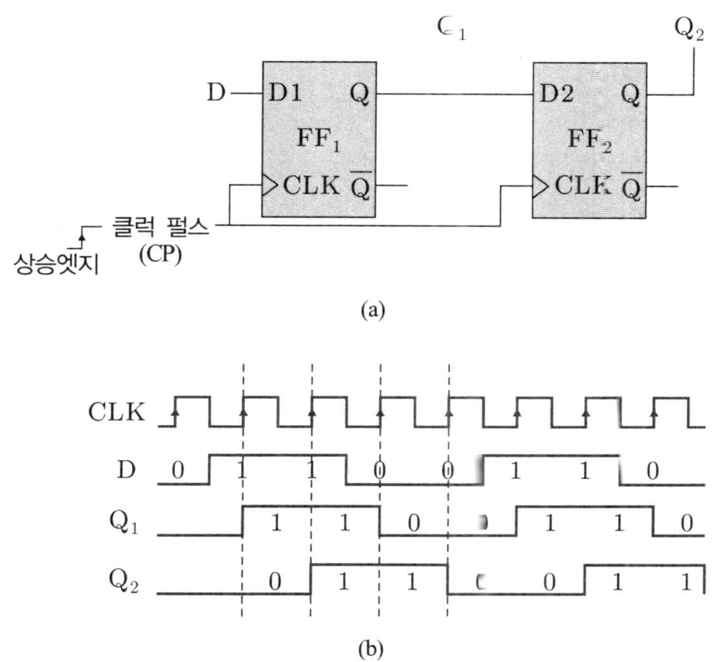

그림 12.2 D-플립플롭으로 구현한 2비트 시프트 레지스터 (a) 블록도 (b) 타이밍도

링 카운터

링 카운터(ring counter)는 시프트 레지스터를 응용한 가장 간단한 카운터로서 그림 12.3과 같이 SIPO 시프트 레지스터의 최종 출력을 다시 입력에 귀환시킨 일종의 순환 시프트 레지스터이다.

링 카운터는 항상 첫 번째 플립플롭은 '1'로, 나머지 플립플롭은 모두 '0'으로 preload(PLD)를 걸어준다. 그러므로 클럭펄스 CLK가 하나 들어오면 플립플롭의 네 개의 출력은 각각 1, 0, 0, 0으로 되고, 클록펄스의 수만큼 1이 오른쪽으로 이동하게 된다. 네 번째의 펄스 후에는 0001의 상태로 되고, 다섯 번째 클럭펄스에 대해서는 다시금 처음의 상태로 되돌아가서 1000으로 되므로 링 카운터는 결국 4까지 셀 수 있는 카운터 이다.

일반적으로 N 개의 플립플롭으로 구성된 링 카운터는 N 가지의 출력상태가 나오며, 8421 이진 카운터가 2^N 가지로 나오는 것에 비해 카운터로 극히 비효율적이다. 그러나 한편 링 카운터는 디코더가 별도로 필요 없으므로 장점이 된다.

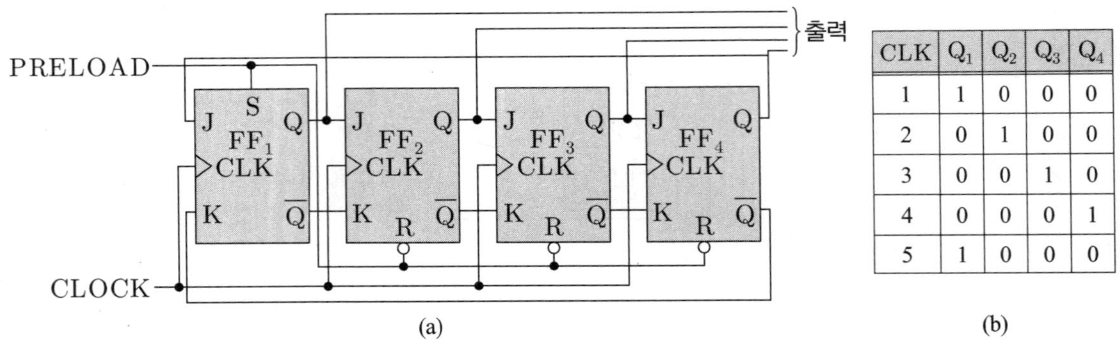

CLK	Q_1	Q_2	Q_3	Q_4
1	1	0	0	0
2	0	1	0	0
3	0	0	1	0
4	0	0	0	1
5	1	0	0	0

그림 12.3 JK 플립플롭을 이용한 링 카운터 (a) 회로 (b) 출력상태

그림 12.4는 D 플립플롭을 이용한 시프트 레지스터의 링 카운터이며 플립플롭의 최종 출력을 처음 플립플롭의 입력으로 귀환하여 구현하고 초기값은 0001에서 시작한다.

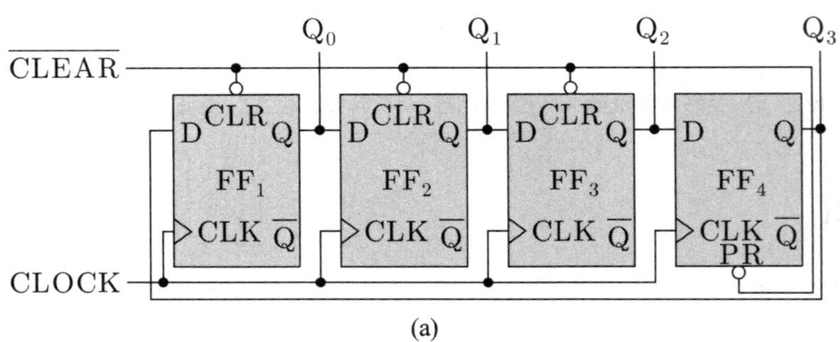

(a)

CLK	Q_0	Q_1	Q_2	Q_3
0	0	0	0	1
1	1	0	0	0
2	0	1	0	0
3	0	0	1	0
4	0	0	0	1
5	1	0	0	0

(c)

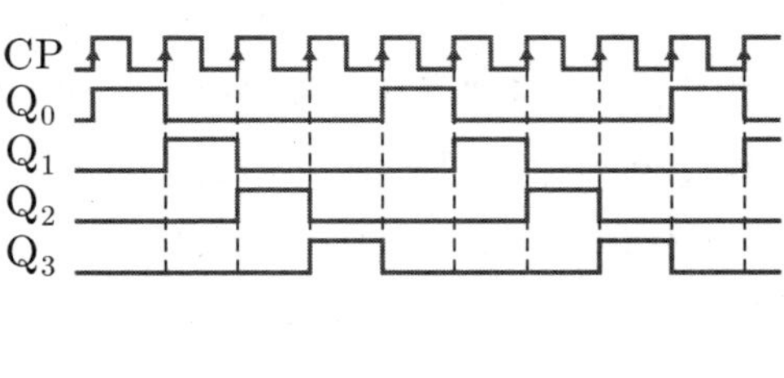

(d)

그림 12.4 D 플립플롭을 이용한 링 카운터 (a) 회로 (b) 출력상태 (c) 타이밍도

존슨 카운터

존슨 카운터(Johnson counter)는 링 카운터를 약간 개조한 것으로 트위스트 링 카운터(twisted ring counter)라고도 부른다. 그림 12.5와 같이 존슨 카운터가 링 카운터와 다른 점은 첫째단의 입력 J와 K를 각각 넷째단의 $\overline{Q}$와 Q로 바꾸어져 있다.

따라서 그림에서와 같이 4개의 플립플롭을 사용하므로 8가지의 출력상태가 나오게 된다. 만약 1에서 10까지 계수하기 위해 5개의 플립플롭이 필요하고 1에서 30까지 계수하기 위해 15개 플립플롭이 필요하다.

일반적으로 N 단의 플립플롭을 사용하는 경우 2^N개의 출력상태가 나오므로 링 카운터 보다는 효율적이라고 할 수 있으나, 존슨 카운터의 경우에는 디코더($\overline{Q_1}\,\overline{Q_4} \rightarrow Q_1\overline{Q_2} \rightarrow Q_2\overline{Q_3} \rightarrow Q_3\overline{Q_4} \rightarrow Q_1Q_4 \rightarrow \overline{Q_1}Q_2 \rightarrow \overline{Q_2}Q_3 \rightarrow \overline{Q_3}Q_4$)가 필요하다.

존슨 카운터는 링 카운터보다 1/2의 플립플롭을 사용하지만 카운터의 상태를 알기 위해서는 디코딩 게이트가 필요하다. 디코딩 게이트는 항상 2^N개의 2-입력 AND 게이트가 필요하다.

존슨 카운터는 링 카운터와 디코더의 조합이며 스위치-테일(tail) 링 카운터이다. 4비트 스위치 테일 링 카운터는 4~8비트 디코더에 연결되어 있다.

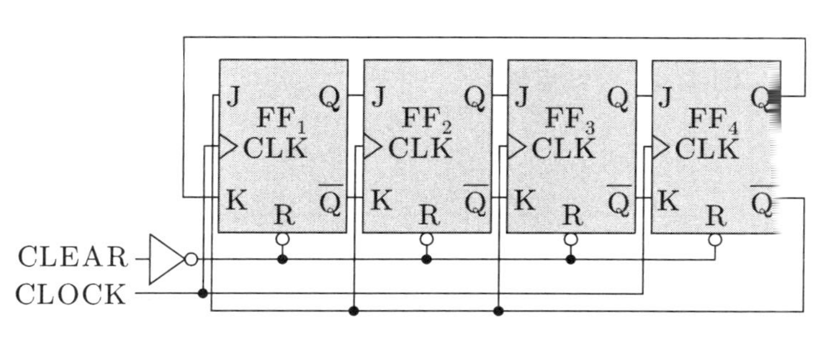

(a)

CLK	Q_1	Q_2	Q_3	Q_4
1	0	0	0	0
2	1	0	0	0
3	1	1	0	0
4	1	1	1	0
5	1	1	1	1
6	0	1	1	1
7	0	0	1	1
8	0	0	0	1
9	0	0	0	1

(b)

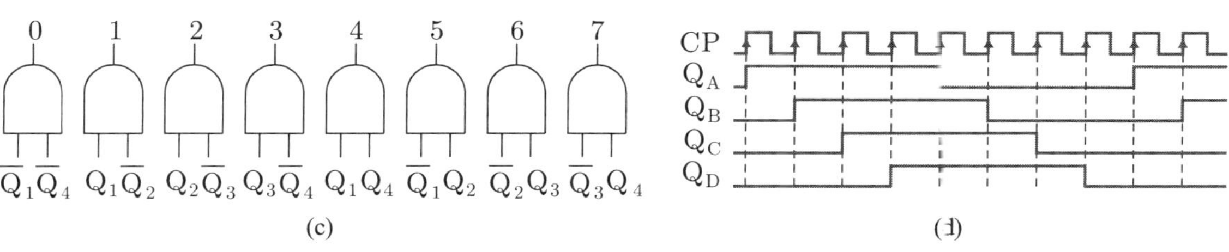

(c) (d)

그림 12.5 존슨 카운터 (a) 회로 (b) 출력상태 (c) 디코더 (d) 타이밍도

PRBS 발생기

PRBS(pseudo-random binary sequence) 발생기는 N개의 플립플롭을 사용하여 $2^N - 1$개의 산발적인 출력을 발생시키는 회로이다. 비록 출력이 산발적이기는 하지만 본래의 상태가 반복되므로 pseudo-random이라는 이름이 붙여졌다.

그림 12.6은 2개의 TTL 7474를 이용하여 4개의 D 플립플롭으로 4-비트 시프트 레지스터에 의한 PRBS 발생기를 나타낸다.

7486 XOR 게이트를 이용하여 시프트 레지스터의 초기상태를 0001로 하고 Preset를 논리 '0'로 설정한다. 그 후 Preset를 논리 '1'으로 변하면 조절입력이 방출되어 출력이 산발적인 출력이 나온다.

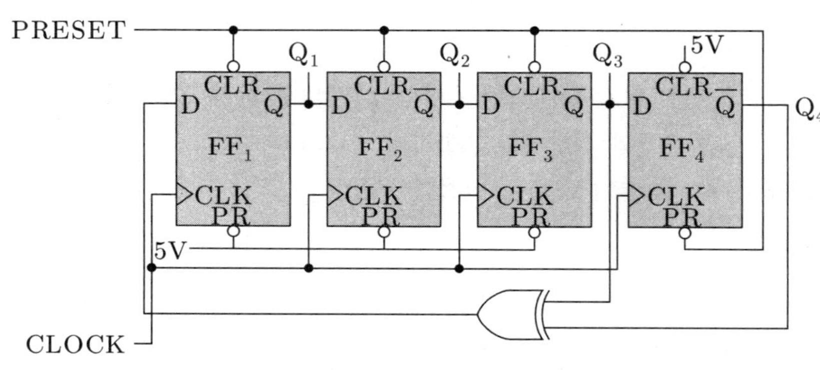

그림 12.6 PRBS 발생기

3 실험 준비물

- **장비** : 직류전원 공급기, 함수발생기, 오실로스코프, DMM, 디지털실험 장비
- **기타 기기** : 논리 검출기(logic probe), 논리 펄스기(logic pulser), 논리 클립(logic clip)
- **소프트웨어** : PSpice 프로그램(OrCAD 등)
- **IC 부품** : 7404, 7408 2개, 7432, 7474 2개, 7475, 7486, 74164,
- **기타 부품** : LED 4개, 390Ω 4개, 토글스위치 4개, DIP 스위치

4 PSpice 시뮬레이션

SIPO 시프트 레지스터 시뮬레이션

1. 7476 JK 플립플롭 4개, 7404 인버터를 사용하여 그림 12.7과 같이 4비트 SIPO형 오른쪽 이동 시프트 레지스터 회로를 구성한다.
2. Time domain(Transient) Run to time : 3.6us로 설정하고 클럭신호에 대한 출력 A, B, C, D의 상태를 확인한다.

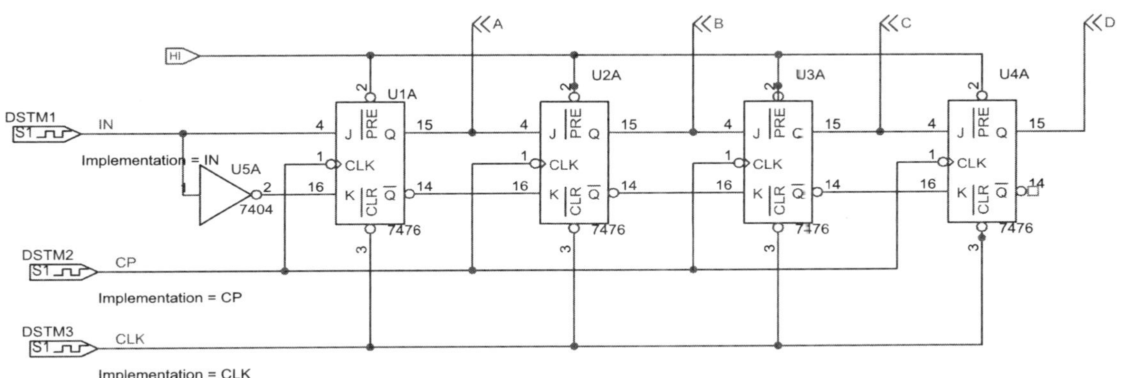

그림 12.7 시프트 레지스터 회로

3. 그림 12.8과 같이 입력이 001111의 데이터가 입력되었을 때 출력 A에는 1클럭, B에는 2클럭, C에는 3클럭, D에는 4클럭 오른쪽으로 이동됨을 확인한다.

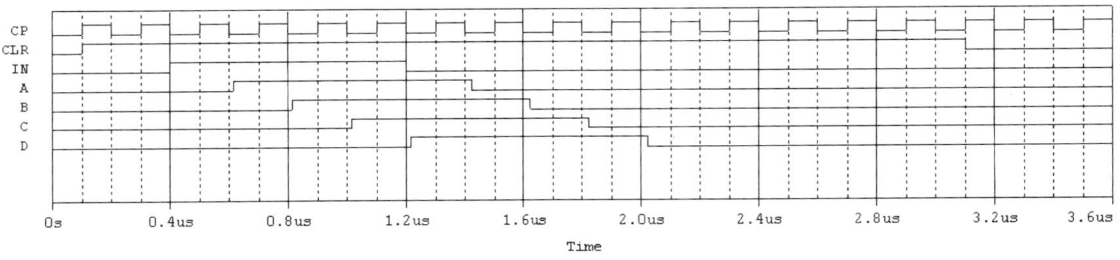

그림 12.8 시프트 레지스터 회로 시뮬레이션 결과

5 실험 과정

SIPO 시프트 레지스터 실험

1. TTL 7474 2개를 사용해서 그림 12.9와 같은 Serial-In, Parallel-Out 시프트 레지스터를 구성한다. 데이터 스위치 SW1, SW2, SW3를 '0'로 둔다. SW1을 '1'로 하여 CLR 입력을 제거하고, SW2를 '1'로 두어서 첫번째 D 입력에 '1'이 들어가도록 한다.

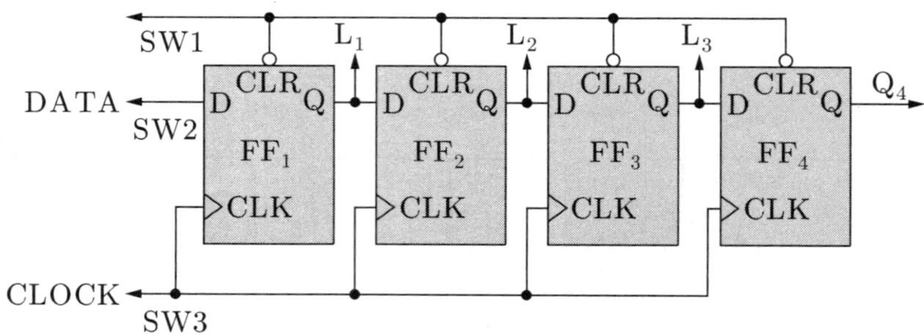

그림 12.9 SIPO 시프트 레지스터

2. 논리 펄스기를 SW3에 연결시키고 클럭펄스를 한번 트리거시킨 후 SW2를 다시 '0'으로 되돌리고 논리검출기로 $Q_1 \sim Q_4$의 논리 상태를 측정하여 실험 표 12.1에 기록한다.

3. 논리펄스기로 클럭펄스를 하나씩 트리거 시키면서 그때마다 논리검출기로 $Q_1 \sim Q_4$의 논리 상태를 측정하여 실험 표 12.1을 기록한다.

4. TTL 74164 Serial-In, Parallel-Out 시프트 레지스터를 이용하여 그림 12.10과 같은 회로를 구성한다. 데이터 스위치 SW1, SW2, SW3를 '0'로 둔다. SW1을 '1'로 하여 CLR 입력을 제거하고, SW2를 '1'로 두어서 첫번째 D 입력에 '1'이 들어가도록 한다.

4.1 논리 펄스기를 SW3에 연결시키고 클럭펄스를 한번 트리거시킨 후 SW2를 다시 '0'으로 되돌리고 논리검출기로 $Q_A \sim Q_H$의 논리상태를 측정하여 실험 표 12.2에 기록한다.

4.2 논리펄스기로 클럭펄스를 하나씩 트리거 시키면서 그때마다 논리검출기로 $Q_A \sim Q_H$의 논리상태를 측정하여 실험 표 12.2을 완성한다.

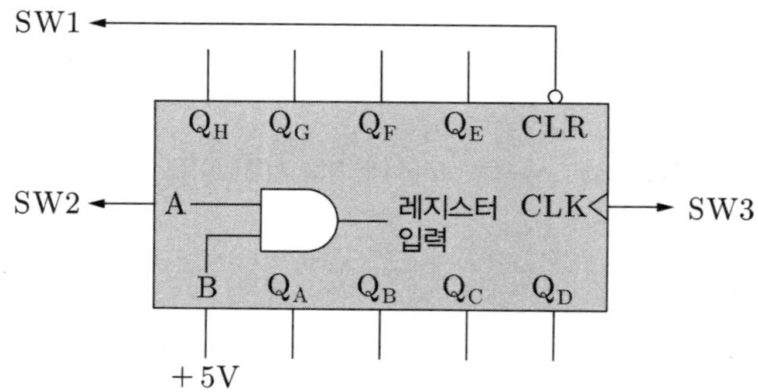

그림 12.10 TTL 74164 SIPO 시프트 레지스터

입력				출력			
$\overline{Clear}$	Clock	A	B	Q_A	Q_B	…	Q_H
L	x	x	x	L	L		L
H	L	x	x	Q_{A0}	Q_{B0}		Q_{H0}
H	↑	H	H	H	Q_{An}		Q_{Gn}
H	↑	L	x	L	Q_{An}		Q_{Gn}
H	↑	x	L	L	Q_{An}		Q_{Gn}

Q_{A0}, Q_{B0}, Q_{H0} = levels of Q_A, Q_B, Q_H, respectively,
before the indicated Steady-state input conditions are established.
Q_{An}, Q_{Gn} = levels of Q_A, Q_G, respectively,
before the most recent ↑ transition of the clock(1-bit shift)

(a)

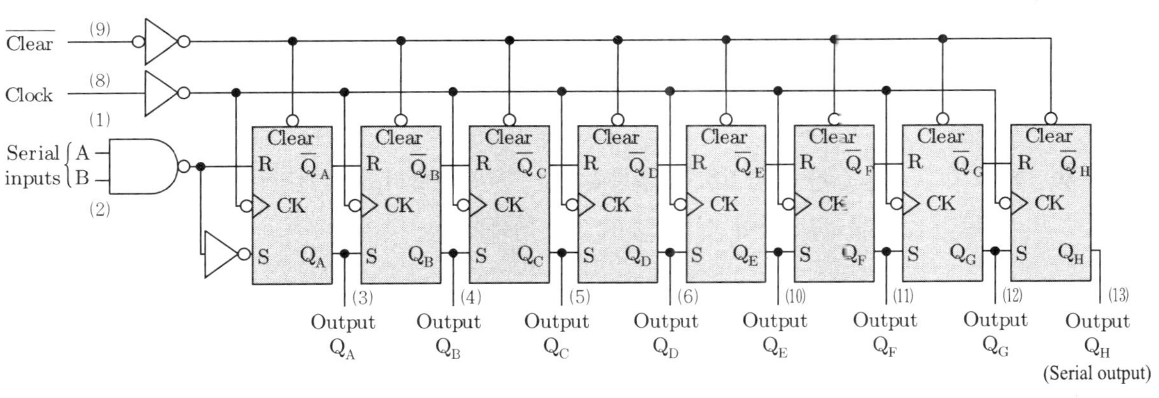

(b)

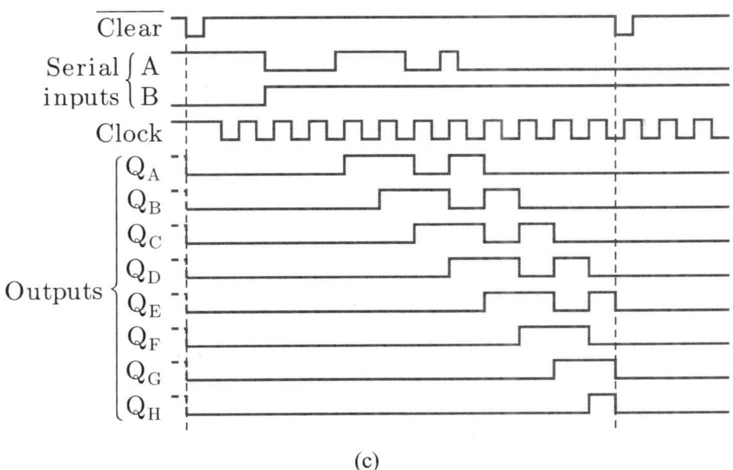

(c)

그림 12.11 TTL 74164 데이터 북 (a) 함수표 (b) 논리도 (c) 타이밍도

링 카운터 실험

5. IC 7474 2개를 이용해서 그림 12.12와 같은 링 카운터 회로를 구성한다. SW1='0'으로 두어 $Q_1 \sim Q_4$를 0001로 되도록 Preset 시킨 후 SW1='1'로 되돌린다. 또 SW2='0'으로 둔다.

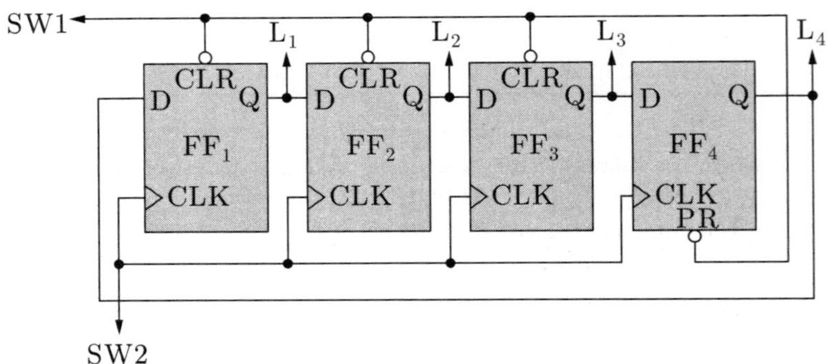

그림 12.12 링 카운터 회로

6. SW2에 논리펄스기를 연결하여 클록펄스를 하나씩 트리거 시키면서 그때마다 $Q_1 \sim Q_4$의 논리 상태를 측정하여 실험 표 12.3에 기록한다.

PRBS 발생기 실험

7. TTL 7474 2개와 7486을 이용해서 그림 12.13과 같은 PRBS 발생기 회로를 구성한다. SW1='0'으로 두어 $Q_1 \sim Q_4$를 0001로 되도록 Preset 시킨 후 SW1='1'로 되돌린다. 또 SW2='0'으로 둔다. SW2에 논리펄스기를 연결하여 클록펄스를 하나씩 트리거 시키면서 그때마다 $Q_1 \sim Q_4$의 논리 상태를 측정하여 실험 표 12.4에 기록한다.

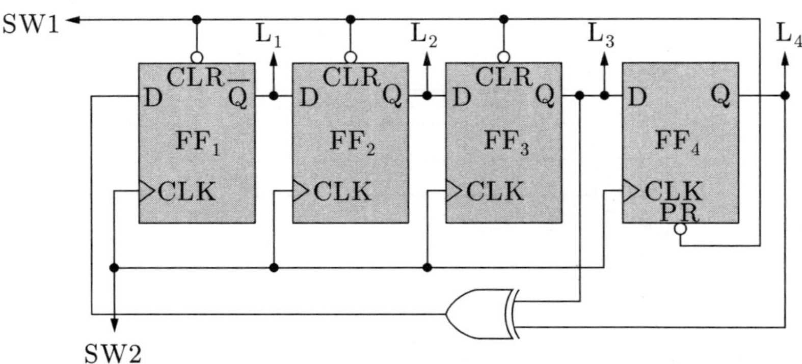

그림 12.13 PRBS 발생기 회로

PIPO 시프트 레지스터 실험

8. TTL 7475 D 플립플롭 1개, 7404 NOT 1개, 7408 AND 2개, 7432 OR 게이트 1개를 이용하여 그림 12.14와 같이 4비트 병렬로드 기능을 가진 PIPO 시프트 레지스터를 구성한다.

8.1 로드(load)는 새로운 입력을 받아 레지스터에 저장하는 작업을 수행한다. 동작은 Load= 0이면 현재의 D 플립플롭의 출력이 귀환되어 유지되고 Load=1이면 외부입력 D_0, D_1, D_2, D_3가 클럭의 상승엣지에서 D 플립플롭에 저장된다.

8.2 실험 표 12.5의 CLEAR, LOAD, $D_0 \sim D_3$, CLK 신호에 따라 $Q_1 \sim Q_4$의 논리상태를 측정하여 실험 표 12.5에 기록한다.

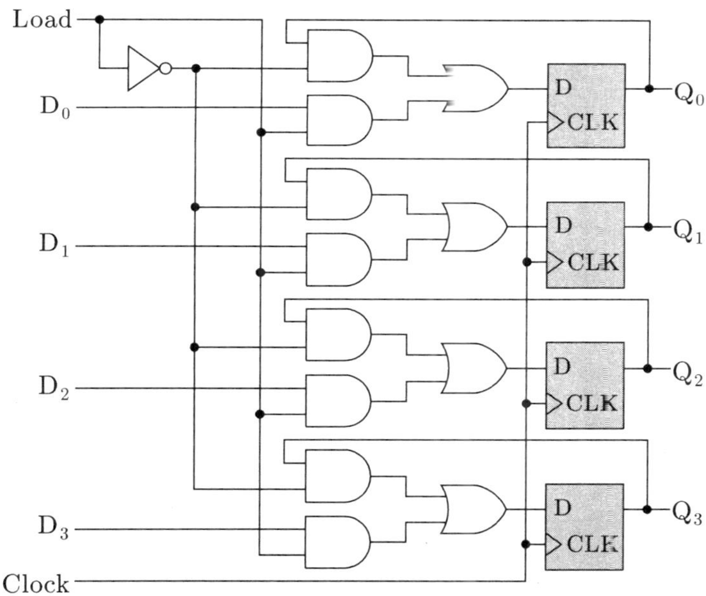

그림 12.14 4-비트 병렬로드 기능의 PIPO 시프트 레지스터

6 실험 결과

실험 결과 보고서					
실험제목	실험 ( ) ________				
학과 및 학년		학 번		확인	
이 름		실험조			
실험일		담당교수			

실험 표 12.1 SIPO 시프트 레지스터 결과

과정	CLK	Q_1	Q_2	Q_3	Q_4
1 ~ 3	1				
	2				
	3				
	4				
	5				
	6				
	7				
	8				

실험 표 12.2 TTL 74164 SIPO 시프트 레지스터 결과

과정	CLK	Q_A	Q_B	Q_C	Q_D	Q_E	Q_F	Q_G	Q_H
4	1								
	2								
	3								
	4								
	5								
	6								
	7								
	8								

〈절취선〉

실험 표 12.3 링 카운터 회로 결과

과정	CLK	Q_1	Q_2	Q_3	Q_4
5～6	1				
	2				
	3				
	4				
	5				
	6				
	7				
	8				

실험 표 12.4 PRBS 발생기 회로 결과

과정	CLK	Q_1	Q_2	Q_3	Q_4
5～6	1				
	2				
	3				
	4				
	5				
	6				
	7				
	8				
	9				
	10				
	11				
	12				
	13				
	14				
	15				
	16				

〈절취선〉

실험 표 12.5 PIPO 시프트 레지스터 결과

입력							출력			
CLEAR	LOAD	D_0	D_1	D_2	D_3	CLK	Q_0	Q_1	Q_2	Q_3
0	0	1	0	0	0	↑				
0	1	1	0	0	0	↑				
1	1	1	0	0	0	↑				
1	1	1	1	0	0	↑				
1	1	0	0	1	1	↑				
1	1	1	0	1	0	↑				
1	1	0	1	0	1	↑				
1	0	1	0	0	0	↑				
1	0	1	1	0	0	↑				
1	0	0	0	1	1	↑				
1	0	1	0	1	0	↑				
1	0	0	1	0	1	↑				

〈절취선〉

7 결과고찰 및 질문

1. 실험 표 12.1과 실험 표 12.2로부터 D 플립플롭으로 구성된 시프트 레지스터와 TTL 74164 시프트 레지스터의 동작 특성을 비교하고, 결과를 설명하여라.

2. 실험 표 12.3으로부터 링 카운터의 동작특성을 설명하여라.

3. 실험 표 12.4를 이용하여 PRBS 발생회로가 2^{N-1}개의 산발적인 출력상태를 발생시키는지 확인하고, 설명하여라.

4. 실험 표 12.5로부터 PIPO 시프트 레지스터의 동작특성을 설명하여라.

〈절취선〉

실험 13

비동기식 카운터

1 실험 목적

- 비동기식 상향 카운터의 동작원리를 이해하고 동작 특성을 확인한다.
- 비동기식 하향 카운터의 동작원리를 이해하고 동작 특성을 확인한다.
- 비동기식 십진 카운터의 동작원리를 이해하고 동작 특성을 확인한다.

2 예비 이론

카운터

카운터(계수기, counter)는 시프트 레지스터와 마찬가지로 일련의 플립플롭을 연결한 회로이지만, 그 연결하는 방법에 있어서 시프트 레지스터와 다르다. 카운터회로에는 주어진 플립플롭에 대하여 서로 다른 출력상태의 수가 최대로 되도록 회로를 연결하며, 또한 입력펄스에 대하여 출력상태가 규칙적으로 변하도록 한다.

플립플롭의 트리거 방식에 따라서 카운터는 비동기식((asynchronous) 카운터와 동기식(synchronous) 카운터로 구분된다. 비동기식 카운터는 직렬 카운터 또는 리플(ripple) 카운터라고도 부르며, 앞에 있는 플립플롭의 출력이 뒤에 있는 플립플롭을 트리거 시킨다. 그러나 동기식 카운터는 모든 플립플롭이 같은 클럭펄스에 의해서 동시에 트리거 되며, 따라서 병렬 카운터라고도 한다. 비동기식 카운터는 동기식 카운터에 비하여 회로가 간단한 장점이 있으나, 전송지연이 크다는 단점이 있다.

카운터는 출력의 상태변화가 정해진 순서를 반복하는 특별한 레지스터이고 카운터 분류는 다음과 같다.

① **동기형 카운터** : 카운터의 모든 레지스터가 클럭에 의해 트리거 되며 모든 레지스터의 상태변화가 동시에 변화하고 동기되어 있다.

② **비동기형 카운터** : 다른 플립플롭의 출력에 의하여 트리거 되며 모든 레지스터의 상태변화가 변하는 순간이 다르고 동기 되어있지 않다. 앞 단의 변화가 다음 단에 클럭으로 쓰이므로 차례로 변화가 일어나므로 리플 카운터라고 한다. 동기형 보다 회로가 간단하나 전파지연에 의하여 고주파에서 동작이 어렵고 동기형 카운터는 체계적인 설계 기법이 존재하나 비동기형 카운터는 설계자의 직관에 의존한다.

③ 2진 카운터 : 카운터의 상태변화 순서가 이진수의 차례를 따른다.

④ 십진 카운터 : 0000에서 1001까지 반복적으로 계수하는 BCD 코드에 따라 상태가 변한다.

⑤ n비트 2진 카운터 : 0에서 2^n-1까지 변하는 카운터이다.

2진수 3비트 카운터

디지털 회로에서 수를 센다는 것은 가해진 펄스의 수를 센다는 것이다. 수를 계수하는 디지털 회로를 카운터라고 한다. 즉 카운터는 가해진 펄스의 수를 계산하여 연결된 다수 개의 출력단에 2진수의 형태로 표시해 주는 회로이다.

2진 카운터는 T-플립플롭을 직렬연결로 쉽게 구현할 수 있고 그림 13.1은 2진수 3비트 카운터이다. T1은 펄스 입력단이고 Q_1, Q_2, Q_3는 카운트 된 2진수 수치를 나타내는 출력단이다. 여기서 하강 엣지를 사용하여 상향계수 카운터를 구성하였다. 만약 상승 엣지를 사용하는 T-플립플롭을 사용하면 하향계수 카운터가 된다.

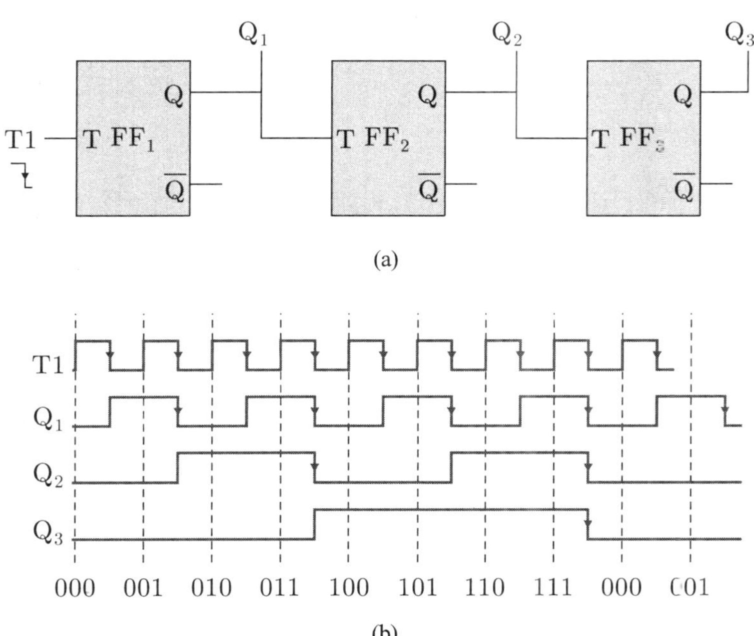

그림 13.1 T 플립플롭으로 구현된 3비트 카운터 (a) 구성도 (b) 타이밍도

비동기식 상향 카운터

비동기식 상향 혹은 하향 카운터는 카운터 중에서 가장 간단하다. 상향 카운터는 입력펄스의 수를 계수하여 올라가는 것이고, 하향 카운터는 수를 계수하여 내려가는 것이다. 그림 13.2(a)는 비동기식 상향계수 카운터의 회로이고, (b)는 이에 대한 출력상태를 나타낸 그림이다. 그림

13.2(a)로부터 비동기식 상향 카운터는 앞단의 출력 Q가 뒷단의 클록펄스 CLK로써 사용된다.

그림 13.2(b)로부터 이 카운터의 플립플롭들은 클럭펄스가 '1'에서 '0'으로 바뀔 때에 동작하고, 클럭펄스가 들어오기 시작하기 전에는 모든 플립플롭들을 '0'으로 Clear(CLR)시켜둔다.

앞단 플립플롭에 두 개의 클럭펄스가 들어갈 때마다 뒷단에는 한 개씩의 클럭펄스가 들어가게 되고, 따라서 맨 위쪽 플립플롭이 LSB(least significant bit)를, 또 맨 오른쪽이 MSB(most significant bit)를 나타내게 된다.

- MSB : 가장 큰 자릿수 비트(가장 왼쪽 비트), LSB : 가장 작은 자릿수 비트(가장 오른쪽 비트)

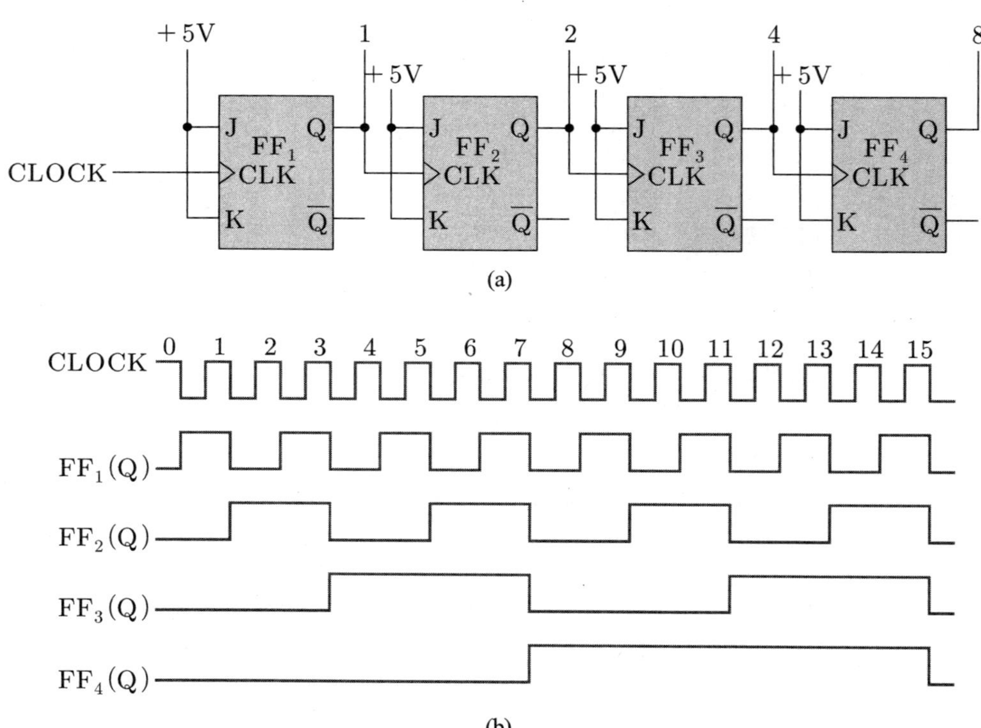

그림 13.2 비동기식 상향 카운터 (a) 회로 (b) 타이밍도

비동기식 하향 카운터

비동기식 하향 카운터 회로가 상향 카운터 회로와 다른 점은 앞단 플립플롭의 출력 $\overline{Q}$가 뒷단의 플립플롭의 클럭펄스로 사용되는 것이다. 또한 하향 카운터에서는 그림 13.3(b)처럼 클럭펄스가 들어오기 시작하기 전에 모든 플립플롭들은 '1'로 Preset(PR)시켜둔다. 그러면 한 개 클럭펄스가 들어올 때마다 출력은 1씩 감소하게 된다.

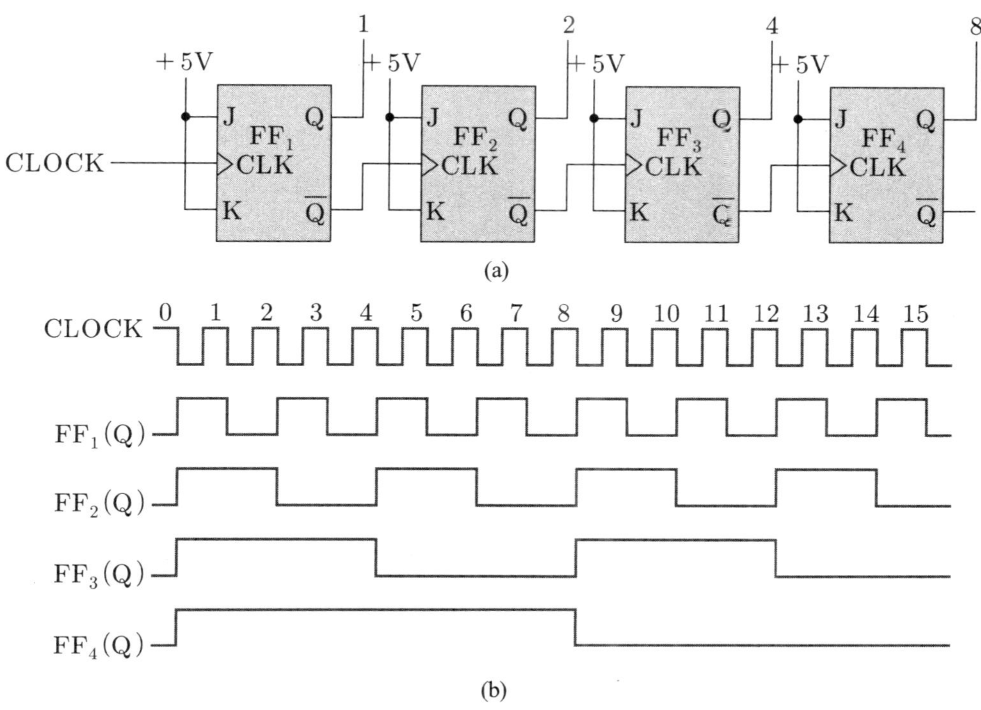

그림 13.3 비동기식 하향 카운터 (a) 회로 (b) 타이밍도

비동기식 상향/하향 카운터

비동기식 상향/하향 카운터는 상향 카운트와 하향 카운터를 결합한 것으로서 선택신호에 의해서 어느 한가지로 선택하여 동작시킬 수 있다. 그림 13.4에서 상향/하향 계수 입력을 '1'로 하면 상향 카운터가 되고, '0'으로 하면 하향 카운터가 된다. 그림 13.4의 회로에는 Enable 입력이 있는데 보통 때는 항상 이것을 '1'로 두고 동작시킨다.

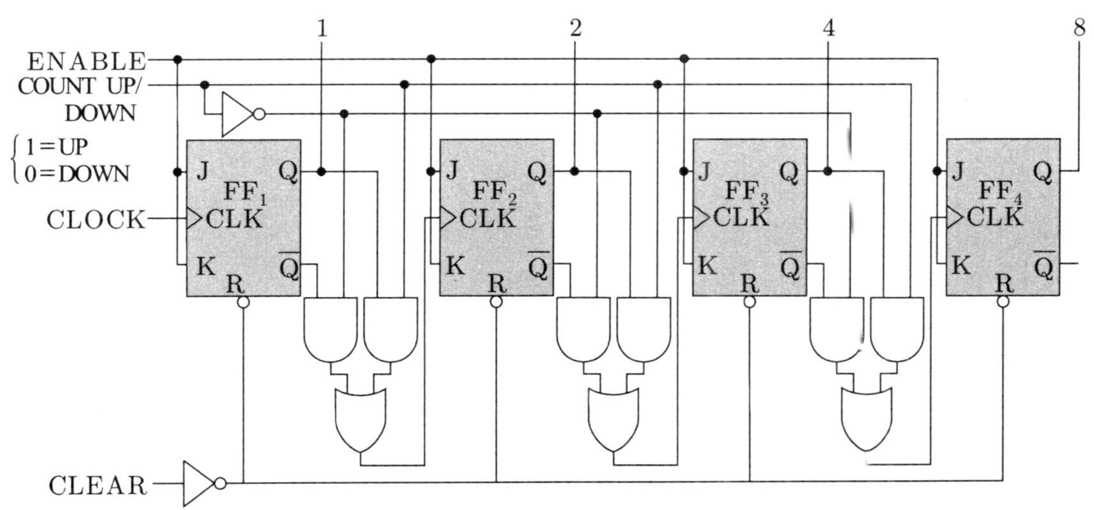

그림 13.4 비동기식 상향/하향 카운터

비동기식 십진 카운터

십진 카운터는 카운터 중에서 가장 많이 사용되는 것으로써 10을 modules로 하는 카운터이다. 네 개의 플립플롭을 직렬로 연결하면 일반적으로 16가지의 출력상태가 생기게 되는데, 십진 카운터는 여기에 귀환을 가함으로써 10가지의 출력상태만이 반복되도록 만든다.

그림 13.5의 비동기식 십진 카운터에서 10번째 클럭펄스가 들어오면 원래 출력은 0101이 되어야 하는데, 이 순간 NAND 게이트 출력이 '0'으로 바뀌게 되므로 이것이 귀환되어 결국 모든 플립플롭들을 clear시켜서, 맨 처음의 상태 0000으로 되돌아가게 된다. 이 관계가 그림 13.5(b)와 (c)에 나타낸다.

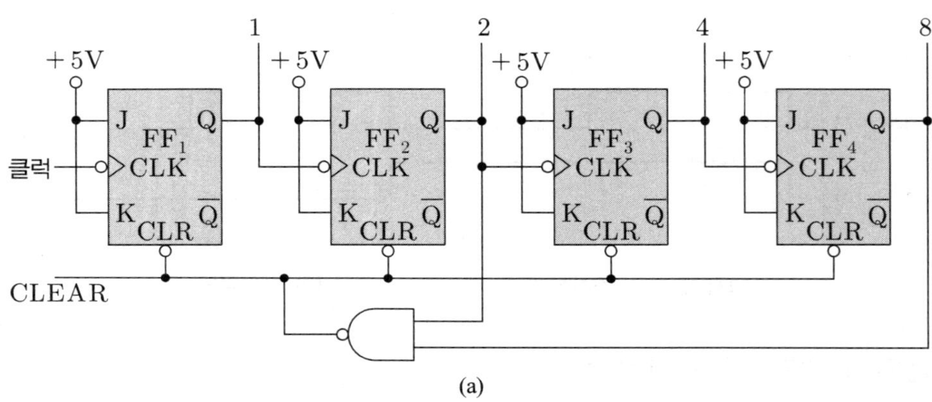

(a)

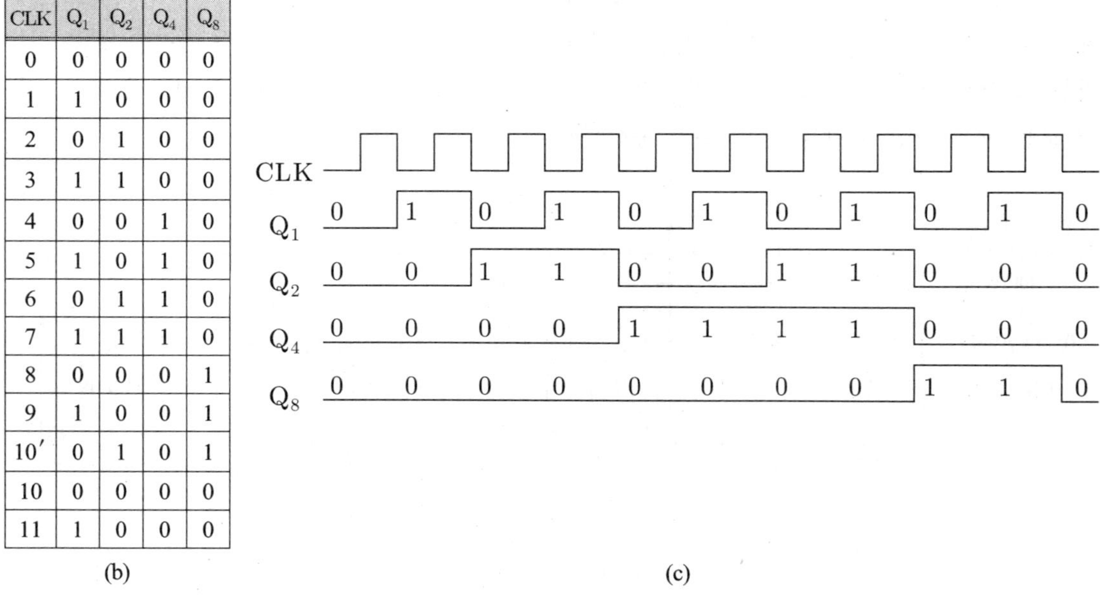

CLK	Q_1	Q_2	Q_4	Q_8
0	0	0	0	0
1	1	0	0	0
2	0	1	0	0
3	1	1	0	0
4	0	0	1	0
5	1	0	1	0
6	0	1	1	0
7	1	1	1	0
8	0	0	0	1
9	1	0	0	1
10′	0	1	0	1
10	0	0	0	0
11	1	0	0	0

(b)

(c)

그림 13.5 비동기식 십진 카운터 (a) 회로 (b) 출력상태 (c) 타이밍도

3 실험 준비물

- 장비 : 직류전원 공급기, 함수발생기, 오실로스코프, DMM, 디지털실험 장비
- 기타 기기 : 논리 검출기(logic probe), 논리 펄스기(logic pulser), 논리 클립(logic clip)
- 소프트웨어 : PSpice 프로그램(OrCAD 등)
- IC 부품 : 7400 3개, 7476 2개
- 기타 부품 : LED 4개, 390Ω 4개, 토글스위치 4개, DIP 스위치

4 PSpice 시뮬레이션

비동기식 카운터 시뮬레이션

1. 7476 JK 플립플롭 4개, 7400 NAND, 7408 AND 게이트를 사용하여 그림 13.6과 같은 MOD-10(10진) 카운터를 구성한다. 각 JK 플립플롭의 출력이 다음 단의 클럭 입력인 CP로 입력되는 비동기식 MOD-10 카운터 회로이다.
2. 클럭 수를 10개 단위로 계수 한다. 0에서 9까지 출력한 후 1010 출력 때 카운터는 리셋하게 한다. 입력 J와 K는 '1'에 연결하고 클럭 신호에 의해 계수 된다.
3. Time domain(Transient) Run to time : 4us로 설정하고 클럭신호에 대한 출력 A, B, C, D의 상태를 확인하는 비동기 카운터이다.

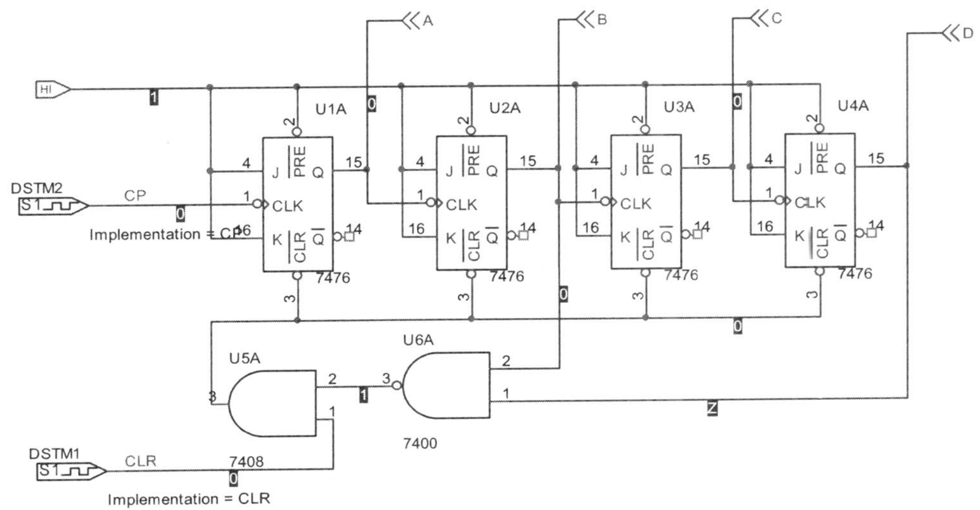

그림 13.6 비동기식 MOD-10 카운터회로

4. 표 13.1과 같이 클럭이 한 개 입력하면 A가 1상태, 클럭 2개째 B가 1상태, 클럭이 4개째 C가 1상태, 클럭이 8개째 D가 1상태가 된다. 10번째 클럭이 입력되면 NAND 게이트에 의해 계수가 리셋되어 처음부터 시작됨을 확인한다.

표 13.1 카운터 순서

클럭펄스	D	C	B	A
초기	0	0	0	0
1	0	0	0	1
2	0	0	1	0
3	0	0	1	1
4	0	1	0	0
5	0	1	0	1
6	0	1	1	0
7	0	1	1	1
8	1	0	0	0
9	1	0	0	1
10	0	0	0	0

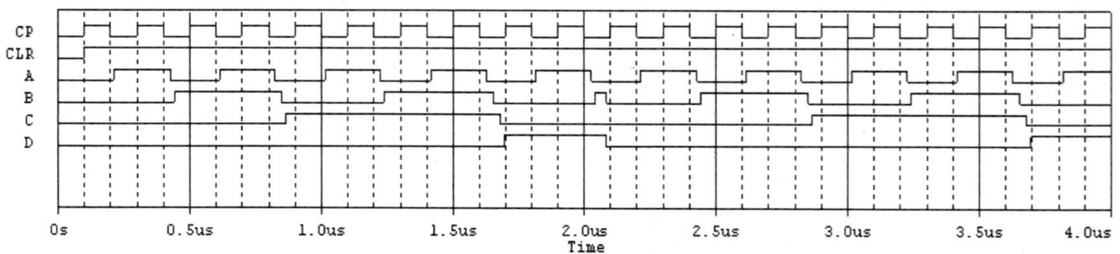

그림 13.7 비동기식 MOD-10 카운터 회로 시뮬레이션 결과

5 실험 과정

비동기식 상향 및 하향 카운터 실험

1. 디지털 실험장치 위에 IC 7476 두 개를 이용해서 그림 13.8과 같은 비동기식 상향 카운터를 구성한다. SW2='0'에서 '1'로 하여 모든 플립플롭들을 clear시키고, SW1='0'로 둔다.

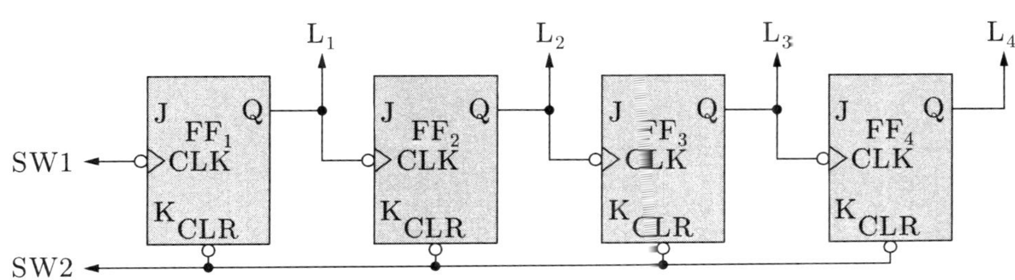

그림 13.8 비동기식 상향 카운터

2. 논리펄스기를 SW1에 연결시키고 클럭펄스를 하나씩 트리거 시키면서 그때마다 논리검출기로 $Q_1 \sim Q_4$의 논리상태를 측정하여 실험 표 13.1에 기록한다.

3. IC 7476 두 개를 이용해서 회로도 그림 13.9와 같이 비동기식 하향 카운터를 구성한다. SW2='0'에서 '1'로 하여 모든 플립플롭들을 clear시키고, SW1='0'로 둔다. 논리펄스기를 SW1에 연결시키고 클록펄스를 하나씩 트리거 시키면서 그때마다 논리검출기로 $Q_1 \sim Q_4$의 논리 상태를 측정하여 실험 표 13.1에 기록한다.

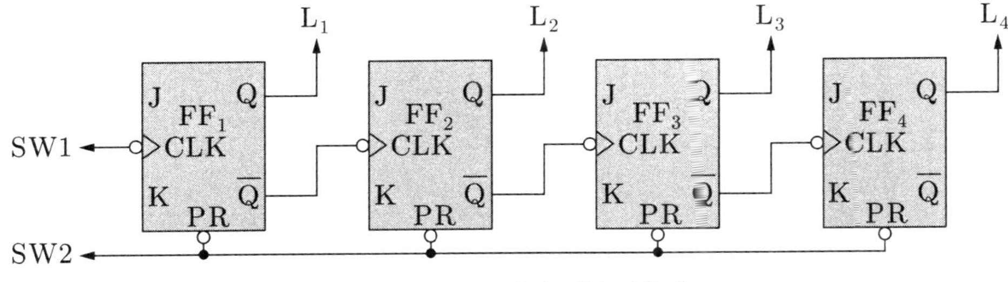

그림 13.9 비동기식 하향 카운터

비동기식 상향-하향 카운터 실험

4. IC 7476 2개와 IC 7400 3개를 사용해서 그림 13.10과 같은 비동기식 상향-하향 카운터를 구성한다. SW1=1(상향), SW2=0 → 1(Clear)로 한 후 논리펄스기를 SW3에 연결하여 클럭펄스를 트리거 시키면서 출력 $Q_1 \sim Q_4$를 측정하여 실험 표 13.2에 기록한다.

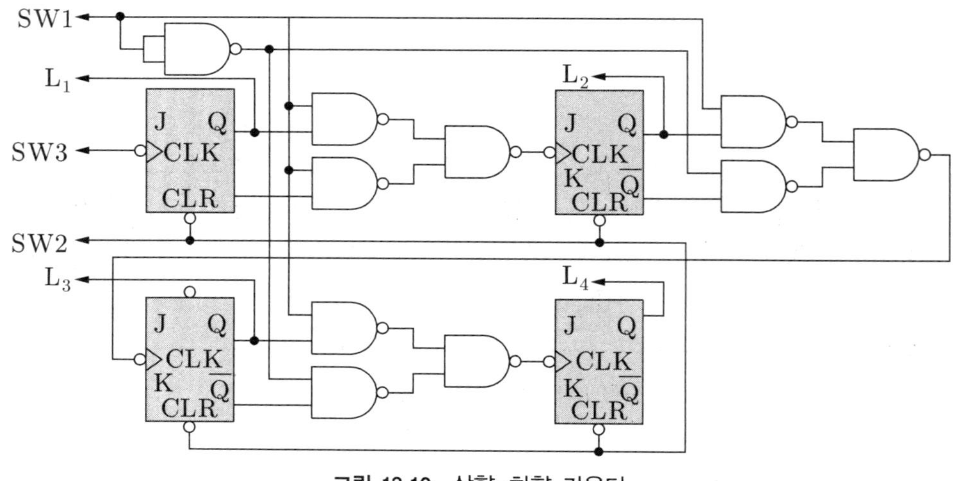

그림 13.10 상향-하향 카운터

5. SW1=0(하향), SW2=0 → 1(Clear)로 한 후 논리펄스기를 SW3에 연결하여 클럭펄스를 트리거 시키면서 출력 $Q_1 \sim Q_4$를 측정하여 실험 표 13.2에 기록한다.

비동기식 십진 카운터 실험

6. IC 7476 2개와 IC 7400을 이용해서 그림 13.11과 같은 비동기식 십진 카운터를 구성한다. SW1=0 → 1(Clear)로 한 후 논리펄스기를 SW2에 연결하여 클럭펄스를 트리거 시키면서 출력 $Q_1 \sim Q_4$를 측정하여 실험 표 13.3에 기록한다.

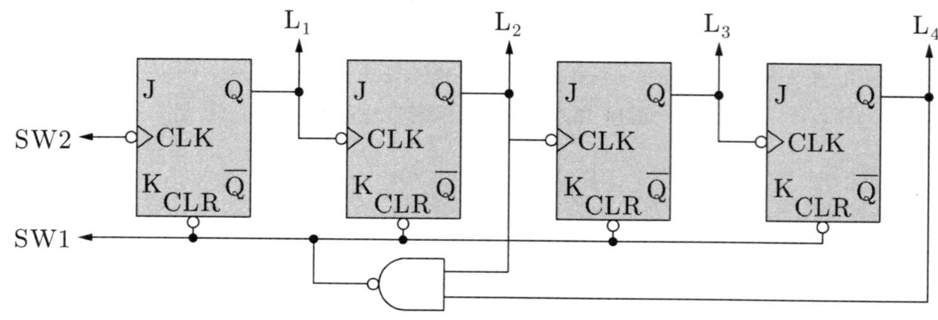

그림 13.11 비동기식 십진 카운터

6 실험 결과

실험 결과 보고서					
실험제목	실험 (　　) ______				
학과 및 학년		학 번		확인	
이 름		실험조			
실험일		담당교수			

실험 표 13.1 비동기식 상향 카운터와 하향 카운터 실험

CLK	상향 카운터					하향 카운터				
	$Q_1(1)$	$Q_2(2)$	$Q_3(4)$	$Q_4(8)$	계수치	$Q_1(1)$	$Q_2(2)$	$Q_3(4)$	$Q_4(8)$	계수치
0										
1										
2										
3										
4										
5										
6										
7										
8										
9										
10										
11										
12										
13										
14										
15										
16										
17										
18										

〈절취선〉

실험 표 13.2 비동기식 상향/하향 카운터 실험

CLK	상향 카운터(과정 4)					하향 카운터 (과정 5)				
	$Q_1(1)$	$Q_2(2)$	$Q_3(4)$	$Q_4(8)$	계수치	$Q_1(1)$	$Q_2(2)$	$Q_3(4)$	$Q_4(8)$	계수치
0										
1										
2										
3										
4										
5										
6										
7										
8										
9										
10										
11										
12										
13										
14										
15										
16										
17										
18										

〈절취선〉

실험 표 13.3 비동기식 십진 카운터 실험

CLK	카운터 출력(과정 6)				
	$Q_1(1)$	$Q_2(2)$	$Q_3(4)$	$Q_4(8)$	계수치
0					
1					
2					
3					
4					
5					
6					
7					
8					
9					
10					
11					
12					
13					
14					
15					
16					
17					
18					

〈절취선〉

7 결과고찰 및 질문

1. 실험 표 13.1에서 상향 카운터와 하향 카운터의 동작을 서로 비교하고 설명하여라.

2. 실험 표 13.2에서 상향 카운터와 하향 카운터의 동작을 서로 비교하고 설명하여라.

3. 실험 표 13.3으로부터 비동기식 십진 카운터의 동작을 설명하여라.

4. 본 실험에서 느낀 점을 기술하여라.

〈절취선〉

실험

14 동기식 카운터

1 실험 목적

- 동기식 상향 카운터의 동작원리를 이해하고 동작 특성을 확인한다.
- 동기식 리플캐리 카운터의 동작원리를 이해하고 동작 특성을 확인한다.
- 동기식 BCD 카운터 동작원리를 이해하고 동작 특성을 확인한다.

2 예비 이론

동기식 카운터

동기식 카운터는 모든 플립플롭들이 같은 클럭펄스에 의해 동시에 트리거 되는 것이 비동기식 카운터와 다르다. 따라서 동기식 카운터는 비동기식 카운터에 비해서 전송지연이 훨씬 작다. 이를테면, 4개의 플립플롭을 연결한 경우 비동기식 카운터에서는 $100ns\,(4\times 25ns)$정도의 전송지연이 나타나지만 동기식 카운터에서는 AND 게이트의 전송지연을 합해서 $35ns\,(25ns+10ns)$ 정도의 전송지연이 나타난다. 이렇듯 전송지연이 작다는 것은 곧 높은 주파수로 동작시킬 수 있다는 의미이다.

동기식 카운터의 또 다른 장점은 모든 플립플롭이 동시에 동작하므로 한 상태와 다음 상태 사이에 일시적인 중간상태가 존재하지 않는다. 그러나 회로가 복잡해진다는 점에 있어서는 비동기식 카운터에 비해 단점이다.

동기식 상향 카운터와 하향 카운터

동기식 상향 카운터는 모든 플립플롭들이 동일한 클럭펄스에 의해서 동시에 동작한다는 점을 제외하고는 비동기식 상향 카운터와 마찬가지이다. 앞 단의 출력 Q들을 도두 모아 AND 게이트로 묶어서 다음 단의 J와 K 입력에 동시에 넣어주고, 클럭펄스를 모든 플립플롭에 병렬로 연결시키면 곧 동기식 상향 카운터 회로가 구성된다.

하향 카운터 회로는 Q 대신에 $\overline{Q}$들을 취하여 J와 K를 넣어준다는 점만이 상향 카운터 회로와 다르다. 그림 14.1은 동기식 상향 카운터 회로와 타이밍 파형이다.

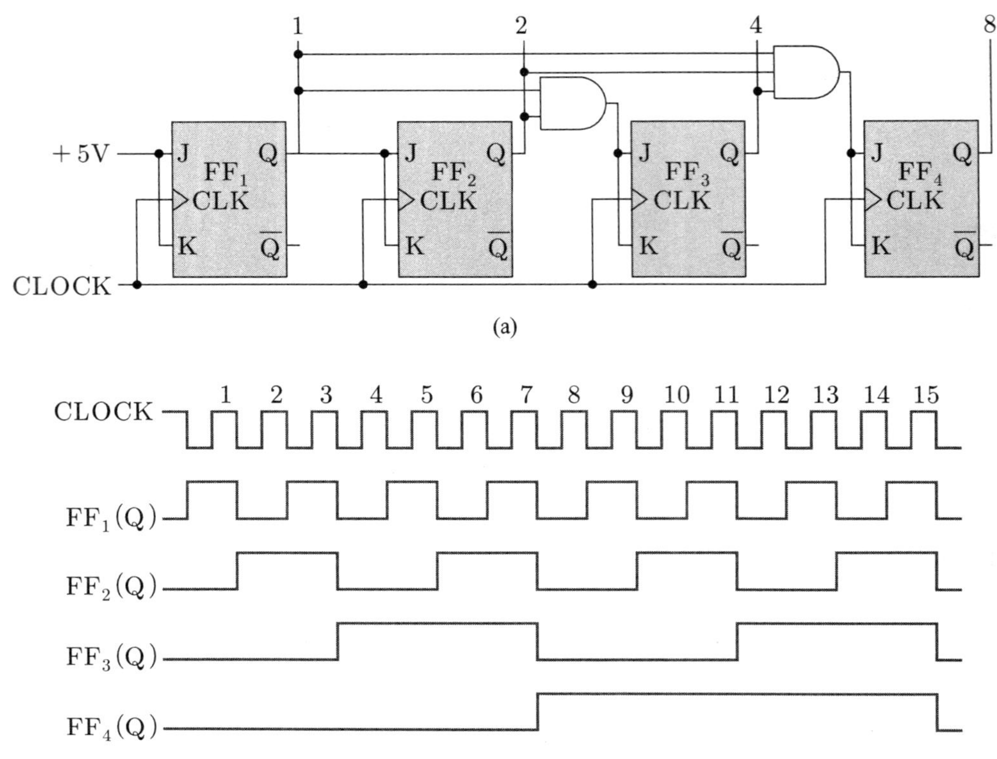

그림 14.1 동기식 상향 카운터 (a) 회로도 (b) 타이밍도

2진 4비트 리플캐리 카운터

모든 클럭 펄스마다 출력을 0(0000)에서 15(1111)까지 상향으로 계수한다. 일단 플립플롭의 입력과 출력을 AND 게이트로 모아서 다음 단 플립플롭의 J와 K 입력으로 넣어주도록 구성된 회로가 리플캐리(ripple carry) 카운터이다.

그림 14.2는 리플캐리 카운터 회로도 및 출력파형이다. 그림 14.1의 일반 동기식 카운터 회로에 비해 AND 게이트가 간단해졌고, AND 게이트가 병렬이 아니라 직렬로 연결되어 있다. 따라서 리플캐리 카운터는 회로의 구성이 비동기식 카운터보다는 복잡하지만 일반 동기식 카운터 보다는 간단하고, 또 전송지연이 일반 동기식 카운터보다는 길지만 비동기식 카운터보다는 짧다. 그러므로 리플캐리 카운터는 동기식 카운터의 장점을 약간 희생시켜서 단점을 보완한 절충식의 동기식 카운터라고 할 수 있다.

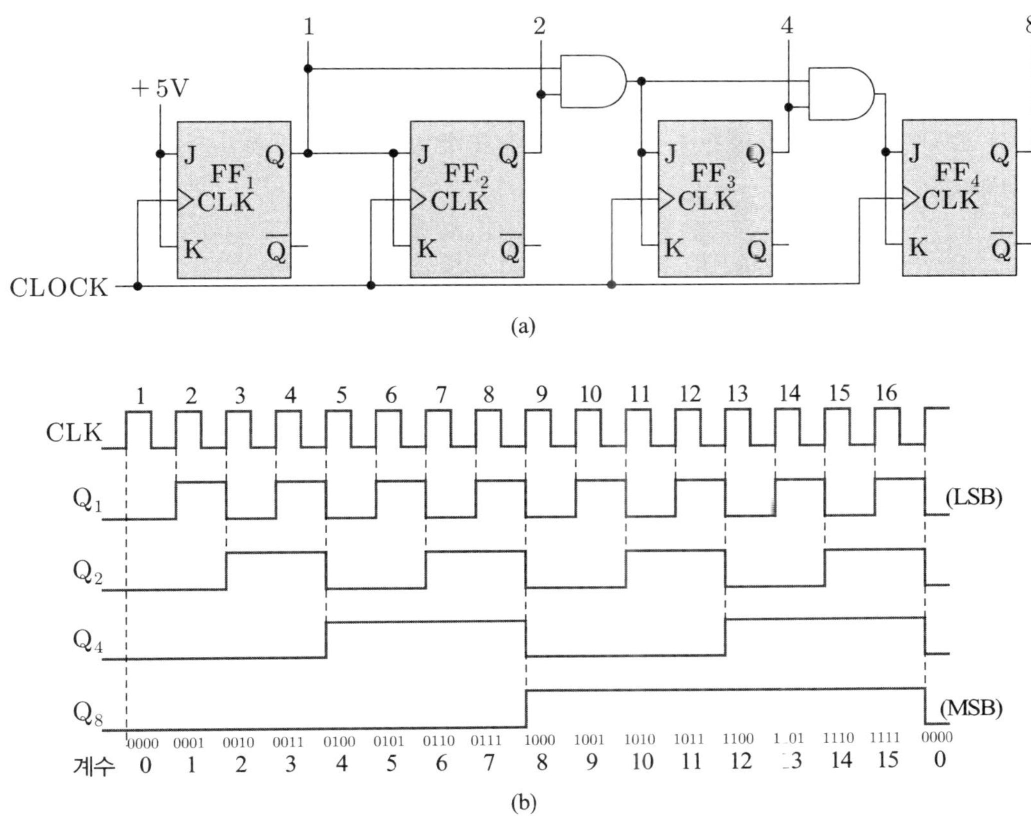

그림 14.2 2진 4비트 리플캐리 상향 카운터 (a) 회로도 (b) 타이밍도

4비트 동기형 하향 카운터는 그림 14.3과 같이 AND 게이트를 플립플롭의 $\overline{Q}$ 출력에 연결하면 상향계수의 시간파형의 반대가 된다. 그래서 카운터는 출력 1111에서 시작하여 각 클럭펄스가 적용할 때 하향으로 계수한다.

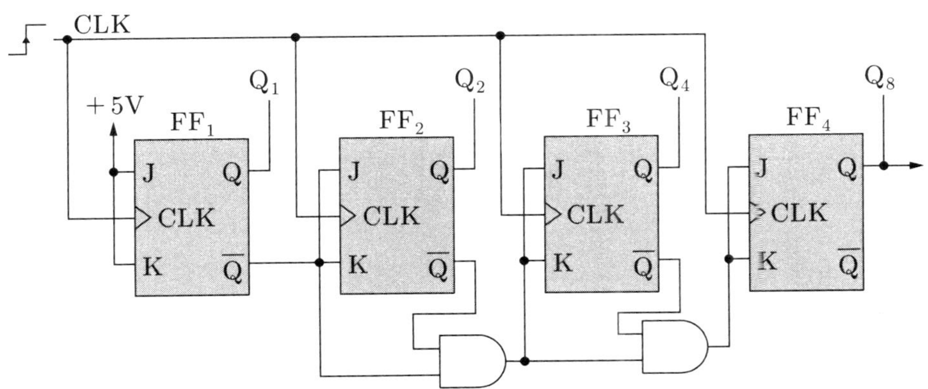

그림 14.3 2진 4비트 리플캐리 하향 카운터 회로도

동기식 십진 카운터

0부터 9까지 카운트하는 10진 카운터는 4비트로 설계하여야만 10개의 상태를 나타낼 수 있다. 4-비트이므로 16개의 상태가 가능하고 이중에 10개의 상태만 사용한다. 사용하지 않는 1010에서 1111은 무정의(don't care)로 한다.

10 카운터 또는 BCD(binary coded decimal)카운터는 10을 modulus로 하는 modulus 10 카운터로서 그림 14.4와 같이 열 개의 출력상태를 갖고 있다. 열 번째 펄스가 들어왔을 때 플립플롭의 출력 $Q_0 \sim Q_3$은 각각 1001이 되고, 각 플립플롭의 J와 K의 입력은 각각 11, 00, 00, 01이 되어 있으므로 Q_0는 반전되고 Q_3는 리셋 되어 1001 다음상태는 0000이다. 11번째 펄스가 들어올 때 첫 번째와 네 번째 플립플롭의 출력만이 바뀌어 출력은 다시 0000으로 되돌아간다. 그림 14.4는 동기식 BCD 카운터의 회로도와 출력상태를 나타낸다.

카운터(계수기)는 인가된 입력펄스 수에 따라 고유한 출력조합을 발생하는 회로이며 고유한 출력들의 수를 계수(modulus, modulo, mod number)라고 한다.

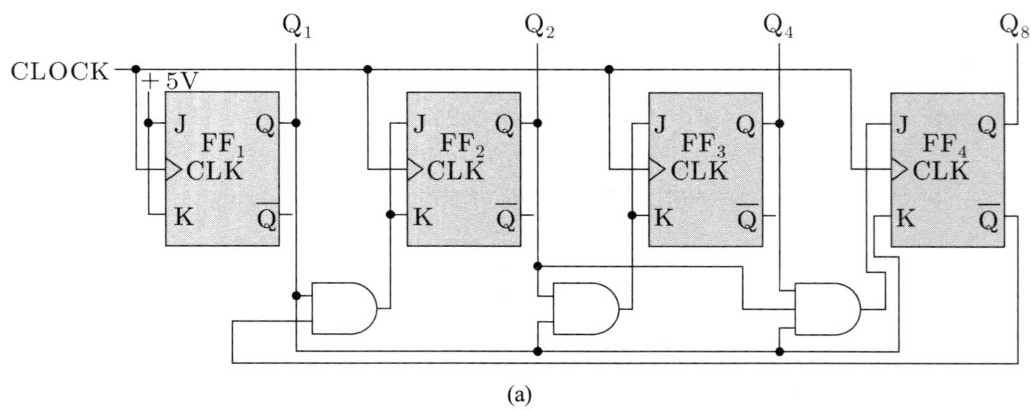

(a)

CLK	Q_1	Q_2	Q_4	Q_8
0	0	0	0	0
1	1	0	0	0
2	0	1	0	0
3	1	1	0	0
4	0	0	1	0
5	1	0	1	0
6	0	1	1	0
7	1	1	1	0
8	0	0	0	1
9	1	0	0	1
10	0	0	0	0

(b)

그림 14.4 동기식 BCD 카운터 (a) 회로도 (b) 출력상태

3 실험 준비물

- 장비 : 직류전원 공급기, 함수발생기, 오실로스코프, DMM, 디지털실험 장비
- 기타 기기 : 논리 검출기(logic probe), 논리 펄스기(logic pulser), 논리 클립(logic clip)
- 소프트웨어 : PSpice 프로그램(OrCAD 등)
- IC 부품 : 7408, 7410, 7476 2개
- 기타 부품 : LED 4개, 390Ω 4개, 토글스위치 4개, DIP 스위치

4 PSpice 시뮬레이션

동기 카운터 시뮬레이션

1. 그림 14.5와 같이 7476 JK 플립플롭 4개를 사용한 MOD-10(10진) 카운터로서 각 JK 플립플롭의 출력이 AND 게이트를 거쳐 다음 단의 J 입력으로 연결되는 동기식 MOD-10 카운터 회로를 그린다.

2. 클럭수를 열 개 단위로 카운터 한다. 즉 0에서 9까지 출력한 후 1010 출력 때 카운터는 리셋 하게 한다. 첫 번째 입력 J와 K는 '1'에 연결하고 두 번째부터 이전 단의 출력에서 연결되며 클럭에 의해 카운터 된다.

3. Time domain(Transient) Run to time : 4us로 설정하고 클럭신호에 대한 출력 A, B, C, D의 상태를 확인하는 것으로 입력되는 클럭에 의해 모든 플립플롭이 동시에 카운터하게 된다.

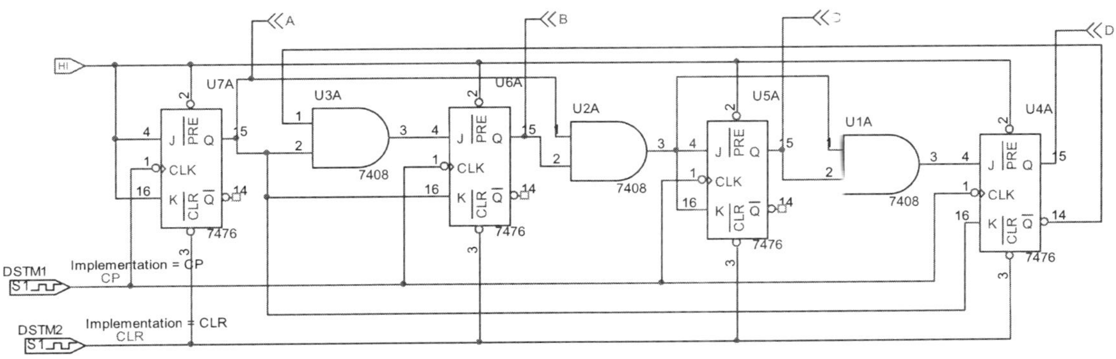

그림 14.5 10진 카운터 회로도

4. 클럭이 한 개 입력하면 A가 1상태, 클럭 두 개째 B가 1상태, 클럭이 4개째 C가 1상태, 클럭이 8개째 D가 1상태가 된다. 열 번째 클럭이 입력되면 카운터가 리셋되어 처음부터 시작한다. 그림 14.6과 같은 10진 카운터 입력과 출력파형을 확인한다.

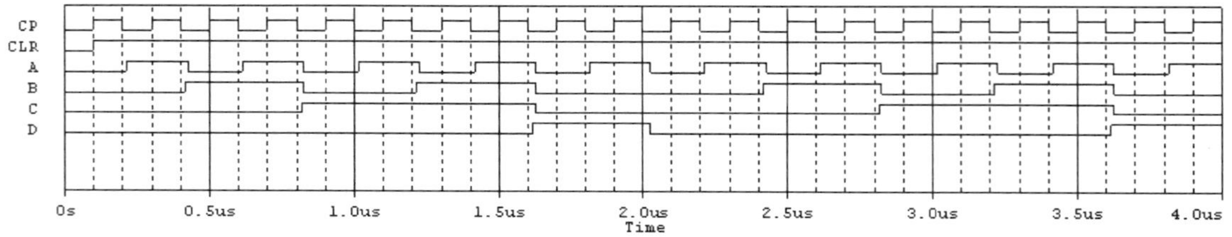

그림 14.6 10진 카운터 입력과 출력파형

5 실험 과정

동기식 상향 카운터 실험

1. IC 7476 2개와 IC 7410을 이용해서 그림 14.7과 같은 동기식 상향 카운터를 구성한다. 첫째단 J=1, K=1로 한 후 논리펄스기를 SW1에 연결하여 클록펄스를 하나씩 트리거 시키면서 그때마다 논리검출기로 $Q_1 \sim Q_4$의 논리상태를 측정하여 실험 표 14.1에 기록한다.

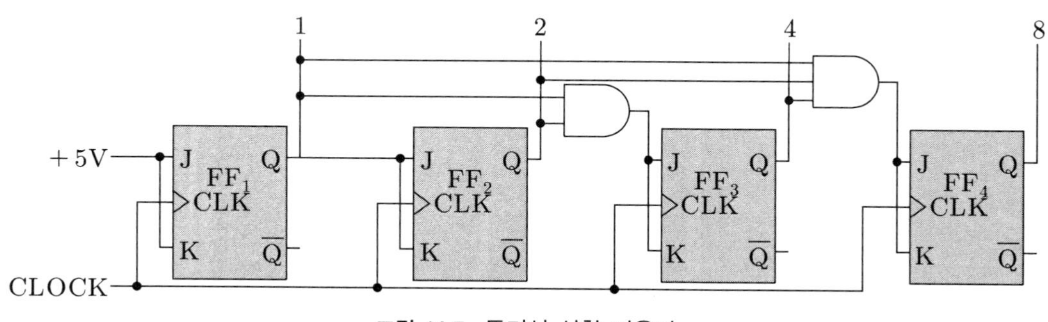

그림 14.7 동기식 상향 카운터

리플캐리 카운터 실험

2. IC 7476 2개와 IC 7408을 이용해서 그림 14.8과 같은 리플캐리 카운터를 구성한다. 첫째단 J=1, K=1로 한 후 논리펄스기를 SW1에 연결하여 클록펄스를 하나씩 트리거 시키면서 그때마다 논리검출기로 $Q_1 \sim Q_4$의 논리상태를 측정하여 실험 표 14.2에 기록한다.

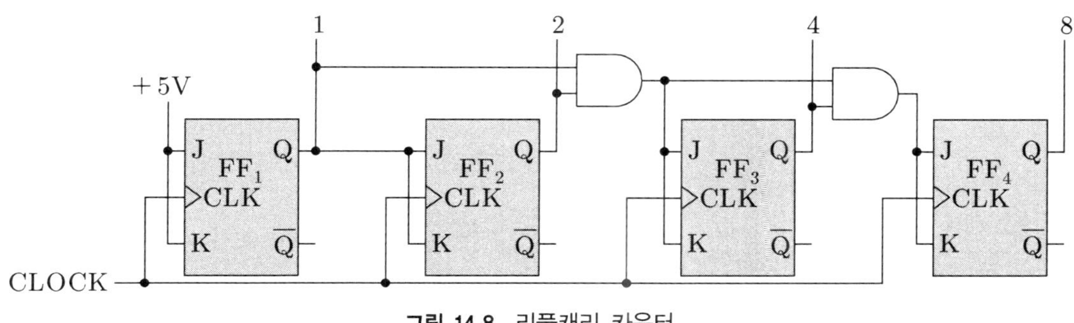

그림 14.8 리플캐리 카운터

BCD 카운터 실험

3. IC 7476 2개와 IC 7408을 이용해서 그림 14.9와 같은 BCD 카운터를 구성한다. 첫째단 J=1, K=1로 한 후 논리펄스기를 SW1에 연결하여 클럭펄스를 하나씩 트리거 시키면서 그때마다 논리검출기로 $Q_1 \sim Q_4$의 논리상태를 측정하여 실험 표 14.3에 기록한다.

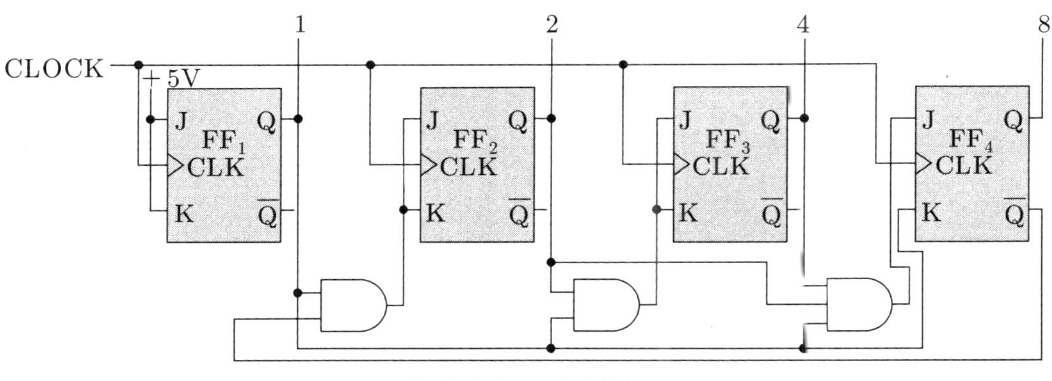

그림 14.9 BCD 카운터

6 실험 결과

실험 결과 보고서					
실험제목	실험 ( ) ________				
학과 및 학년		학 번		확인	
이 름		실험조			
실험일		담당교수			

실험 표 14.1 동기식 상향 카운터 실험

CLK	카운터 출력(과정 1)				
	$Q_1(1)$	$Q_2(2)$	$Q_3(4)$	$Q_4(8)$	계수치
0					
1					
2					
3					
4					
5					
6					
7					
8					
9					
10					
11					
12					
13					
14					
15					
16					
17					
18					

실험 표 14.2 리플캐리 카운터 실험

CLK	카운터 출력(과정 2)				
	$Q_1(1)$	$Q_2(2)$	$Q_3(4)$	$Q_4(8)$	계수치
0					
1					
2					
3					
4					
5					
6					
7					
8					
9					
10					
11					
12					
13					
14					
15					
16					
17					
18					

〈절취선〉

실험 표 14.3 BCD 카운터 실험

CLK	카운터 출력(과정 3)				
	$Q_1(1)$	$Q_2(2)$	$Q_3(4)$	$Q_4(8)$	계수치
0					
1					
2					
3					
4					
5					
6					
7					
8					
9					
10					
11					
12					
13					
14					
15					
16					
17					
18					

〈절취선〉

7 결과고찰 및 질문

1. 실험 표 14.1에서 동기식 상향 카운터의 동작을 검토하고 설명하여라.

2. 실험 표 14.2에서 리플캐리 카운터의 동작을 검토하고 설명하여라.

3. 실험 표 14.3에서 BCD 카운터의 동작을 검토하고 설명하여라.

4. 본 실험에서 느낀 점을 기술하여라.

〈절취선〉

참고문헌

실험 관련 참고자료

1. Electronic Instrumentation and Measurement Techniques, William David Cooper, Prentice-Hall, 2nd ed., 1978.
2. 실용적인 IC를 익히는 논리회로 실험, 이원석 , 장길수 지음, 생능, 2010년.
3. The Science of Electronics (DC/AC Lab Manual), Buchla, David M., Floyd, Thomas L., Prentice Hall, 2008.
4. Basic Electricity a Lab Text, Fardo, Stephen W., Prewitl, Roger W. , Tichenor Pub, 1983.
5. A First Lab in Circuits and Electronics, Tsividis Yannis, John Wiley & Sons, 2001.
6. Electronics Lab Manual Vol. I, 5th Ed., Navas, K. A., PHI Learning Pvt. Ltd., 2015.
7. 기초 전기전자실험, 정동호, 영출판사, 2011.
8. 아날로그 전자회로실험, 정동호, 휴먼사이언스, 2014.
9. ED-1000BS, ED-1000B 매뉴얼, ED Corporation.
10. www.cadence.com/products/orcad/pages/default.aspx
11. www.ece.utah.edu/~harrison/ece3110/PSpice92Tutorial2.pdf
12. www.icbank.com
13. www.electronics-lab.com/downloads/circutedesignsimulation/?page=5(Pspice Student 9.1버전은 무료이며, 여기에서 라이브러리와 도움말들과 함께 다운로드)

이론 관련 참고자료

1. Practical Electricity and Electronics(전기전자공학개론), NIGEL P. COOK(이적식 외 역), 사이텍미디어, 2003.
2. Introduction to electricity, electronics, and electromagnetics(전기전자공학개론), Robert L. Boylestad 외(김수원 역), 사이텍미디어, 2003.
3. The Science of Electronics: DC/AC(전기전자공학개론), Buchla, David M., Floyd, Thomas L., PrenticeHall, 2008.
4. 전기전자공학개론, 정동호, 학산미디어, 2017.

부 록

찾아보기

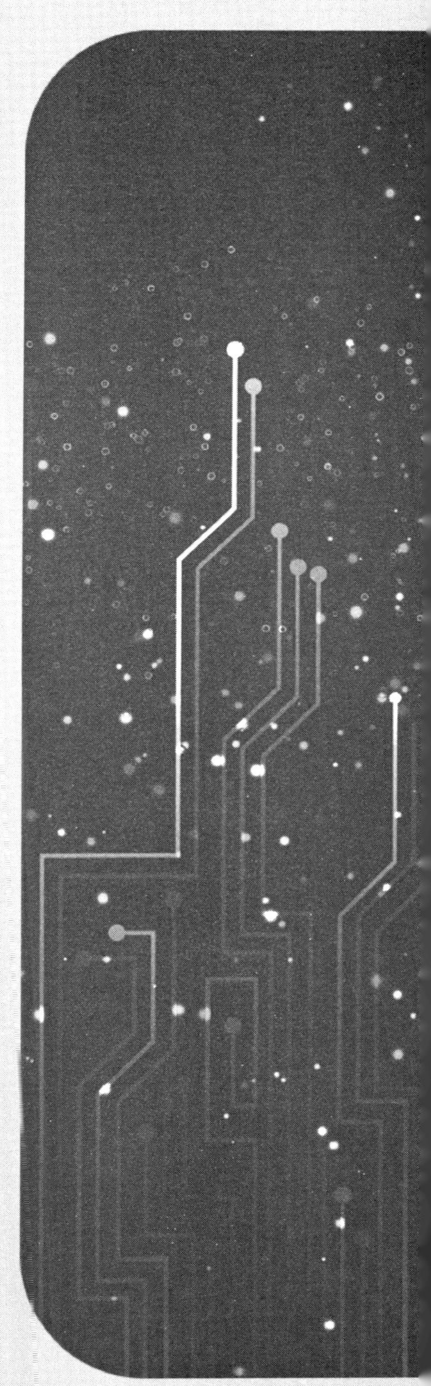

부록 1 주요 IC 핀 구성도

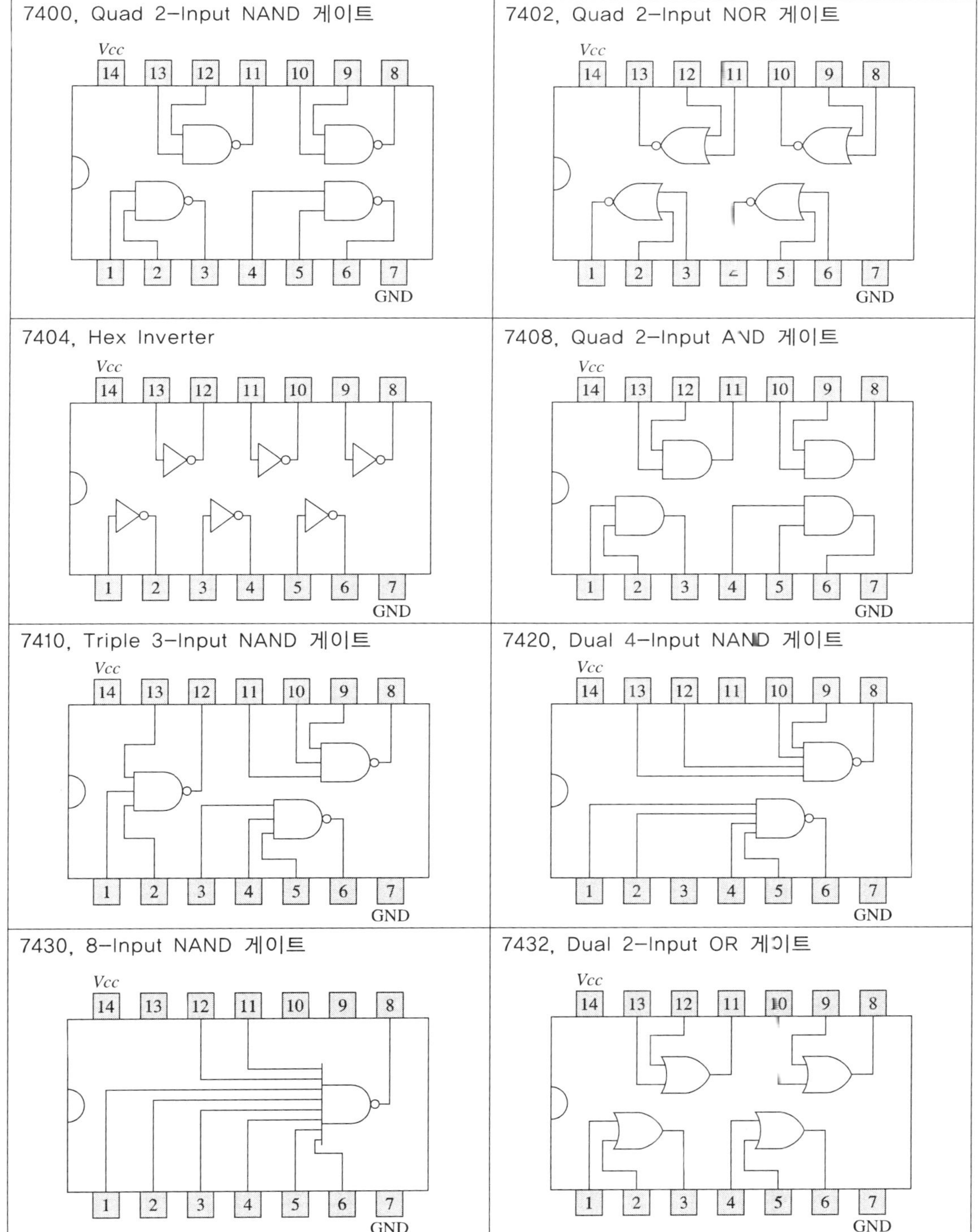

7442, BCD to Decimal Decoder

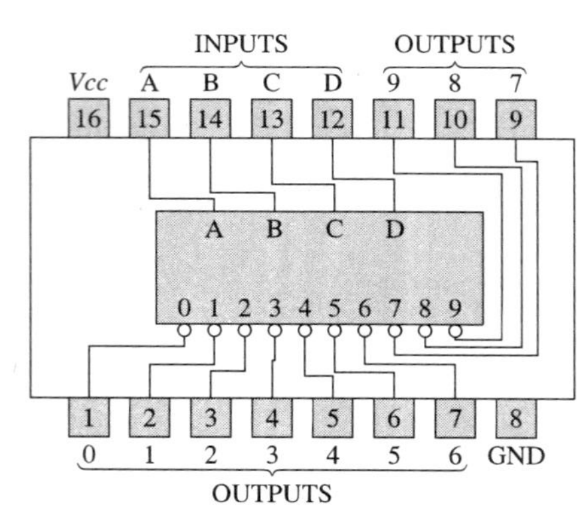

FUNCTION TABLE

NO.	BCD INPUT				DECIMAL OUTPUT									
	D	C	B	A	0	1	2	3	4	5	6	7	8	9
0	L	L	L	L	L	H	H	H	H	H	H	H	H	H
1	L	L	L	H	H	L	H	H	H	H	H	H	H	H
2	L	L	H	L	H	H	L	H	H	H	H	H	H	H
3	L	L	H	H	H	H	H	L	H	H	H	H	H	H
4	L	H	L	L	H	H	H	H	L	H	H	H	H	H
5	L	H	L	H	H	H	H	H	H	L	H	H	H	H
6	L	H	H	L	H	H	H	H	H	H	L	H	H	H
7	L	H	H	H	H	H	H	H	H	H	H	L	H	H
8	H	L	L	L	H	H	H	H	H	H	H	H	L	H
9	H	L	L	H	H	H	H	H	H	H	H	H	H	L
INVALID	H	L	H	L	H	H	H	H	H	H	H	H	H	H
	H	L	H	H	H	H	H	H	H	H	H	H	H	H
	H	H	L	L	H	H	H	H	H	H	H	H	H	H
	H	H	L	H	H	H	H	H	H	H	H	H	H	H
	H	H	H	L	H	H	H	H	H	H	H	H	H	H
	H	H	H	H	H	H	H	H	H	H	H	H	H	H

7474, Dual D 플립플롭(Preset, Clear)

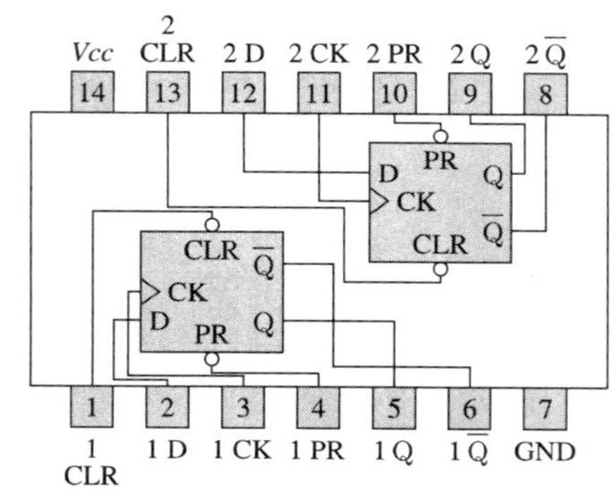

입력				출력	
$\overline{PRE}$	$\overline{CLR}$	CLR	D	Q	$\overline{Q}$
L	H	x	x	H	L
H	L	x	x	L	H
L	L	x	x	H*	H*
H	H	↑	H	H	L
H	H	↑	L	L	H
H	H	L	x	Q_0	$\overline{Q}_0$

7475, Quad D type 플립플롭(Clear)

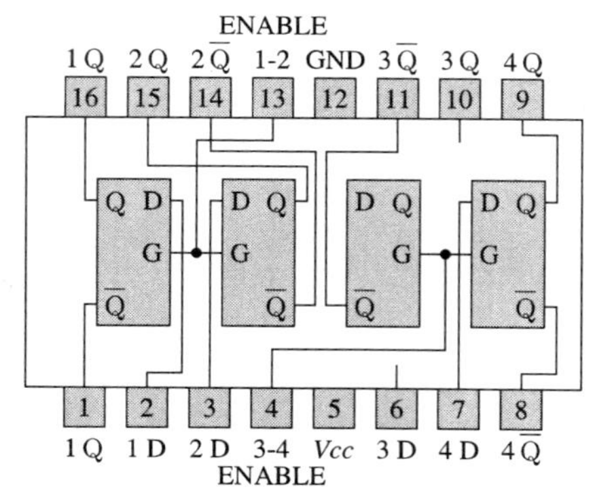

심벌	Pin	설명
$1\overline{Q}$, $2\overline{Q}$, $3\overline{Q}$, $4\overline{Q}$	1, 14, 11, 8	complementary latch output
1D, 2D, 3D, 4D	2, 3, 6, 7	data input
LE34	4	latch enable input for latches 3 and 4 (active HIGH)
V_{CC}	5	positive supply voltage
GND	12	ground (0V)
LE12	13	latch enable input for latches 1 and 2 (active HIGH)
1Q, 2Q, 3Q, 4Q	16, 15, 10, 9	latch output

FUNCTION TABLE
(each latch)

입력		출력	
D	C	Q	$\overline{Q}$
L	H	L	H
H	H	H	L
x	L	Q_0	$\overline{Q}_0$

7476, Dual M/S J/K 플립플롭(Preset, Clear, Complementary Outputs)

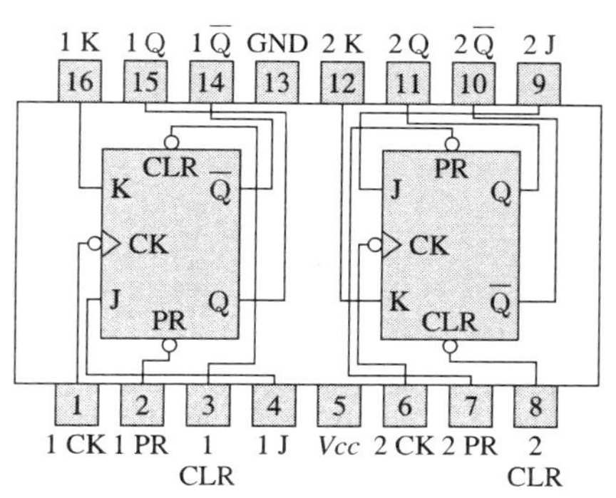

입력					출력	
PR	CLR	CLK	J	K	Q	$\overline{Q}$
L	H	x	x	x	H	L
H	L	x	x	x	L	H
L	L	x	x	x	H*	H*
H	H	⎍	L	L	Q_0	$\overline{Q}_0$
H	H	⎍	H	L	H	L
H	H	⎍	L	H	L	H
H	H	⎍	H	H	Toggle	

7411, Triple 3-Input AND

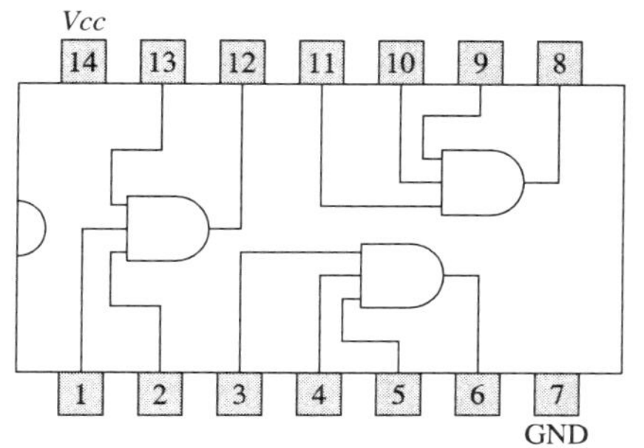

7421 Dual 4 Input AND

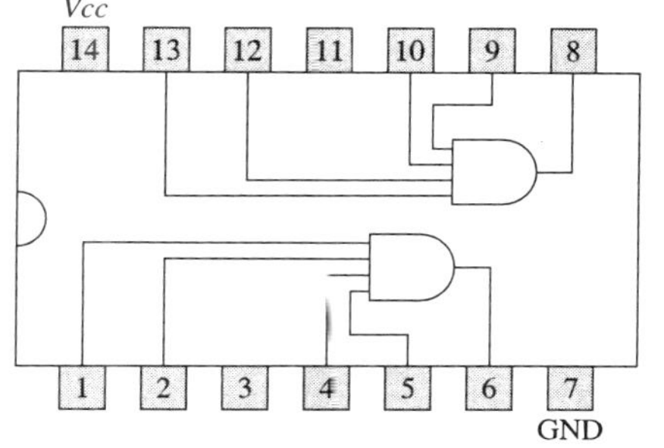

7486, Quad 2-Input XOR 게이트

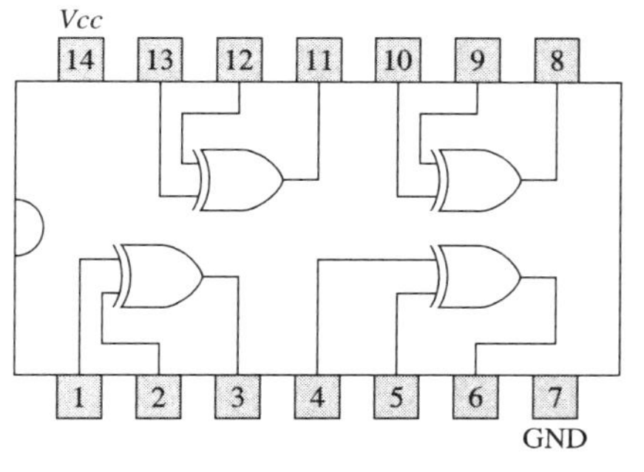

4077, Quad 2-Input XNOR (CMOS)

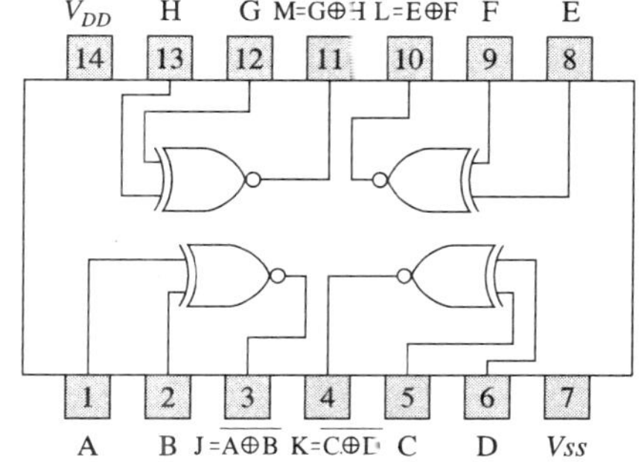

74164, 8-bit Parallel-out Serial Shift Registers

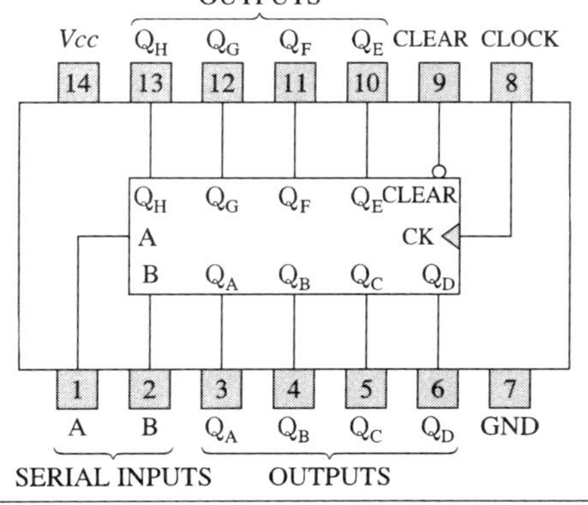

FUNCTION TABLE

입력				출력			
$\overline{Clear}$	Clock	A	B	Q_A	Q_B	…	Q_H
L	x	x	x	L	L		L
H	L	x	x	Q_{A0}	Q_{B0}		Q_{H0}
H	↑	H	H	H	Q_{An}		Q_{Gn}
H	↑	L	x	L	Q_{An}		Q_{Gn}
H	↑	x	L	L	Q_{An}		Q_{Gn}

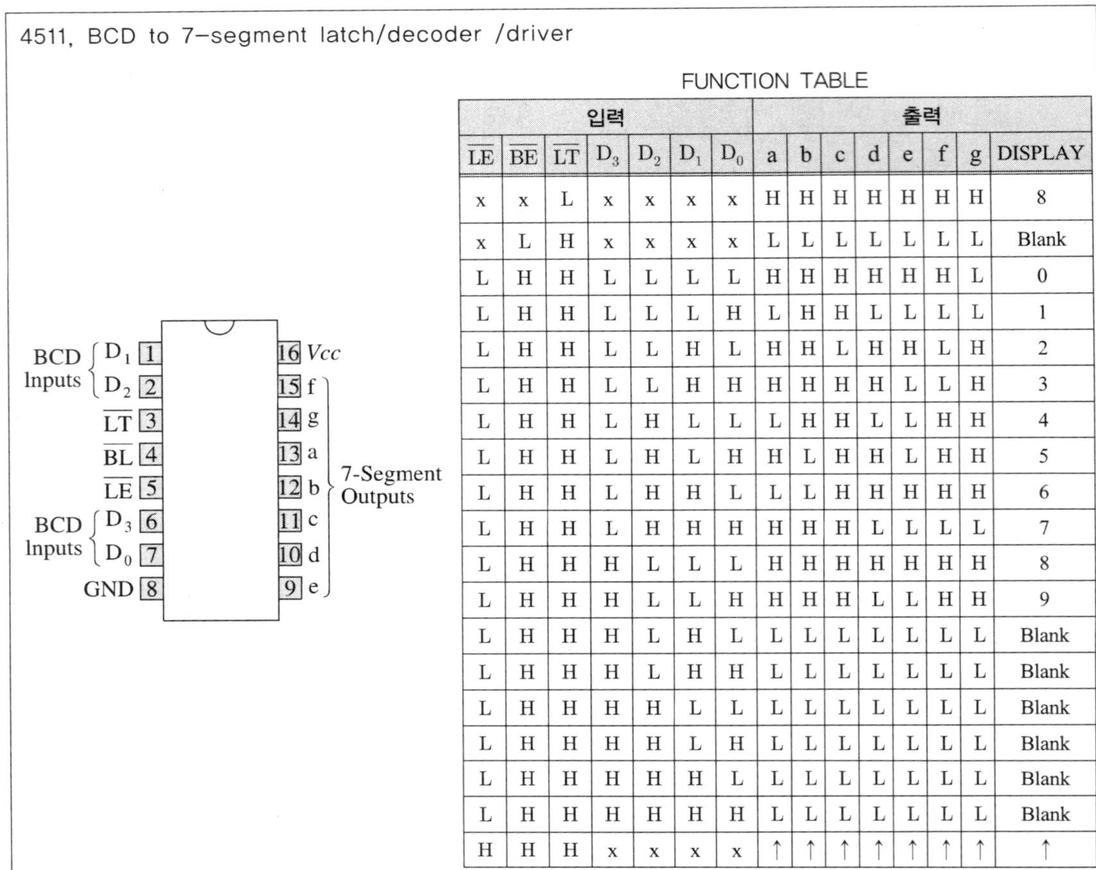

4511, BCD to 7-segment latch/decoder /driver

FUNCTION TABLE

입력							출력							
$\overline{LE}$	$\overline{BE}$	$\overline{LT}$	D_3	D_2	D_1	D_0	a	b	c	d	e	f	g	DISPLAY
x	x	L	x	x	x	x	H	H	H	H	H	H	H	8
x	L	H	x	x	x	x	L	L	L	L	L	L	L	Blank
L	H	H	L	L	L	L	H	H	H	H	H	H	L	0
L	H	H	L	L	L	H	L	H	H	L	L	L	L	1
L	H	H	L	L	H	L	H	H	L	H	H	L	H	2
L	H	H	L	L	H	H	H	H	H	H	L	L	H	3
L	H	H	L	H	L	L	L	H	H	L	L	H	H	4
L	H	H	L	H	L	H	H	L	H	H	L	H	H	5
L	H	H	L	H	H	L	L	L	H	H	H	H	H	6
L	H	H	L	H	H	H	H	H	H	L	L	L	L	7
L	H	H	H	L	L	L	H	H	H	H	H	H	H	8
L	H	H	H	L	L	H	H	H	H	L	L	H	H	9
L	H	H	H	L	H	L	L	L	L	L	L	L	L	Blank
L	H	H	H	L	H	H	L	L	L	L	L	L	L	Blank
L	H	H	H	H	L	L	L	L	L	L	L	L	L	Blank
L	H	H	H	H	L	H	L	L	L	L	L	L	L	Blank
L	H	H	H	H	H	L	L	L	L	L	L	L	L	Blank
L	H	H	H	H	H	H	L	L	L	L	L	L	L	Blank
H	H	H	x	x	x	x	↑	↑	↑	↑	↑	↑	↑	↑

부록 2 집적회로(IC) 색인

(1) 게이트

7400 Quad 2-input NAND gates

7402 Quad 2-input NOR gates

7403 Quad 2-input NAND gates (Open collector)

7404 Hex inverters

7406 Hex inverters (Open collector)

7407 Hex buffers (Open collector)

7408 Quad 2-input AND gates

7410 Triple 3-input NAND gates

7411 Triple 3-input AND gates

7413 Dual NAND Schmitt triggers

7414 Hex Schmitt trigger inverters

7420 Dual 4-input NAND gates

7425 Dual 4-input NOR gates

7427 Triple 3-input NOR gates

7430 8-input NAND gate

7432 Quad 2-input OR gates

7486 Quad 2-input Exclusive-OR gates

74125 Quad 3-state bus drivers, LO enable

74126 Quad 3-state bus drivers, HI enable

(2) 플립플롭

7474 Dual D-type edge triggered flip-flops

7476 Dual J-K master-slave flip-flops

(3) 래치

7475 Quad bistable latches

74100 Octal bistable latches

74176 Presettable decade counter/register (Signetics 8280)

74177 Presettable 4-bit binary counter/register (Signetics 8281)

(4) 카운터

7490 Decade ripple counter

7492 Divide by 12 ripple counter

7493 4-bit binary ripple counter

74160 Synchronous decade counter

74161 Synchronous 4-bit binary counter

74176 Presettable decade counter/register (Signetics 8280)

74177 Presettable 4-bit binary counter/register (Signetics 8281)

74192 Synchronous Up/Down decade counter

74193 Synchronous Up/Down 4-bit binary counter

74LS590 8-bit binary counter with output registers

74LS593 8-bit binary counter with input registers

(5) 시프트 레지스터

7495 4-bit shift register (parallel in, parallel out)

74164 8-bit shift register (serial in, parallel out)

74165 8-bit shift register (parallel in, serial out)

74194 4-bit bi-directional universal shift register

74195 4-bit parallel in-out shift register

74198 8-bit bi-directional universal shift register

(6) 인코더와 디코더

7442 BCD-to-decimal decoder

7447 BCD-to-7-segment decoder/driver

74138 3-line to 8-line decoder/demultiplexer

74139 Dual 2-line to 4-line decoder/demultiplexer

74148 8-line to 3-line priority encoder

74154 4-line to 16-line decoder/demultiplexer

74155 Dual 1-line to 4-line decoder/demultiplexer

74184 BCD-to-binary converter

74185 Binary-to-BCD converter

(7) 멀티플렉서

74150 16-line to 1-line data selector/multiplexer

74151 8-line to 1-line data selector/multiplexer

74153 Dual 4-line to 1-line data selector/multiplexer

74157 Quad 2-line to 1-line data selector/multiplexer

(8) 기타 논리

7483 4-bit binary full adder

7485 4-bit magnitude comparator

7497 Synchronous 6-bit Binary Rate Multiplier

74167 Synchronous decade Decimal Rate Multiplier

74181 4-bit Arithmetic Logic Unit and Function Generator

찾아보기

숫자

A

B

C

D

저자소개

정동호

- 경북대학교, 전자공학과(공학사)
- 포항공과대학교(POSTECH) 대학원, 전자전기공학과(공학석사)
- 포항공과대학교(POSTECH) 대학원, 전자전기공학과(공학박사)
- 미국, Washington State University(WSU), 방문교수
- 한국전자통신연구원(ETRI), 집적회로개발부
- 산업과학기술연구원(RIST), RF반도체팀
- 전자부품연구원(KETI), 전자회로연구부
- 동양대학교 산업기술연구소장, 연구기획처장
- 현재 동양대학교, 전자전기공학과 정교수

[저서]

- 전기전자공학개론, 학산미디어, 2017(세종도서 학술부문 우수도서)
- 전자기학, 홍릉과학출판사, 2017(재판)
- 초고주파공학, 내하출판사, 2015
- 아날로그전자회로실험, 휴먼싸이언스, 2014
- 기초전기전자실험, 영출판사, 2011
- RF 회로설계, 내하출판사, 2003
- 반도체공정기술, 전자기술연구소, 1985 등

디지털 논리회로 실험

초판발행 2018년 8월 31일

저자 **정동호**

발행인 나영옥

펴낸 곳 도서출판 **영**

주소 경기도 고양시 일산서구 탄현로 133, 113동 1404호(탄현동, 일산임광진흥아파트)

전화 031) 904-7905~6

팩스 031) 904-7907

등록번호 825-90-00389

E-mail youngpub@naver.com

ISBN 979-11-88743-46-9 93560

정가 18,000원